LES

CHEMINS DE FER RUSSES

DE 1857 A 1862

PARIS. — IMP. SIMON RAÇON ET COMP., RUE D'ERFURTH

LES
CHEMINS DE FER RUSSES

DE 1857 A 1862

PAR

M. ED. COLLIGNON

INGÉNIEUR DES PONTS ET CHAUSSÉES

SECONDE ÉDITION

PARIS

DUNOD, ÉDITEUR

LIBRAIRE DES CORPS IMPÉRIAUX DES PONTS ET CHAUSSÉES ET DES MINES

49, QUAI DES AUGUSTINS, 49

1868

LES CHEMINS DE FER RUSSES.

DE 1857 A 1862.

Cet ouvrage a paru pour la première fois en 1864. Il devait être accompagné d'un Atlas contenant environ cinquante planches, dont deux seulement ont été prêtes à cette époque. Nous avons profité du temps qu'a demandé une aussi longue série de dessins pour revoir et compléter notre rédaction, et de ce travail est résultée la nouvelle édition que nous publions aujourd'hui.

Paris, le 15 Mars 1868.

INTRODUCTION.

Les chemins de fer russes construits de 1857 à 1862 sont le premier objet des études que nous publions ici. Parmi les questions dont nous nous sommes proposé l'examen, il en est de techniques, il en est de purement descriptives, il en est aussi d'économiques : toutes appartiennent à l'art de l'ingénieur. Notre sujet se prête d'ailleurs à des développements dans deux directions bien différentes. Le point de vue technique nous conduit à l'étude des questions d'art et de théorie; le point de vue local nous révèle quelques traits de la Russie, de ce grand pays si peu connu et si imparfaitement apprécié, qui peut longtemps encore être l'objet de tant d'intéressantes recherches. Nous prendrons nos matériaux dans chacun de ces deux ordres d'idées, sans avoir la prétention de tout dire sur des matières inépuisables.

Avant tout nous donnerons, pour fixer les idées du lecteur, le tableau des lignes dont il sera plus spécialement question dans cet ouvrage.

L'oukase du 26 janvier (7 février) 1857 a concédé les cinq lignes suivantes à la GRANDE SOCIÉTÉ DES CHEMINS DE FER RUSSES :

La ligne de Saint-Pétersbourg à Varsovie ;

L'embranchement de cette ligne vers la frontière de Prusse ;

La ligne de Moscou à Nijni-Novgorod ;

La ligne de Moscou à Théodosie ;

Et la ligne de Koursk ou Orel à Libau.

Le développement total du réseau concédé dépassait quatre mille kilomètres. De 1857 à 1862, les trois premières de ces cinq lignes ont été achevées par la Compagnie concessionnaire ; les deux autres ont été, d'un commun accord, retranchées de la concession en 1861, après des opérations d'études et un commencement d'exécution.

Rappelons encore qu'un chemin de fer construit et exploité par l'État réunit depuis 1851 les deux capitales de la Russie, Moscou et Saint-Pétersbourg.

Voici quelques documents sur les mesures russes les plus usuelles pour compléter cet avant-propos[1].

Les Russes ont deux unités principales de longueur, l'une pour l'arpentage, l'autre pour la mesure des étoffes : la première répond à notre ancienne toise, la seconde à notre ancienne aune. Elles variaient autrefois d'une localité à l'autre, quand l'empereur Pierre le Grand décréta l'adoption d'un rapport simple entre ces deux mesures, et fixa le rapport de l'une d'elles au pied anglais. Ce décret

------

[1] La métrologie russe est résumée dans une brochure publiée en 1857, à Paris, par M. Fédor Thoman. (Imprimerie de Paul Dupont.)

n'a pas été conservé dans les lois russes, et c'est seulement en 1835 que l'empereur Nicolas donna aux rapports choisis par Pierre le Grand une consécration légale. La *sagène*, unité d'arpentage, vaut sept pieds anglais, et l'*archinne*, mesure de longueur pour les étoffes, est le tiers de la sagène. Le pied anglais est admis en Russie comme mesure légale.

L'unité de mesure itinéraire est la *verste*, qui équivaut à 500 sagènes ou à 3,500 pieds anglais.

L'archinne se divise en 16 parties égales appelées *verschok*, qui se subdivisent en huitièmes.

En rapportant ces diverses mesures au mètre, on obtient le tableau suivant :

$$
\begin{array}{ll}
\text{1 verste} = \text{500 sagènes.} \ldots\ldots\ldots & = 1066^{\mathrm{m}},78 \\
\text{1 sagènes} = \text{7 pieds anglais} = \text{3 archinnes russes} = & 2^{\mathrm{m}},134 \\
\text{1 archinne} = \text{16 verschok.} \ldots\ldots\ldots & = \quad 0^{\mathrm{m}},711 \\
\text{1 verschok.} \ldots\ldots\ldots & = \quad 0^{\mathrm{m}},044 \\
\text{1 pied anglais} = \text{12 pouces.} \ldots\ldots & = \quad 0^{\mathrm{m}},304,8 \\
\text{1 pouce anglais} \ldots\ldots\ldots & = \quad 0^{\mathrm{m}},025,4
\end{array}
$$

Les mesures usuelles de superficie et de volume sont en général déduites de la sagène :

$$
\begin{array}{ll}
\text{1 sagène carrée.} \ldots\ldots\ldots & = 4^{\mathrm{m.\,car.}},552 \\
\text{1 sagène cubique.} \ldots\ldots\ldots & = 9^{\mathrm{m.\,cub.}},712
\end{array}
$$

La *déciatine*, mesure agraire, est la surface d'un rectangle de 60 sagènes de long sur 40 de large; elle contient 2,400 sagènes carrées, et équivaut à 1 hectare, 092 [1].

---

[1] Il existe une autre déciatine, dite *économique*, qui équivaut à un rectangle de 80 sagènes de long sur 40 de large, ou au double du carré de 40 sagènes de côté : elle contient 3,200 sagènes carrées, et est égale à 1 hect. 46.

Les ingénieurs étrangers ont introduit en Russie la division décimale de la sagène linéaire, de la sagène carrée et de la sagène cubique. Cette division a été admise par l'administration publique, sans avoir cependant de valeur officielle. Les cotes en mètres et en millimètres ont été tolérées sur les dessins des ouvrages d'art métalliques, pour lesquels il était d'usage d'employer le pied, le pouce et les fractions de pouce.

Les Russes ont des mesures de capacité distinctes pour les liquides et pour les céréales. L'unité pour la mesure des liquides est le *vedro*, $491^{lit},96$; pour la mesure des céréales, le *tchetvert*, $209^{lit},90$.

Les unités de poids sont fixées par une loi de 1747.

La *livre* russe se divise en **32** *loths*, chaque loth en **3** *zolotniks*, chaque zolotnik en **96** *dolis*. La livre russe est égale à $409^{gr},51$; quarante livres font **1** *poud*, ou $16^{kil},38$.

Une tonne française de **1000** kilogrammes équivaut presque exactement à **64** pouds **2** livres; une tonne anglaise de **20** *hundred weights* (cwt.) ou de **1016** kilogrammes est à très-peu près égale à **62** pouds.

L'unité monétaire est le *rouble*, monnaie d'argent qui se subdivise en **100** *kopeks*, et qui a une valeur intrinsèque égale à **4** francs. La monnaie d'argent est au titre de **868**, sauf les pièces d'appoint qui sont altérées; la monnaie d'or est au titre de $916\,^2/_3$, supérieur au titre des pièces de **20** francs, et égal au titre des monnaies d'or anglaises.

Pour les calculs peu rigoureux, on peut confondre la verste avec le kilomètre, la déciatine avec l'hectare, la sagène linéaire avec **2** mètres, la sagène cubique avec **10** mètres cubes.

Les pressions se calculent généralement en Russie en tonnes anglaises par pouce carré; une tonne par pouce équivaut à très-peu près à $1^{kilg},57$ par millimètre carré.

Les cartes topographiques russes sont généralement établies à l'échelle d'un pouce par verste, ou d'un pouce par trois verstes, ou d'un pouce par dix verstes, c'est-à-dire au $\frac{1}{42000}$, au $\frac{1}{126000}$, ou au $\frac{1}{420000}$.

Au pair intrinsèque, un rouble par poud équivaut à 244 fr. 19 par tonne française : 4 roubles par poud font donc à peu près 1,000 fr. par tonne.

1 poud par pouce cube équivaut presque rigoureusement à 1 kilogramme par centimètre cube.

CHEMINS DE FER RUSSES

I

LIGNES DE LA GRANDE SOCIÉTÉ.

TRACÉS, RENSEIGNEMENTS DIVERS.

---

§ 1er. — LIGNE DE SAINT-PÉTERSBOURG A VARSOVIE.

Les premières études pour la construction de la ligne de Saint-Pétersbourg à Varsovie remontent à l'année 1852; elles furent entreprises par l'Administration des voies de communication, qui attaqua également les travaux vers cette époque. Le projet du gouvernement devint en 1857 obligatoire pour la Société concessionnaire, *sauf les modifications qui pourraient être ultérieurement autorisées par le gouvernement, sur la proposition de la Compagnie* (Acte de concession, I, 1°). Les travaux exécutés par la Couronne furent repris par la Société moyennant un forfait de dix-huit millions de roubles argent, qui restèrent à l'état de créance de la Couronne sur la Société.

La Compagnie, usant du droit qui venait de lui être concédé, étudia de nouveaux tracés, dès l'année 1857, en tous les points où les travaux légués par l'ancienne administration ne faisaient pas préférer la conservation de l'ancien projet ; à part le passage de la Vélikaia, à Ostroff, où les culées du pont étaient presque terminées, et le passage de la Dvina occidentale à Dunabourg, où le tracé était soumis à des sujétions militaires, le tracé de la ligne de Varsovie a été entièrement modifié entre Pskoff et Byalistock, sur une longueur de 630 verstes. La ligne entière ainsi remaniée a une longueur de 1048 verstes (1118 kilomètres).

De Pétersbourg à Varsovie, de la Néva à la Vistule, la ligne de Varsovie coupe divers cours d'eau tous tributaires de la mer Baltique. L'étude de ces cours d'eau va nous révéler les principaux traits de cette vaste étendue de terrain.

La mer Baltique, dans cet intervalle, offre à vrai dire trois vallées particulières : le golfe de Finlande, le golfe de Riga, enfin la mer Baltique proprement dite. Parmi les cours d'eau que la ligne de Varsovie traverse, il y en a trois principaux qui correspondent chacun à ces grandes dépressions du sol.

Le premier, en partant du nord, est la Vélikaia ou *grande rivière*, qui par le lac de Pskoff, s'écoule dans la Narva, et de là dans le golfe de Finlande. Le cours d'eau suivant est la Dvina occidentale, tributaire du golfe de Riga ; le troisième est le Niémen, qui va se jeter dans la Baltique, ou plutôt dans le *Curische-Haff*; on appelle ainsi un vaste bassin triangulaire de 90 kilomètres de hauteur sur 20 de largeur moyenne, séparé par une flèche peu épaisse de la mer, avec laquelle il communique, à Memel, par un goulet resserré. Cette singulière configuration de la côte se répète en plusieurs points de la mer Baltique ; le port de Kœnigsberg, sur la rivière Pregel, est de même au fond du *Frische-Haff*, qui n'a d'issue vers la mer que par le goulet de Pillau, sauf l'issue indirecte que lui donne la communication avec la Vistule[1]. L'embouchure de l'Oder, au-dessous du port de Stettin, présente une configuration analogue. Mais ici, la flèche qui sépare le *Haff* de la mer n'est pas rattachée au continent, et elle est percée au milieu de sa longueur par une ouverture au bord de laquelle est bâti le petit port de Swinemünde.

La ligne de Varsovie passe du bassin de la Néva dans le bassin de la Vélikaia, tributaire du golfe de Finlande ; de celui-ci dans le bassin de la Dvina, tributaire du golfe de Riga ; puis, dans le bassin du Niémen, tributaire du Curische-Haff ; enfin, dans le bassin de la Vistule, tributaire du Frische Haff et de la Baltique ; elle a donc à franchir quatre faîtes principaux.

---

[1] Cette dernière grande rivière, que nous trouvons à Varsovie, se partage en deux bras dans sa partie basse : l'un, le bras de Marienbourg, appelé le Nogarth, se rend dans le Frische-Haff ; l'autre, celui de Dirschau, le plus grand des deux, se subdivise plus bas en deux cours d'eau, dont l'un rejoint encore le Frische-Haff, et l'autre, subdivisé de nouveau, se rend à la mer par une double embouchure.

Elle rencontre, en outre, des faîtes secondaires ; la vallée de la Louga, par exemple, tributaire de la Narva, se présente à moitié chemin à peu près de la Néva à la Vélikaïa. Entre la Dvina et le Niémen, on coupe la vallée de la Vilia, affluent du Niémen. Enfin, avant d'arriver à Varsovie, la ligne traverse la vallée du Boug, affluent volumineux de la Vistule, après avoir franchi la vallée du Narew, affluent du Boug.

Pour l'étude de détail du tracé, nous décomposerons la ligne en quatre tronçons, terminés aux lignes de faîtes principales.

Le premier s'étend de Pétersbourg au faîte qui sépare les versants tributaires du golfe de Finlande de ceux qui envoient leurs eaux dans le golfe de Riga. Ce point est située à 400 verstes de Pétersbourg, entre Korsovka et Réjitza. Le premier tronçon rencontre donc la Louga et la Vélikaïa.

Le second part de ce point, traverse la vallée de la Dvina, puis se termine vers la verste 536, dans un pays à peu près indifférent, occupé par des lacs et des marais, au delà duquel le tracé entre dans la vallée de la Jeimiana, tributaire de la Vilia et du Niémen. Longueur, 136 verstes.

Le troisième appartient tout entier au bassin du Niémen ; il coupe la Vilia, la Vileika, la Meretchenka, l'Ula, et s'étend jusqu'au faîte qui sépare les affluents du Niémen de ceux de la Vistule (verste 843). Longueur, 307 verstes.

Le quatrième comprend le versant de rive droite de la Vistule, jusqu'à Varsovie ; il a une longueur de 205 verstes.

PREMIER TRONÇON [1]

Bassin du golfe de Finlande

(400 VERSTES)

Pétersbourg est situé dans une plaine appartenant au terrain dévonien, qui s'abaisse en pente douce du sud au nord jusqu'à la rive gauche de la Néva. Au midi, cette plaine se termine par l'escarpement du terrain silurien sur le terrain dévonien. C'est sur l'un des contre-forts de cet escarpement qu'est bâti l'observatoire de Poulkova. Le chemin de fer, en quittant les bords du canal d'enceinte

---

[1] Planches II, III, IV, V, et VI.

de Pétersbourg, s'élève par une rampe à peu près continue et dépasse ainsi la station de Tsarskoé-Célo ; parti à la cote 2mes,55, on le retrouve (verste 28) à la cote 45,52, hauteur où il se maintient en moyenne jusqu'à la verste 85. Il franchit dans cet intervalle un des faîtes secondaires, puis il redescend dans la vallée de la Louga, qu'il franchit (verste 116), à la cote 22,488[1].

De là à la verste 170, il remonte à la cote 45, pour redescendre ensuite à la cote 26,676, et couper la Ploussa, affluent de la Louga.

Il remonte à Novocélié, cote 74,118, verste 213, et redescend par un versant tributaire du lac de Pskoff. Près de cette ville, verste 256, il est revenu à la cote 22,630. A partir de ce point, il s'élève graduellement sur le versant droit de la Vélikaia, qu'il franchit à Ostroff, à la cote 28,336.

D'Ostroff à la limite du premier tronçon, il suit la vallée d'un affluent de la Vélikaïa, l'Outroya, qu'il coupe trois fois dans l'espace de 60 verstes. Enfin, à la verste 400, le tracé remonte à la cote 72,785, et atteint la limite extrême du bassin du golfe de Finlande.

En plan, ces 400 premières verstes doivent être décomposées en deux parties ; sur les 256 premières, où le tracé de la Couronne n'a pas été modifié, on voit prédominer les alignements droits ; deux courbes se dessinent seules : la première a pour objet de mettre la résidence impériale de Tsarskoé-Célo en communication avec le chemin de fer ; l'autre forme un demi-cercle presque complet pour rapprocher la gare de la ville de Pskoff. De la verste 45 à la verste 250, on peut dire que la ligne est en plan un alignement droit peu rigoureux. Tous les accidents de terrain, dans ce système de tracé, accentuent vigoureusement le profil en long.

De la verste 256 à la verste 400, le tracé est le résultat des études de la Grande Société, et l'on reconnaît sur-le-champ qu'une discussion plus rationnelle des formes du terrain a dirigé les ingénieurs ; la ligne suit les versants des vallées au lieu de les rencontrer toutes transversalement. Les courbes sont cependant peu prononcées, mais les terrassement sont moindres et le profil du chemin de fer est loin d'être aussi tourmenté.

---

[1] Le pont sur la Louga est un fort beau pont métallique à *treillis double*, avec voie en haut des fermes ; il a deux travées. C'est l'œuvre du général Kerbedz. On trouvera une notice sur ce pont dans le *Journal de la Direction générale des voies de communication*, année 1860, 6me livraison, article de M. Rerberg.

IIe TRONÇON [1]

Bassin du golfe de Riga

(136 verstes)

Nous faisons commencer le second tronçon à la verste 400, à partir de Pétersbourg, et nous le faisons aboutir à la verste 536 ; dans l'intervalle, il coupe la Dvina, à la verste 499, à la cote 46,477. Ainsi 99 verstes appartiennent au versant de rive droite, et les 37 verstes restantes au versant de rive gauche.

La cote du point culminant du tracé, dans cette région, n'est pas la cote du point de partage entre les bassins de la Vélikaia et de la Dvina ; elle appartient à un faîte secondaire.

Après avoir coupé la Réjitza près de la verste 416, et la Malta, à la verste 434, le tracé remonte (verste 448) à la cote 85,241. De là à la Dvina, il redescend par une pente générale, franchissant (verste 454) le lac Zolva, et (verste 476) la rivière Dubna : tout ce versant, de la verste 400 à la Dvina, est parsemé de lacs et de marécages. A la verste 496, la ligne passe près de la ville de Dunabourg, puis gagne la Dvina, qu'elle traverse dans l'enceinte même de la forteresse assise sur ses deux rives [2]. Le pont a trois travées indépendantes de 275 pieds anglais chacune (83^m,82).

Sur la rive gauche de la Dvina, le chemin de fer coupe la plaine submersible du fleuve jusqu'au delà de la verste 502. Sur la rive droite comme sur la rive gauche, le terrain naturel est fort au-dessous des crues de la Dvina ; mais la ville de Dunabourg, est défendue, en amont, par un contre-fort naturel, et, le long du fleuve, par une levée insubmersible que suit la chaussée de Pétersbourg à Varsovie. Toutes les eaux de la Dvina, quand elle est en crue, sont donc rejetées sur la rive gauche, jusqu'au pied des hauteurs de Kalkuhnen. La chaussée de Varsovie, qui va directement de Dunabourg à Kovno, coupe aussi ce champ d'inondation. Le

---

[1] V. Planches VI, VII, et VIII.

[2] C'est, dit-on, l'existence de cette forteresse, qui a décidé le gouvernement russe à préférer la ligne de Pétersbourg à Varsovie à celle de Moscou à Varsovie.

Si la Compagnie avait eu toute liberté pour le passage de la Dvina, le pont eût été reporté en amont de l'emplacement qu'il occupe ; au lieu de se jeter dans les terrains marécageux où s'élèvent les ouvrages militaires, le tracé eût suivi le flanc du contre-fort qui domine Dunabourg, et eût pris sur la rive même de la Dvina, la direction de Vilna qu'il regagne sur la rive gauche à l'aide d'une courbe. Le volume des terrassements eût été énormément réduit.

chemin de fer se développe le long de la chaussée à la sortie du pont, puis une courbe l'en écarte pour lui donner la direction de Vilna.

Le reste du second tronçon offre peu de contre-pentes. En plan, le tracé serpente entre des lacs et des marais, à peu près comme sur le versant de rive droite. Il atteint le faîte séparatif du Niémen, à la verste 536 et à la cote 81,62.

Le massif qui sépare la Dvina du Niémen, et qui appartient en majeure partie aux anciennes provinces lithuaniennes, est une des régions les plus tourmentées de la Russie. On peut juger des accidents du terrain en suivant la route qui mène de Dunabourg à Kovno : elle offre, surtout entre Kovno et la Vilia, des déclivités extrêmement roides. Le terrain est un peu moins difficile de Dunabourg à Vilna ; une vallée, celle de la Jeimiana, s'ouvre dans cette direction[1].

IIIe TRONÇON[2]

Bassin du Niémen

(307 VERSTES)

De la verste 536 à la verste 580, le tracé appartient encore au faîte indifférent, signalé par des lacs et des marais, dont nous l'avons vu tout à l'heure gravir l'autre versant.

Il entre, à la verste 580, dans la vallée de la Jeimiana, qui prend sa source dans un de ces lacs. Il suit la rive droite de ce cours d'eau, en coupant tous ses affluents, jusqu'au point (verste 620) où la Jeimiana se jette dans la Vilia ; le tracé sur les rives de la Vilia est redescendu à la cote 55,75.

La Vilia prend sa source dans les plateaux marécageux de Minsk, non loin des sources des affluents du Dniepr. Au point où elle reçoit la Jeimiana, elle se détourne à angle droit pour prolonger en ligne droite la vallée de son affluent, puis fait plu-

---

[1] On a un moment hésité entre le tracé par Vilna, Grodno, Byalistock, et le tracé plus direct de Dunabourg à Kovno, et de Kovno à Varsovie, en suivant la chaussée qui joint Varsovie à Pétersbourg. Ce tracé aurait eu l'inconvénient de négliger l'importante ville de Vilna, et d'exiger de plus grands travaux pour la traversée de la Lithuanie. Mais il eût été préférable à l'autre, à cause des populations groupées sur le parcours du chemin ; car on trouve dans cette direction les villes de Vilkomir, de Kovno, de Mariampol, de Calvarya, de Suwalki, de Lomza, de Pultusk, tandis qu'à part Vilna et Grodno, la ligne exécutée traverse des régions où la population a une très-faible densité.

[2] Planches VIII, IX, X, XI et XII.

sieurs détours avant d'arriver à Vilna, où elle reçoit un autre affluent, la Vileika ; grossie de ces deux affluents, elle se dirige vers Kovno, où elle tombe dans le Niémen.

Le chemin de fer, après avoir suivi sur 9 verstes environ la rive gauche de la Vilia, la laisse courir à droite et franchit le faîte très-déprimé qui la sépare de la Vileika ; il coupe cette dernière rivière à la cote 61,21, verste 650 ; à la verste 656, il atteint la ville de Vilna.

Sur les 17 verstes qui séparent la station de Vilna du point auquel l'embranchement de la frontière de Prusse se détache de la ligne de Saint-Pétersbourg à Varsovie, les versants de la Vilia sont profondément ravinés ; le tracé perce, par un tunnel[1] de 200 sagènes (verste 665), un contre-fort qui sépare la vallée de la Vilia de celle de la Vacca, l'un de ses affluents. La ligne suit d'abord le versant de ce cours d'eau, puis elle le franchit (verste 669) et remonte au point où se bifurquent la ligne principale et l'embranchement, à 674 verstes de Pétersbourg (cote 76,32). La rampe se prolonge encore sur une verste, et atteint la cote 78,12. A partir de là le tracé redescend par une pente générale jusqu'au Niémen, en traversant un terrain très-raviné. Il franchit plusieurs petits affluents d'une rivière, la Méretchanka, qu'il coupe à la verste 716. Cette rivière se jette dans le Niémen en suivant une direction parallèle au tracé. Son affluent le plus volumineux, l'Ula, est rencontré par le tracé à la verste 746.

Au delà, le terrain, moins tourmenté, ne présente plus d'autres obstacles que quelques ruisseaux, des lacs généralement étroits, et des marécages. Le chemin de fer traverse notamment, entre les verstes 777 et 782, le grand marais de Ribnitsa. Enfin, il atteint Grodno, coupe par une profonde tranchée le contre-fort sur lequel s'étend la ville, et aboutit au Niémen, à 270 verstes de l'origine du troisième tronçon.

Il traverse le Niémen à la cote 57,74, sur un pont très-élevé, de trois travées, présentant un débouché total de 85 sagènes (181 mètres).

33 verstes au delà, le faîte qui limite à gauche le bassin du Niémen est franchi ; la ligne est parallèle, dans cette dernière partie, à un petit affluent du Niémen, la Lossosna, et le troisième tronçon se termine à la cote 78,52, à 843 verstes de Pétersbourg.

---

[1] Tunnel de Ponari.

IVe ET DERNIER TRONÇON [1]

Bassin de la Vistule

(205 VERSTES)

Ce tronçon se distingue principalement des tronçons précédents par le nombre de grands cours d'eau que la ligne a à traverser. Après avoir franchi diverses petites rivières, la Sokolda, la Suchonie, elle coupe (verste 880, cote 57,80) la Suprasl, affluent du Narew, puis le Narew, qui forme la limite du royaume de Pologne (verste 905, cote 58,40). Ces vallées sont toutes deux marécageuses. Dans l'angle des deux rivières, est la ville de Byalistock, où nous retrouvons les tracés rectilignes des ingénieurs du gouvernement. Un alignement droit de plus de 60 verstes, à travers un terrain assez tourmenté, amène le chemin de fer sur la rive droite du Boug (verste 970, cote 49,30). Il traverse cette grande rivière sur un pont de 279^{m}11 de débouché, le plus grand pont de la ligne de Varsovie, et le second pour la grandeur de tout le réseau exécuté par la grande Société. Ce passage est d'autant plus difficile que le Boug, pendant ses crues, submerge ses rives à une distance de 7 à 8 verstes.

Sur les 68 verstes qui restent encore pour atteindre Varsovie, le tracé suit de loin le versant gauche du Boug, et traverse à la verste 1000 son affluent, le Liviec ; un alignement lui fait atteindre la rive droite de la Vistule à la cote 41,53 et à la verste 1048, à partir de Pétersbourg.

Le rail passe donc de la cote 2,55 à Pétersbourg, à la cote 41,53 à Varsovie, ce qui fait une montée *utile* de 38^{mèt},98 ; dans l'intervalle, il franchit trois faîtes principaux, dont le plus élevé, au passage de la vallée de la Dvina à celle du Niémen, atteint la cote 81,62.

Le tableau suivant résume la description de la ligne entière.

---

[1] Planches XII, XIII et XIV.

LIGNE DE PÉTERSBOURG A VARSOVIE

VERSTES.	POINTS PRINCIPAUX.	COTES.	LIMITES DES TRONÇONS.
		Sag.	
0	Pétersbourg	2.45	
116	Passage de la Louga	22.488	
213	Novocélié	74.118	1er tronçon, 400 verstes.
256	Pskoff	22.630	(Golfe de Finlande.)
306	Passage de la Vélikaia, à Ostroff	28.636	
400	*Faîte principal*	72.785	
499	Passage de la Dvina, à Dunabourg	46.822	2e tronçon, 136 verstes.
556	*Faîte principal*	81.62	(Golfe de Riga.)
620	Entrée dans la vallée de la Vilia	55.57	
650	Passage de la Vileika	71.21	
669	— de la Vacca	65.27	
674	Embranchement vers la frontière de Prusse	76.32	3e tronçon, 307 verstes.
716	Passage de la Mérétchanka	55.76	(Bassin du Niémen.)
746	— de l'Ula	58.63	
809	— du Niémen, à Grodno	57.74	
842	*Faîte principal*	78.52	
880	Passage de la Suprasl	57.80	
905	— du Narew	58.40	4e tronçon, 205 verstes.
973	— du Boug	49.30	(Bassin de la Vistule.)
1.001	— du Liviec	49.91	
1.048	Varsovie	41 53	

Les pentes n'excèdent nulle part 6 millièmes. De la verste 130 à la verste 235, dans la portion où la Compagnie a eu à compléter les terrassements commencés par l'État, les inclinaisons ont été légèrement roidies pour diminuer les mouvements des terres. Entre la verste 400 et Varsovie, le maximum des pentes est 5 millièmes.

Rappelons que les rampes de 5 millimètres réduisent le poids limite des trains à la fraction 0,528, en grande vitesse, et à la fraction 0,483, en petite vitesse, des poids limites correspondant à la traction sur palier horizontal ; les rampes de 6 millimètres abaissent ces rapports à 0,483 et 0,439[1].

[1] Chemins de fer de l'Autriche, Annales des Mines, 6me série, t. IX. p. 262.

TABLEAU DES PRINCIPAUX PONTS DE LA LIGNE DE PÉTERSBOURG A VARSOVIE

NUMÉROS DES VERSTES.	DÉSIGNATION DES PONTS.	DÉBOUCHÉ.	NOMBRE DE TRAVÉES.	OBSERVATIONS.
A partir de Pétersbourg.	*Ligne de Saint-Pétersbourg à Varsovie.*	mètres.		
116	Pont de la Louga	110.64	2	*Construit par la Couronne.*
262	— de la Tchérokha	89.46	3	*Entreprise du général Ogarew.*
306	— d'Ostroff, sur la Vélikaïa . . .	83.82	1	
499	— de Dunabourg, sur la Dvina . . .	258 92	3	
499	— de décharge de la Dvina	63.90	3	
621	— de la Vilia.	63.90	1	
650	— de la Vileika.	72.74	3	
669	— de la Vacca.	79.87	3	*Entreprise Gouin.*
809	— de Grodno, sur le Niémen . . .	181.40	3	
880	— de la Suprasl	70.29	3	
905	— du Narew.	159.75	3	
973	— du Boug	279.11	5	
1,001	— du Liviec	73.48	3	

Si l'on fait abstraction des terrassements exécutés par l'ancienne administration, entre Saint-Pétersbourg et Pskoff d'une part, et entre Byalistock et Varsovie de l'autre, le volume total des terrassements de la ligne de Varsovie s'élève à 3,797,000 sagènes cubiques, environ 37 millions de mètres cubes. Le nombre des ouvrages d'art monte à 538, représentant un débouché linéaire total 1562^{sag},63, ou de plus de 3 kilomètres. Les chantiers de la ligne offraient en moyenne pendant la campagne de 1859 un effectif de 32,000 ouvriers.

§ 2. — EMBRANCHEMENT DE LA FRONTIÈRE DE PRUSSE[1].

(102 VERSTES)

C'est à la verste 674 que se détache l'embranchement de la ligne de Varsovie vers la frontière prussienne. La bifurcation est placée dans la station de Lantvarovo à 16^v 1/2 de Vilna, près d'un lac situé en un point du faîte séparatif de la Vilia et du Niémen. Ces deux cours d'eau se réunissent à Kovno. Les 40 premières verstes du

---

[1] V. planches XV et XVI.

tracé suivent l'inclinaison de cette ligne de faîte. Le chemin de fer s'en sépare plus loin pour se rapprocher graduellement de la rive droite du Niémen, qu'il atteint en amont de Kovno. Le Niémen franchi, la ligne entre dans le territoire polonais, dont les escarpements forment la rive gauche du fleuve. La vallée d'un de ses affluents, la Jésia, offre, à travers ces escarpements, une ouverture par laquelle le tracé gagne le plateau qui s'étend de Mariampol à la frontière de Prusse. Il passe de la vallée de la Jésia dans celle de la Pilva, affluent de la Szeszoupa, qu'il coupe à la verste 807 ; il rencontre quelques autres tributaires du Niémen, la Szemiana, la Szervinta, et vient aboutir à Vierzboloff[1], en face de la station prussienne d'Eydtkuhnen. Un pont de 8 sagènes, jeté sur la Lipone, petite rivière qui fait la frontière entre la Pologne et la Prusse, établit la communication entre ces deux gares, où, les voies n'étant pas les mêmes, tous les trains doivent subir un transbordement.

Tel est le tracé rationnel du chemin de fer, tracé très-simple et où l'on ne voit d'autre grand travail que le pont sur le Niémen. La place naturelle de ce pont serait en face du point où s'ouvre la vallée de la Jésia. Cette solution fut d'abord proposée par la Compagnie, mais le gouvernement la repoussa. Le pont de Kovno se trouve reporté à 200 sagènes vers l'aval ; la culée de rive droite est située en face d'un ravin voisin de Kovno, et nommé dans le pays *ravin de Mickiewicz*. Le pont, s'il était droit, buterait à son extrémité opposée contre les escarpements de la rive polonaise. Aussi lui a-t-on donné un biais de 68° ; cette déviation ramène la ligne vers la vallée de la Jésia par un tracé à flanc de coteau. Pour faire communiquer le ravin de Mickiewicz avec le tracé venant de Lantvarovo, il a fallu percer par un souterrain de 600 sagènes le contre-fort qui en cet endroit domine la rive droite du Niémen. En résumé, à un parcours possible à ciel ouvert, on a substitué un tracé un peu plus long, qui rend biais le pont du Niémen et qui exige la construction d'un souterrain de 1,200 mètres, lequel souterrain, ouvert en grande section dans un terrain difficile, a coûté à lui seul quinze cent mille roubles.

Quelle raison, dira-t-on, a pu conduire à l'adoption d'un tracé à la fois si onéreux et si bizarre ?

Le gouvernement russe n'a pas voulu que le pont de Kovno fût placé à l'endroit même où, dans la nuit du 23 au 24 juin 1812, l'empereur Napoléon franchit le Niémen avec la Grande-Armée. Le fleuve dessine en ce point un coude très-prononcé dont la convexité est du côté de la rive polonaise. Cette rive est plus escarpée que la rive opposée. Sur celle-ci, le contre-fort que nous indiquions tout à l'heure ne s'é-

---

[1] En allemand, Wirballen.

tend pas jusqu'au Niémen, qui en est séparé par une large plaine ; l'armée envahissante, occupant les hauteurs de la rive gauche, peut donc chasser les défenseurs de la rive droite, puis opérer le passage du fleuve, et réunir sur l'autre bord une grande masse de troupes, en restant toujours protégée par les feux de la rive polonaise. Le gouvernement, toujours préoccupé des intérêts militaires, ne laissa pas élever un pont fixe dans un point où la ligne du Niémen est pour la Russie une si faible barrière, et le pont fut reporté en conséquence en un point où la rive polonaise menace moins la rive lithuanienne. Faut-il voir là une précaution militaire d'une valeur réelle, plutôt que l'effet d'une crainte un peu superstitieuse ? Un pont métallique est facile à couper lorsque la défense du pays exige un pareil sacrifice. Si d'ailleurs quelque puissance en guerre avec la Russie, oubliant Napoléon et Charles XII, prétendait encore envahir l'intérieur de l'Empire, ses armées ne pourraient-elles pas, comme on l'a fait en 1812, traverser sans pont fixe le Niémen au point où s'est alors effectué le passage ?

En définitive, les motifs du détour imposé au chemin de fer à Kovno sont jugés très-médiocres par les autorités militaires les plus compétentes ; mais l'établissement du pont en un point où la Russie a été envahie, excitait dans le gouvernement une répugnance instinctive que l'empereur Alexandre manifesta lui-même sur les lieux ; on ne pouvait songer à triompher d'un tel sentiment.

Les environs de Kovno ont ainsi vu les travaux les plus variés : l'une des têtes du souterrain, la gare et le pont du Niémen se succèdent dans un intervalle de 300 sagènes. La vallée de la Jésia renferme une série d'ouvrages d'art moins considérables : le tracé coupe quatre fois la rivière. On a comparé cette partie au chemin de fer de Liége à Verviers. La comparaison est assez exacte en ce qui concerne les intersections de la ligne et de la rivière ; mais les contre-forts que rencontre la ligne de Pologne sont bien moins escarpés que ceux de la ligne belge, et n'exigent aucun tunnel.

En comptant toujours les verstes de Pétersbourg, l'embranchement commence, comme nous l'avons dit, à la verste 674 ; le Niémen est franchi à Kovno à la verste 754, et la frontière de Prusse se trouve enfin entre les verstes 835 et 836. La cote du départ à Lantvarovo est 76,32 ; le Niémen est traversé à la cote 15,82 et la cote d'arrivée à Vierzboloff est 28,09. Dans l'intervalle, le tracé remonte à la cote 43,44, verste 772, pour sortir de la vallée de la Jésia.

Les pentes n'excèdent nulle part 5 millièmes. Le cube total des terrassements exécutés s'élève à 535,000 sagènes ; les ouvrages d'art, au nombre de 121, présentent un débouché linéaire total de 307^{sag},56 ; le nombre des ouvriers des chantiers de cette ligne, en 1859, a été en moyenne de 7,500, et a parfois dépassé 9,000.

Le souterrain de Kovno, le principal travail de l'embranchement, est établi en profil sur une pente de $1^{mm},50$, en plan sur un alignement droit de $388^{sag},23$, suivi d'une courbe de 450 sagènes de rayon. Il a été attaqué par les deux têtes et par cinq puits intermédiaires. L'un de ces puits, à 45 sagènes environ de la tête du côté de Kovno, a été creusé sur l'axe de la voûte à la faveur d'une dépression du terrain. Les quatre autres sont placés respectivement à 180, 260, 340 et 420 sagènes de la tête de Vilna, et aboutissent en dehors de la voûte à une galerie qui rejoint les pieds-droits. Les travaux ont été commencés le 9 mai 1859 : le percement de la galerie d'alignement était terminé au mois de janvier 1860. Malgré les difficultés de toute espèce, et notamment malgré les exigences du contrôle relativement à la qualité des briques, ce grand travail a été complétement terminé vers la fin de 1861. Le 11 mars 1862, l'achèvement du grand pont sur la Dvina à Dunabourg établit la communication continue entre Pétersbourg et la frontière de Prusse, et mit Pétersbourg à quarante-deux heures de Berlin.

L'embranchement de Lantvarovo à Vierzboloff forme, au point de vue de l'exploitation, une partie de la ligne de Pétersbourg à Varsovie. On doit considérer le prolongement de Lantvarovo à Varsovie comme un embranchement, et la ligne continue de Pétersbourg à la frontière de Prusse comme la ligne principale. Le tableau suivant indique les dates de l'ouverture de l'exploitation sur ces deux directions :

Au moment de la constitution de la Société, l'exploitation était ouverte entre Pétersbourg
et Gatchina, sur une longueur de 42 verstes.   42
Le 5 décembre 1857, ouverture de Gatchina à Louga, 86 verstes. . .   en tout.   128
Le 10 février 1859 ouverture de Louga à Pskoff, 128 verstes.   256
Le 26 janvier 1860, ouverture de Pskoff à Ostroff, 50 verstes   306
Le 8 novembre 1860, ouverture d'Ostroff à Dunabourg, 191 verstes.   497
Le 11 avril 1861, ouverture de Kovno à Vierzboloff, 82 verstes.   579
   (Avec correspondance entre Dunabourg et Kovno par la chaussée).
Le 15 mars 1862, ouverture de Dunabourg à Kovno, 257 verstes   836
   (Le service ne devint quotidien entre ces deux points qu'à partir du 25 avril).

L'exploitation a été enfin ouverte sur le reste de la ligne, c'est-à-dire entre Lantvarovo et Varsovie, dans le courant de l'année 1862, sur une longueur de 374 verstes; en tout, 1,210 verstes, somme des longueurs de la ligne principale et de l'embranchement.

Mais la locomotive parcourait la ligne longtemps avant l'ouverture de l'exploitation publique. En Russie et dans tous les pays présentant peu de ressources locales, et n'offrant que des moyens de transports insuffisants, on doit poser une voie de service dès que la plate-forme de terrassements le permet ; cette voie sert ensuite au balastage et à la répartition de tout le matériel nécessaire à la construction définitive du chemin. Des ponts en charpente rétablissent provisoirement la continuité de la voie dans les points où les terrassements sont interrompus par les cours d'eau[1]. Cette méthode était indiquée par la nature même des difficultés contre lesquelles on avait à lutter en Russie. Elle a été pleinement justifiée par le succès. Les efforts de la construction étaient dirigés tout d'abord vers la pose d'une voie de service. Si nous laissons de côté la section comprise entre Gatchina et Louga, où les terrassements étaient terminés dès 1857, et où ils avaient été exécutés d'après une autre méthode, nous trouvons les dates suivantes pour l'ouverture des voies de service sur diverses parties de la ligne :

De Louga à Pskoff, juillet 1858. . . . . 128 verstes.
De Pskoff à Ostroff, le 10 avril 1859. 50
D'Ostroff à Dunabourg, le 20 septembre 1859. 191
De Dunabourg (rive gauche) à Vilna, septembre 1860. 157
De la Suprasl à Varsovie, fin 1860. 168
De Kovno (rive gauche) à Vierzboloff, août 1860. 82
De Kovno (rive droite) à Lantvarovo, octobre 1861. 80
Premier voyage de Pétersbourg à Varsovie par le chemin de fer, novembre 1861.

Les stations des lignes de la Grande Société ont été partagées en plusieurs catégories : les unes sont pourvues d'une alimentation, d'autres ne sont pas alimentées. Parmi les stations alimentées, les unes ont un dépôt de machines, les autres n'en ont pas ; le dépôt peut être soit une simple remise pour le service de secours, ou pour un service à petite distance, soit un véritable relai régulier dans la marche des trains : dans ce cas, il y a lieu de distinguer encore les petits dépôts et les grands dépôts ; ceux-ci sont munis d'ateliers de grande réparation, et les autres de simples ateliers d'entretien. Enfin, à certaines stations munies de grands dépôts, sont annexés les grands ateliers.

Ces distinctions caractérisent six classes de stations[2].

Dans les lignes de l'occident de l'Europe, les stations sont multipliées à proportion des centres de population que les lignes traversent.

En Russie, la population est beaucoup plus clair-semée que dans le reste de l'Europe, et par suite les stations sont moins rapprochées en moyenne. Il n'y a que 55 stations, y compris les stations extrêmes, entre Saint-Pétersbourg et Varsovie, ce

---

[1] V. Planche XXVIII, les dessins de ponts provisoires en charpente.

[2] Planches XXII à XXVII. — Plans de la station de Pétersbourg, et des types des stations de la 1re, de la 2e, de la 3e, de la 4e et de la 5e classe.

qui fait un espacement moyen de 19ᵛ,4; l'intervalle maximum est de **27** verstes entre Jogovo et Pondery ; le minimum est de **13** verstes entre Zieleniec et Lochov.

Les dépôts et les remises sont distribués comme il suit :

LIGNE DE VARSOVIE

DÉPOTS.				DISTANCE DES DÉPÔTS.	REMISES.		
CLASSE.	NOM DES STATIONS.	VERSTES.	DÉPÔTS.		NOM DES STATIONS.	CLASSE.	VERSTES.
Hors cl.	Saint-Pétersbourg. .	0	Grand dépôt.	128	Gatchina	3ᵉ	42
2ᵉ	Louga.	128	Petit dépôt. .		Divenskaïa. . . .	—	79
1ʳᵉ	Pskoff	256	Grand dépôt.	128	Belaya	—	193
2ᵉ	Korsovka.	375	Petit dépôt. .	119	Ostroff.	—	305
1ʳᵉ	Dunabourg.	496	Grand dépôt.	121	Antonopol.	—	434
2ᵉ	Svenciani.	584	Petit dépôt. .	88	Dukszty.	—	540
1ʳᵉ	Vilna.	657	Grand dépôt.	75			
Hors cl.	Lantvarovo	674	Grand dépôt.	17			
2ᵉ	Porecze.	777	Petit dépôt. .	103	Orany.	—	731
1ʳᵉ	Lapy.	907	Grand dépôt.	150	Sokolka.	—	847
Hors cl.	Varsovie	1.048	Grand dépôt.	141	Czyzew.	—	947
					Lochov	—	997

Savoir : 3 stations hors classe . . . . } 7 grands dépôts.
   — 4 1ʳᵉ classe . . . . }
   — · 4 2ᵉ classe . . . . 4 petits dépôts.
   — 10 3ᵉ classe . . . . 10 remises.

Toutes les stations sont pourvues d'alimentation, à l'exception des stations de Zieleniec (verste 984) et de Volomine (verste 1,031).

EMBRANCHEMENT

DÉPOTS.				DISTANCE DES DÉPÔTS.	LIMITES.	
CLASSE DES STATIONS.	NOM DES STATIONS.	VERSTES.	DÉPÔTS.		NOM DES STATIONS.	VERSTES.
Hors classe.	Lantvarovo	674	Grand dépôt. . .	80	Zosly	711
1ʳᵉ.	Kovno	754	— . . .	81	Koslova-Ruda	788
Hors classe.	Vierzboloff	835	— . . .			

Toutes les stations sur l'embranchement sont pourvues d'alimentation.

Pour l'entretien et la surveillance de la voie, des maisons de garde et d'équipe sont établies le long de la ligne; on a admis deux types de maison de garde: la maison de garde double et la maison de garde simple ; ces maisons sont réparties de manière à assurer en même temps le service de l'entretien de la voie et le service des passages à niveau. En général, sur six verstes de longueur, on trouve une maison d'équipe et cinq maisons de gardes, trois simples et deux doubles.

De Pétersbourg à Varsovie, le nombre des passages à niveaux est de 691 ;

Le nombre des maisons de garde et d'équipe, 1,110.

D'où résulte, pour l'espacement moyen des passages à niveau, un intervalle de 1^v,50 ;

Et, pour l'espacement moyen des maisons de garde et d'équipe, 0^v,94.

Les appareils télégraphiques sont placés dans toutes les stations, et en outre dans un certain nombre de maisons intermédiaires. L'intervalle moyen entre deux appareils consécutifs, y compris ceux des stations, varie de 4 à 5 verstes.

Les *grands ateliers* de la ligne de Varsovie et de l'embranchement sont placés à Saint-Pétersbourg et à Kovno; on a choisi ces points parce qu'ils présentent des rapports faciles avec la mer, par l'intermédiaire de la Néva et du Niémen.

§ 3. — LIGNE DE MOSCOU A NIJNI-NOVGOROD [1].

(411 VERSTES)

La ville de Moscou est située sur les bords de la Moskva, affluent de l'Oka, qui lui-même tombe dans le Volga à Nijni-Novgorod. A 60 verstes en amont de cette dernière ville, l'Oka reçoit sur sa rive gauche une rivière qui coule de l'ouest à l'est, et qui coupe à une cinquantaine de verstes au nord de Moscou la route de Moscou à Jaroslaf. Cette rivière est la Kliazma; elle arrose le pied de la falaise sur laquelle s'élève l'ancienne capitale de Vladimir.

Entre Vladimir et le confluent de l'Oka, la Kliazma fait un coude très-prononcé vers le nord; au delà, elle revient du nord au sud passer près de la ville de Viazniki.

Le tracé du chemin de fer a été conduit à peu près parallèlement à la Kliazma; il franchit, en quittant Moscou, la région qui la sépare de la Moskva et qui n'a nulle part un relief bien considérable. Parti de Moscou à la cote 62,69, il se trouve à Pavlovo (verste 64) à la cote 61,20, sur la

---

[1] Planches XVII, XVIII, XIX, XX, XXI.

rive droite de la Kliazma, sans s'être élevé au-dessus de la cote 67,75. Le tracé se développe ensuite sur la rive droite de la rivière et la franchit sur un pont de 66 sagènes de débouché (verste 94, cote 52).

Tout en suivant la vallée de la Kliazma, il se sépare en plusieurs points de la rivière, à cause des détours qu'elle fait ; il franchit quelques contre-forts, dont le plus élevé atteint la cote 65,63. La cote du terrassement est 42,52 à la verste 158, dans la vallée secondaire de la Kolokcha, et 39,90 à la verste 179, dans la station de Vladimir, resserrée entre la rivière et les coteaux sur lesquels est bâtie la ville. De Vladimir à Bogolioubovo, où la Kliazma reçoit sur sa rive gauche un affluent considérable, la Nerll, le chemin longe la rivière sur une longueur de 10 verstes environ. La Nerll franchie, le tracé abandonne encore la Kliazma à ses nombreuses sinuosités; il remonte de la cote 38,90 à la cote 50,90, pour redescendre bientôt à la cote 41,38 qu'il conserve, sauf quelques altérations sans importance, sur une longueur de 20 verstes. Il descend ensuite à la cote 37,40, qu'il conserve sur une longueur de 5 verstes, puis continue à s'abaisser en pente douce sur 9 verstes de longueur, pour rentrer (verste 236) dans la vallée de la Kliazma, à la cote 35,71. La plaine submersible de la rivière a en cet endroit 2 verstes 1/2 de largeur; le chemin de fer la coupe par un remblai dont le couronnement l'amène en rampe de 6 au pont de Kovroff; ce pont a 100 sagènes de débouché[1].

A la sortie du pont, le tracé s'engage à la cote 40 dans le massif qui re-pousse la Kliazma vers le nord-est, et coupe au court vers Viazniki à travers un terrain des plus tourmentés. Il ne rentre dans la vallée de la Kliazma qu'à la verste 338. A la verste 271, le tracé rencontre la rivière Tara, affluent de Kliazma; les cotes, qui étaient montées jusqu'à 57,10, redescendent à 42,88 près de ce passage. Elles remontent à 59,88 (verste 291), un peu avant la station de Viazniki; en ce point, le tracé n'est pas fort éloigné de la Kliazma. Mais les détours de la rivière n'ont pas permis de l'établir dans la vallée; il reste sur les hauteurs, sauf à s'abaisser pour traverser la rivière Choumara (verste 303, cote 40,88). Un nouveau contre-fort, celui de Tchoulkovo, le fait remonter à la cote 56,68 (verste 317) avec d'énormes rem-blais; puis une longue pente le ramène à la Kliazma, près de la ville de Gorochovetz, entre les cotes 30 et 31; il conserve cette altitude de la verste 334 à la verste 351. Dans cet intervalle, le tracé franchit la vallée submersible

---

[1] Nous donnons le dessin de ce pont, planche XXXV.

de la Kliazma et traverse la rivière sur un pont de 154 sagènes de débouché, le plus grand pont de tout le réseau. A quelques verstes plus bas, la Kliazma se jette dans l'Oka, et le tracé se rapproche peu à peu de ce fleuve; il en est éloigné d'un kilomètre à peine à la verste 365, et il le côtoie à la verste 384; entre ces deux points, où il est à la cote 30,80, il franchit un contre-fort peu élevé, qui rejette l'Oka vers le sud, et fait monter l'altitude de la ligne à 41,30. L'Oka fait plus bas un second coude plus arrondi, qui se termine à son confluent avec le Volga à Nijni-Novgorod : le tracé en abandonne la rive pour couper un second contre-fort (cote 38,88), puis pour redescendre dans la plaine marécageuse qui sépare le Volga de son affluent. Il arrive dans cette plaine à la cote 29,62, à la verste 394, et, traversant les marais d'Orlofka, il vient aboutir à la gare de Nijni-Novgorod, verste 411, entre la chaussée de Moscou à gauche et le village de Kounavina à droite, à l'altitude de 28,53.

La différence entre les cotes de départ et d'arrivée est 34^{sag},16. Le point le plus haut du tracé est à la cote 67,75, qui n'excède que de 5^{sag},06 la cote extrême la plus élevée.

Le profil en long montre qu'entre Vladimir et Gorochovetz, le chemin de fer présente des alternatives de rampes et de pentes, qui sont toujours défavorables à l'exploitation. Les tronçons extrêmes de Moscou à Vladimir et de Gorochovetz à Nijni-Novgorod sont beaucoup plus satisfaisants. On peut aussi regretter l'emplacement donné à la station de Vladimir. Il eût mieux valu l'éloigner un peu de la ville, même au point de vue de la commodité des rapports entre la ville et la station.

LIGNE DE MOSCOU A NIJNI-NOVGOROD

VERSTES.	POINTS PRINCIPAUX.	COTES.	
0	Moscou	62.69	
40	Traversée du plateau entre Moscou et la Kliazma.	67.75	Faîte.
94	1er passage de la Kliazma, à Pokroff	52.50	
160	Traversée de la Kolokcha.	42.32	
179	Vladimir.	39.90	
189	Traversée de la Nerll	38.90	
238	2e passage de la Kliazma, à Kovroff	40.00	
271	Passage de la Tara.	42.88	
295	Viazniki	53.88	
342	3e passage de la Kliazma, à Gorochovetz. . .	30.80	
411	Nijni-Novgorod	28.53	

VERSTES.	GRANDS PONTS DE LA LIGNE DE NIJNI-NOVGOROD.	OUVERTURE TOTALE.	NOMBRE DE TRAVÉES.	
		m.		
94	Pont de Pokroff, sur la Kliazma.	141.94	2	
189	— de Bogolioubovo, sur la Nerll.	106.65	4	Entreprise Cail et Cᵉ.
238	— de Kovroff, sur la Kliazma.	225.48	4	
342	— de Gorochovetz, sur la Kliazma.	319.95	5	

Le maximum des inclinaisons ne dépasse nulle part 6 millimètres, sauf une pente de 10 millièmes sur une portion du tracé *provisoire* entre la première et la deuxième verste.

La quantité de terrassements exécutés pour cette ligne s'élève à 1,950,000 sagènes cubiques; le nombre des ouvrages d'art est de 248, représentant un débouché linéaire total de 824^{sag},39. L'effectif des chantiers, en 1859, a été de 10,000 ouvriers en moyenne, au maximum 12,600.

En réunissant les chiffres que nous avons donnés pour les chantiers des trois lignes dans la campagne de 1859, on voit que la Grande Société a disposé pendant cette campagne d'une armée de 50,000 travailleurs en moyenne, et au maximum de 60,000.

La ligne de Nijni-Novgorod est rattachée au chemin de fer de Moscou à Saint-Pétersbourg par une voie *provisoire* qui traverse la ville de Moscou sur une longueur de 6 verstes environ. Un mot sur les raccordements des lignes de la Grande Société avec le chemin de la Couronne, doit trouver place ici.

Le paragraphe 1ᵉʳ de l'acte de concession de 1857 renfermait l'alinéa suivant : « Les concessionnaires auront la faculté de rattacher à Saint-Pétersbourg et à Moscou les lignes concédées, avec le chemin de fer qui unit ces deux villes. » A Saint-Pétersbourg, le chemin de fer de *ceinture* qui relie la ligne de Varsovie au chemin de Moscou avait été construit par l'ancienne administration de la ligne de Varsovie, et, au moment de la prise de possession de cette ligne par la Société, le chemin de ceinture lui fut remis avec la ligne principale. Cette remise semblait résulter régulièrement de l'interprétation de l'alinéa que nous venons de citer; de plus, dans les discussions qui, en 1856, avaient précédé la signature du contrat passé entre l'État et la Compagnie, le chemin de ceinture avait toujours figuré comme une dépendance de la ligne de Varsovie. Une pièce dressée par l'administration des voies de communication, et contenant les éléments du calcul qui avait servi à fixer à 18 millions de roubles la somme représentant les travaux exécutés par l'État et repris au prix coûtant par les concessionnaires, faisait entrer le chemin de fer de ceinture pour 3 3/4 dans la longueur attribuée à la ligne de Varsovie. Malgré ces arguments qui, en tout autre pays, eussent été sans réplique ; malgré la remise faite par l'État, qui consacrait le droit de la Compagnie par un aveu formel, l'année 1857 n'était pas à moitié écoulée qu'un ordre du Dirigeant en chef prescrivait à la Compagnie de restituer le chemin de ceinture ; d'après cette nouvelle interprétation, la remise effectuée était le résultat d'une erreur, et c'était à l'administration du chemin de Moscou, non à celle du chemin de Varsovie, que la voie de jonction devait appartenir. La Compagnie réclama, elle fit valoir les dispositions du paragraphe 1ᵉʳ, elle montra la pièce qui lui avait été communiquée par l'administration elle-même. Au premier argument, le ministre répondit que les dispositions de l'alinéa relatif à la jonction des lignes concédées avec le chemin de Moscou ne s'appliquaient pas au chemin de ceinture de Pétersbourg, parce que ce chemin était déjà construit, et que cet alinéa, où le verbe est au futur, n'avait rapport qu'aux chemins de jonction qui seraient à construire ultérieurement. Au second argument, la réponse fut encore plus simple : la pièce dont la Compagnie se prévalait n'avait pas de valeur officielle, *elle n'était pas signée*. La Compagnie, en 1857, ne voulait pas engager avec le ministre la lutte que les empiétements successifs de l'Administration publique rendirent un peu plus tard inévitable, et elle se borna à faire des réserves dont nous verrons plus loin les conséquences.

A Moscou, où il ne s'agissait pas d'un chemin déjà construit, les discussions avec l'administration furent beaucoup plus graves encore. La Grande Société était depuis deux ans concessionnaire des lignes de Théodosie et de Nijni-Novgorod, quand, en 1859, une autre compagnie obtint la concession du chemin de fer de Moscou à Saratoff. La direction de ce nouveau chemin de fer partage l'angle des deux premières lignes en deux parties égales. A la même époque, une troisième compagnie devint concessionnaire d'un chemin de Moscou à Jaroslaf, direction intermédiaire entre le chemin de Moscou à Nijni, et le chemin de Moscou à Pétersbourg.

Les études déjà faites par la Grande Société pour le raccordement de son réseau avec le chemin de Pétersbourg à Moscou, l'avaient conduite à présenter à l'approbation du gouvernement un tracé de jonction qui, pénétrant dans l'intérieur de la capitale, permettait d'établir une gare peu éloignée du centre de la population, et dans laquelle on aurait pu réunir le service des voyageurs sur toutes les lignes rayonnant autour de Moscou; plus loin, la ligne de jonction s'ouvrait en éventail et donnait des gares de marchandises spéciales pour chacune des directions à exploiter.

Le gouvernement accueillit d'abord favorablement ce projet, et il en permit même l'exécution immédiate à *titre provisoire* pour faciliter la construction de la ligne de Nijni-Novgorod. Le *provisoire* consistait ici dans l'adoption de pentes fortes pour suivre de plus près les mouvements du sol, dans la construction de ponts en charpente pour franchir les cours d'eau traversés, notamment la rivière Jaouza, qui se jette dans la Moskva à Moscou; enfin, dans la substitution de passages à niveau pour traverser les rues, aux ponts et aux tranchées du projet définitif. Mais le tracé de la traversée provisoire était identique, en plan, au tracé de la traversée définitive, sur toute la longueur comprise dans les quartiers bâtis de la ville. Aussi les expropriations pour la voie de service eurent lieu dès le commencement de 1860, comme s'il s'était agi d'une voie définitive. L'approbation de la traversée de Moscou paraissait impliquée dans l'approbation donnée pour la voie de service, approbation suivie d'un effet immédiat, et en vertu de laquelle une trouée de 6 verstes venait d'être ouverte à travers la deuxième capitale de l'empire.

Cette percée était achevée, et la voie venait d'y être posée au mois de juillet 1860, quand un changement d'idées du ministère remit tout en question. Sous prétexte que la Grande Société n'avait pu s'entendre encore avec les autres compagnies admises à profiter de sa gare des voyageurs et de son rail, le Dirigeant en chef nomma une commission d'enquête, qui, après une prétendue étude du sujet, conclut à l'abandon complet du tracé déjà exécuté de la Grande Société; la commission refusa de s'occuper de la ligne de Moscou à Théodosie, car il est hors de doute que l'administration publique méditait déjà, à cette époque, de la retirer de la concession; elle adopta au contraire les projets des compagnies de Saratoff et de Jaroslaf, et assigna à la gare de la ligne de Nijni un emplacement étroit et accidenté, entre les gares de ces deux Compagnies et tout près de la gare du chemin de fer de Pétersbourg. Ce projet avait pour conséquence de faire perdre à la Grande Société tout le travail fait sur la traversée provisoire, d'allonger de 6 à 7 verstes le chemin de Nijni, et de concentrer tout le mouvement des quatre gares sur une seule et même place déjà encombrée à cette époque par le seul mouvement du chemin de Pétersbourg.

Nous devons rendre cette justice à l'Administration générale des voies de com-

munication qu'elle recula devant une approbation pure et simple des conclu-
sions de la commission d'enquête; elle les admit seulement pour les compagnies
de Saratoff et de Jaroslaf; mais elle ajourna sa décision pour la Grande Société; celle-
ci éleva une gare provisoire près de la barrière de la Ragojskaia, à l'extrémité de la
traversée définitive projetée, et continua d'exploiter la traversée provisoire telle
qu'elle l'avait construite. Il résulte de là que les gares des chemins de fer à Moscou
se présentent dans l'ordre suivant :

Gare du chemin de Pétersbourg, dont les voies se dirigent au N. O.
Gare du chemin de Jaroslaf. . . . . au N. E.
Gare du chemin de Saratoff. . . . . au S. E.
Gare du chemin de Nijni-Novgorod. . . . . à l'E.

Les lignes de Saratoff et Nijni-Novgorod se croisent donc à la sortie de
Moscou. Rien n'explique une telle bizarrerie.

Les nouveaux statuts du 3 novembre 1861, qui réduisent le réseau de la
Grande Société aux lignes de Varsovie et de Nijni-Novgorod, renferment dans le
paragraphe 1er les dispositions suivantes relatives aux chemins de jonction à Moscou et à Pétersbourg :

« Pour opérer le raccordement de la ligne de Nijni-Novgorod avec le chemin
de fer « Nicolas, » la Grande Société aura la faculté d'établir, dans un délai de
trois années à dater du jour de l'approbation des présents statuts, une voie
ferrée définitive suivant un projet qui devra être approuvé préalablement par le
gouvernement. Si la Société n'établit pas cette voie dans ledit délai, le gouvernement
avisera au raccordement des deux lignes dont il s'agit comme il l'entendra. — Le
chemin de jonction établi entre le chemin de fer « Nicolas » et la ligne de Varsovie sera entretenu par l'administration du chemin de fer « Nicolas » à frais
communs avec la Grande Société, qui aura la faculté d'user de cet embranchement suivant les règles et les conditions à fixer par l'Administration générale
des voies de communication, de concert avec le conseil d'administration de la
Grande Société. »

Sans insister sur ces questions, dont les transformations de la Grande Société
ont réduit l'importance, revenons à la description du chemin de fer de Nijni-
Novgorod.

L'exploitation publique a été ouverte de Moscou à Vladimir le 14 juin 1861.
Cette même année, la circulation des locomotives et des trains de matériaux a été
établie sur deux autres tronçons, l'un de Vladimir à la rive gauche de la Kliazma
près de Kovroff, l'autre de la rive gauche de la Kliazma, près de Galitskaia,

jusqu'à Nijni-Novgorod. La lacune qui s'étend entre ces deux tronçons, et qui comprend tout le passage du chemin de fer sur la rive droite de la Kliazma, entre Kovroff et Gorochovetz, sur une longueur de 100 verstes, ne fut parcourue par les trains qu'à la fin de l'année 1861; le 1er août 1862, on ouvrit la ligne entière.

Les stations de la ligne sont au nombre de vingt-cinq, y compris les deux extrêmes, ce qui donne entre deux stations consécutives un intervalle moyen d'environ 17 verstes. Elles sont toutes pourvues d'alimentation. Voici le tableau des dépôts et des remises de locomotives :

DÉPOTS.				DISTANCE DES DÉPÔTS.	REMISES.		
CLASSE.	NOM DES STATIONS.	VERSTES.	DÉPÔTS.		NOM DES STATIONS.	CLASSE.	VERSTES.
Hors cl.	Moscou.	0	Grand dépôt .	64	»	»	»
2e	Pavlovo	64	Petit dépôt. .	115	Petouchki.	3e	117
1re	Vladimir	179	Grand dépôt .	116	Novki	—	225
2e	Viazniki	295	Petit dépôt. .	116	Gorochovetz. . . .	—	339
Hors cl.	Nijni-Novgorod. . .	411	Grand dépôt .				

Les vingt-cinq stations de la ligne se partagent comme il suit :

2 stations hors classe.
1 — 1re classe.
2 — 2e classe.
3 — 3e classe.
et les 17 autres, 4e classe.

On trouve sur la ligne :

209 passages à niveau.
61 maisons d'équipe.
245 maisons de garde simples.
16 maisons de garde doubles.
63 appareils télégraphiques en dehors des stations.

L'intervalle moyen de 17 verstes entre deux stations consécutives est établi en admettant comme définitif le tracé provisoire sur lequel l'exploitation a été primitivement installée. Le tracé définitif proposé par la Compagnie avait à peu près la même longueur; mais donnait une station de plus, celle de Kouskovo[1], à 10 verstes

---

[1] L'emplacement de cette station est indiqué sur la planche XVII, comme si elle appartenait à la ligne exécutée. Le tracé définitif y est figuré en ponctué.

de Moscou. La moyenne de 17 verstes descend à 16 si l'on adopte cette variante. Le minimum de l'intervalle de deux stations consécutives se trouve entre Vladimir et Bogolioubovo, 10 verstes ; le maximum entre Viazniki et Tchoulkovo, 25 verstes 1/2.

Les inégalités dans la distribution des stations font reconnaître que la ligne traverse un pays peuplé. Le rayon de Moscou est en effet la partie de la Russie où la population est le plus condensée ; c'est une région industrielle. Les villages des gouvernements de Moscou et de Vladimir ont chacun une industrie particulière. Aussi la ligne de Moscou à Nijni-Novgorod est-elle probablement appelée à un grand développement de trafic. Cette ligne de 409 verstes[1] complète le réseau entrepris en 1857 par la Grande Société, et achevé par elle en 1862, et le porte à une longueur totale de 1,619 verstes, ou 1,725 kilomètres ; résultat d'autant plus remarquable que le climat et les fêtes réduisent en Russie la durée du travail en plein air à 120 jours par an, que la Société a eu à traverser des crises financières, et qu'enfin elle a eu contre elle, pendant tout le temps de son indépendance, l'Administration publique, sur le concours de laquelle elle aurait eu besoin de compter avant tout[2].

§ 4. — RENSEIGNEMENTS SUR L'EXPLOITATION DU RÉSEAU.

En 1859, la longueur exploitée se bornait à 256 verstes, de Saint-Pétersbourg à Pskoff. On admettait alors qu'en moyenne, pour une *décaverste* exploitée, il fallait les nombres suivants

$$
\begin{array}{ll}
\text{De locomotives.} & 1\ \tfrac{1}{5} \\
\text{De wagons à voyageurs.} & 4\ \tfrac{3}{4} \\
\text{De wagons à marchandises.} & 30
\end{array}
$$

L'expérience des années 1860 et 1861 a conduit à augmenter un peu les nombres prévus. On a en conséquence porté à 1 1/2 le nombre de locomotives par décaverste. Les nombres de wagons ont aussi été augmentés ; voici du reste la composition normale des trains de voyageurs, telle qu'elle a été arrêtée à deux époques, en 1858, puis en 1861.

---

[1] Nous déduisons 2 verstes pour le raccordement de la ligne avec la gare provisoire de Moscou. De même, nous ne tenons aucun compte, dans ce calcul, de la traversée de Moscou.

[2] Ces 1,725 kilomètres, comparés à une durée de 5 années, ou de 1,825 jours, donnent une moyenne de 945 mètres ou de près d'un kilomètre par jour.

TRAINS EXPRESS.

	1858	1861
Fourgons à bagages	1	2
Fourgon pour la poste et le service	1	1
Voitures de 1re classe	2	2
Voiture mixte de 1re et 2e classe	1	1
TOTAUX	5	6

TRAINS OMNIBUS.

	1858	1861
Fourgons à bagages	1	2
Fourgon pour la poste et le service	1	»
Voiture de 1re classe	»	1
Voiture mixte de 1re et 2e classe	1	»
Voitures de 2e classe	2	3
Voitures de 3e classe	9	9
TOTAUX	14	15

Voici la composition normale du train de marchandises :

$$\left.\begin{array}{l} 28 \text{ wagons, dont} \left\{ \begin{array}{l} 13 \text{ fermés.} \\ 10 \text{ plates-formes.} \\ 5 \text{ tombereaux.} \end{array} \right. \\ 2 \text{ fourgons} \end{array}\right\} \quad \text{En tout } 30 \text{ voitures.}$$

La limite du parcours annuel des essieux est de 30,000 verstes pour les locomotives, et de 15,000 pour les wagons à marchandises. Le grand froid réduit ce parcours limite en rendant les bandages cassants.

Sur toutes les lignes où le trafic n'est pas exceptionnellement développé, on trouve économique de faire chaque jour un petit nombre de trains de marchandises, aussi lourds que possible et marchant à vitesse modérée. Il faut, pour ce mode d'exploitation, que la voie soit résistante et que les locomotives soient capables d'exercer des efforts énergiques. Cette condition a dirigé dans le choix des types adoptés par la Grande Société.

Les planches XXIX à XXXIV représentent les dispositions principales des locomotives. Pour les machines à voyageurs, la limite de vitesse est fixée à 50 verstes à l'heure, sur des rampes de 6 millièmes au maximum. Les essieux moteurs sont au nombre de deux : chaque roue motrice a un diamètre de 2^m,10 ; on les couple, pour fournir toute l'adhérence nécessaire à la traction ; le poids de la machine, fixé à 30 tonnes, se répartit également entre les trois essieux.

L'adhérence est donc proportionnelle à une pression de 20 tonnes sans qu'il y ait surcharge sur le rail. Les cylindres ont un diamètre de 44 centimètres, et une course de 60.

Pour l'alimentation des chaudières, on a prévu simplement deux injecteurs Giffard; les pompes ont été supprimées, parce qu'elles.sont exposées à geler pendant l'hiver. Le chauffage dans le foyer est fait à la houille crue, et non au bois, comme dans les premières locomotives employées en Russie. Le foyer étant plus petit que dans les machines à bois, on peut sans craindre de trop grands porte-à-faux, placer les trois essieux entre la boîte à feu et la boîte à fumée, ce qui répartit plus également les pressions sur les roues; la substitution de la houille au bois supprime aussi les incendies, causés par les étincelles qu'entraîne la fumée de bois.

Les machines à marchandises sont de même disposées pour être chauffées à la houille crue; mais la chaudière, plus longue que pour les machines à voyageurs, utilise mieux les gaz produits par la combustion; les trois roues couplées ont un diamètre de $1^m,30$; le diamètre des cylindres moteurs est de $0^m,44$. La course du piston est de $0^m,62$.

Nous pouvons appliquer à ces machines les formules que nous avons données dans les *Annales des mines* (tome IX, 1865, *Chemins de fer de l'Autriche*, chapitre IV, p. 259), pour l'évaluation de la puissance des locomotives.

	MACHINES A VOYAGEURS.	MACHINES A MARCHANDISES.
Surface de chauffe. . . . { Foyer.	mètres carrés. 10.138	mètres carrés. 7.600
{ Tubes.	mètres carrés. 113.143	mètres carrés. 98.020
Surface de chauffe réduite, S.	mètres carrés. 47.852	mètres carrés. 40.370
Diamètre des roues motrices.	mètres. 2.100	mètres. 1.300
Diamètres des cylindres.	mètres. 0.440	mètres. 0.440
Course du piston.	mètres. 0.600	mètres. 0.620
R, rayon de la roue motrice	mètres. 1.050	mètres. 0.650
ω, Volume d'un cylindre.	mètres cubes. 0.091	mètres cubes. 0.094
Coefficient de la force de traction, $\frac{\omega}{R}$	0.0867	0.1446
Coefficient de la vitesse normale, $\frac{SR}{\omega}$.	552	279
Maximum de l'effort de traction.	kilogrammes. 2052.700	kilogrammes. 3428.600
Vitesse normale, sans détente.	kilomètres. 37.200	kilomètres. 18.700
Poids maxima que la machine peut traîner à pleine pression, à la vitesse normale.		
— sur palier	tonnes. 324	tonnes. 765
— sur une longue rampe de 0,006 . . .	tonnes. 164	tonnes. 327

Un type spécial a été projeté pour machines de gare : on en prévoyait vingt semblables en mars 1861, à distribuer entre les gares de Saint-Pétersbourg, de Dunabourg, de Vilna, de Kovno, de Vierzboloff, de Varsovie, de Moscou et de Nijni-Novgorod. Les conditions à remplir étaient : facilité du démarrage, grande puissance, et distance des roues extrêmes assez petite pour qu'il soit possible de tourner ces machines sur les plaques de 5 mètres qui servent aux wagons.

Le nombre total de wagons prévu est double du nombre de wagons qu'on suppose en service à un instant donné. C'est la plus faible proportion qu'on puisse adopter pour tenir compte de l'entretien, des réparations, de la réserve, et enfin des accidents de toute sorte.

Il est résulté des calculs établis sur ces bases que, pour commencer une exploitation régulière des lignes de la Grande Société, il fallait au minimum 240 locomotives, 804 voitures à voyageurs, et 5,623 wagons à marchandises.

§ 5. — PROFIL EN TRAVERS. — VOIE. — RAIL.

La voie des chemins de fer russes a, entre les rails, une largeur de 5 pieds anglais, ou 1^m,523, supérieure à la largeur 1^m,435 admise pour les chemins du reste de l'Europe continentale[1]. Cette différence des deux voies force à des transbordements dans les gares de Varsovie et de Vierzboloff, où les voies étrangères font suite aux voies russes; le faible excès de largeur de la voie russe ne peut d'ailleurs donner à cette voie aucun avantage sur la voie occidentale.

Sur les lignes de la Grande Société, l'entre-voie a pour largeur normale 2^m,134, rails compris, ou 2^m,014 en dedans des rails. Sur le chemin de Moscou, l'entre-voie n'est que de 1^m,825, rails compris. La Grande Société l'a augmenté de 0^m,309 pour donner libre passage aux marchepieds de ses voitures, puis le gouvernement a arrêté en principe que l'entre-voie des chemins à construire ultérieurement serait porté à 2^m,134 en dedans des rails, ou à 2^m,254, rails compris.

L'accotement, à partir du bord du rail extérieur qui se trouve en dedans de la voie jusqu'à l'arête du talus du ballast, est fixé à 1^m,144. La couche de ballast a une épaisseur de 0^m,533 au-dessus du terrassement, et elle est terminée latéralement par deux talus inclinés à trois de base pour deux de hauteur. La

[1] En Espagne aussi, la voie a un excès de largeur sur la voie française (1^m,756.)

base du talus a ainsi une longueur de 0^m,800. Un marchepied de 0^m,373 est laissé libre entre le pied du talus du ballast et l'arête extérieure de la plate-forme des terrassements.

De ces cotes résultent des dimensions horizontales suivantes pour le profil en travers normal, dans lequel on suppose, conformément à l'acte de concession, que les terrassements sont toujours établis pour deux voies [1] :

PARTIES A DOUBLE VOIE.

	mètres.
Deux voies, à 1^m,523 entre les rails	3,046
Un entre-voie, rails compris	2,134
Deux accotements, jusqu'à l'arête du ballast, à 1^m,144.	2,288
Largeur en couronne du ballast.	7,468
Deux bases des talus du ballast, à 0^{m}800	1,600
Largeur à la base du ballast	9,068
Deux marchepieds, à 0^m,373.	0,746
Largeur totale des terrassements en couronne	9,814

PARTIES A VOIE UNIQUE.

	mètres.
Une voie, entre les rails.	1,523
Deux accotements à 1^{m}144.	2,288
Largeur en couronne du ballast.	3,811
Deux bases des talus du ballast à 0^{m}800.	1,600
Largeur à la base du ballast	5,411
Un marchepied du côté de la voie	0,375
Espace réservé pour la pose de la seconde voie, y compris un marchepied semblable.	4,030
Largeur totale des terrassements en couronne	9,814

Le gabarit limite des ouvrages d'art est déterminé par deux verticales élevées de part et d'autre de l'axe de la double voie, à 4^m,267 de distance de cet axe, et par une horizontale menée à 5^m,547 de hauteur, au-dessus de la surface de roulement des rails, ou à 5^m,672 au-dessus du plan supérieur du ballast. L'angle droit formé par l'horizontale et la verticale limites est abattu par un arc de cercle tangent à la verticale, et décrit d'un point pris comme centre à 2^m,539 au-dessus du plan supérieur des rails dans l'axe de la double voie.

Ces dimensions sont très-développées dans tous les sens. On n'est pas gêné en Russie par les passages en dessus, qui sont fort rares.

Le ballast est composé de deux couches, l'une en sable et en gravier, d'une épaisseur de

[1] Planche XLI·

0^m,384, sur laquelle reposent les traverses : l'autre en pierre cassée, de 0^m,149 d'épaisseur, qui affleure le dessus des traverses et entoure entièrement la première. On n'ajoute pas en Russie de ballast au-dessus des traverses, ni dans la voie, ni en dehors des voies. La petite couche de pierre cassée qu'on aurait pu placer par-dessus n'aurait pas eu pour effet de préserver les bois des influences atmosphériques, et elle aurait opposé un certain obstacle à l'examen journalier des traverses.

La couche inférieure du ballast est un matelas élastique qui peut recevoir un bon bourrage; le sable emprisonné sous la couche supérieure de pierres cassées n'est pas soulevé par le vent des trains.

Dans plusieurs tranchées argileuses, on a placé sous le ballast une couche de pierres cassées dans un encaissement pratiqué au fond du déblai. Cette précaution assure le drainage du ballast et l'assainissement de la voie.

Sur les voûtes en maçonnerie, on a, autant que possible, augmenté l'épaisseur du ballast, pour épargner aux maçonneries les ébranlements communiqués aux rails par le passage des trains. Certains constructeurs veulent qu'on laisse au moins 1 mètre entre le dessous du rail et l'extrados d'une voûte; il n'est pas toujours possible de satisfaire à cette condition, surtout avec de fortes épaisseurs de voûtes.

D'après le profil normal, la fourniture du ballast par kilomètre s'établit comme il suit :

PARTIES A DEUX VOIES.

	mètres cub.s.
Sable et gravier pour couche inférieure.	3046,27
Pierre cassée pour enveloppe extérieure.	1360,57
CUBE TOTAL.	4406,84

PARTIES A UNE VOIE.

Sable et gravier pour couche inférieure.	1641,98
Pierre cassée pour enveloppe extérieure.	815,68
CUBE TOTAL.	2457,66

Les terrassements ont en couronne une largeur de 9^m,814. En remblai, ils sont terminés par deux talus inclinés au maximum à trois de base pour deux de hauteur, et en certains points à deux de base pour un de hauteur. Un fossé latéral est ménagé dans le profil en travers au pied du talus du remblai, à une distance de 2 mètres environ du côté où le terrain naturel tend à verser ses eaux sur le talus. Dans les tranchées, les talus ont été généralement inclinés à deux de base pour un de hauteur. Deux fossés longent la voie dans le fond de la tranchée : en haut du talus, du côté où le terrain naturel s'élève, un fossé est creusé à 4 mètres environ de l'arête de la tranchée.

Les talus de grande hauteur ne sont pas coupés par des banquettes horizontales, qui pourraient retenir les neiges, et par suite amener la dégradation des terrassements.

On cherche généralement, à cause des neiges, à maintenir toujours le tracé au moins à 1 mètre en remblai au-dessus du sol, plutôt que de le mettre à fleur de sol ou en tranchée peu profonde.

La largeur minimum normale de la zone à exproprier était fixée à 30 sagènes ou 64 mètres. Cette dimension seule indique que le prix des terrains n'était pas très-élevé. En effet, à part les traversées exceptionnelles, telles que celles de Moscou, les acquisitions de terrains se sont faites aux prix suivants :

> 120 fr. l'hectare, de Pétersbourg à Dunabourg.
> 475　　—　　de Dunabourg à Vilna et à la frontière de Prusse.
> 600　　—　　de Vilna à Varsovie.
> 265　　—　　de Moscou à Nijni-Novgorod.
> 30　　—　　en Crimée.

La moyenne générale du prix de l'hectare, en 1860, s'élevait à 278 francs. Une emprise normale de 70 mètres correspond donc à une dépense moyenne d'expropriation de moins de 2,000 francs par kilomètre.

Les traverses adoptées sur les lignes de la Grande Société ont une longueur de $2^m,667$, une épaisseur de $0^m,149$ et une largeur de $0^m,260$. Elles cubent environ $0^{mc},103$. Le rail normal, long de 20 pieds anglais, ou de $6^m,096$, repose sur deux traverses de joint et sur six traverses intermédiaires; les portées extrêmes du rail sont, d'axe en axe des traverses, de $0^m,768$; les cinq portées centrales sont de $0^m,911$; le rapport entre ces portées est à peu près celui de 5 à 6, ou plus exactement de 11 à 13. Les portées libres du rail sont réduites par la largeur des traverses à $0^m,508$ dans les portions voisines du joint, et à $0^m,651$ dans les autres portions : le rapport entre la portée libre de joint et la portée libre centrale est donc égal à $\frac{4}{5}$, ou, avec plus d'exactitude, à $\frac{7}{9}$. L'intervalle moyen des traverses, d'axe en axe, est $0^m,871$, et par suite, le nombre de traverses par kilomètre courant de voie simple est compris entre 1148 et 1149; ce qui représente un cube de bois d'environ $118^{mc},35$ par kilomètre.

L'administration publique avait prescrit d'ajouter sous le rail une septième traverse intermédiaire; cette prescription est restée sans application sur les lignes de la

Société. Une septième traverse réduirait à 0^m,50 l'intervalle moyen qui reste libre entre les supports de la voie, et rendrait le bourrage du ballast plus difficile. Elle nuirait donc à la stabilité de la voie, au lieu de l'accroître.

Le rail de la Grande Société[1] est à peu de chose près le rail à base plate du chemin du Nord; il est fixé sur les traverses par des crampons en fer; le joint est consolidé par une plaque interposée entre la base du rail et la traverse de joint, et latéralement, par une paire d'éclisses boulonnées l'une à l'autre à travers la côte du rail. Sur une moitié du réseau, on a adopté l'éclisse à quatre boulons, suivant le projet approuvé par l'administration; sur l'autre moitié, on a fait usage exclusivement de l'éclisse à trois boulons. Ce système n'a été admis qu'à titre d'essai par l'administration publique; elle lui reprochait d'affaiblir l'éclisse dans l'endroit où la résistance lui est le plus nécessaire pour compenser l'interruption du rail et pour rétablir la continuité du joint. Cette objection paraît peu fondée. Il est impossible d'admettre qu'une paire d'éclisses puisse fournir une compensation même approximative de l'interruption du rail. L'éclisse a trop peu de hauteur pour qu'on lui attribue la propriété de réaliser un encastrement du rail sur la traverse de joint; elle a seulement pour objet d'assurer l'affleurement bout à bout de deux rails posés à la suite l'un de l'autre; elle les maintient en prolongement l'un de l'autre, comme la plaque de joint sur laquelle ils reposent les maintient à un même niveau. La paire d'éclisses n'est, à proprement parler, qu'un étau qui pince à la fois les extrémités des deux rails, et il est naturel de placer la vis de cet étau dans le plan même où la pression doit s'exercer pour qu'il en résulte un affleurement précis.

Le jeu normal entre deux rails posés de suite est fixé à 0^m,003 pour une longueur de 6 mètres, la pose étant supposée faite à une température de 0° à 10°.

Le rail a une hauteur de 0^m,125, une base de 0^m,105; ce qui donne pour le rapport entre ces deux dimensions la proportion approximative de 6 à 5. La surface de roulement a une largeur de 0^m,060, mesurée horizontalement; la largeur de la côte, 0^m,015, est moindre de 0^m,002 que dans le rail du chemin du Nord. Les congés qui raccordent la côte au champignon supérieur et à la semelle sont tracés symétriquement par rapport à une horizontale coupant l'axe du rail à peu près à la moitié de sa hauteur; ils renferment un élément droit dont l'inclinaison à l'horizon est égale à $\frac{6}{11}$, et sur lequel viennent s'appliquer les bords de l'éclisse, profilés sous cette même inclinaison.

Le rail pèse 35^k,700, le mètre courant; ce qui représente un poids total de 71 tonnes 1/2 de rails par kilomètre de simple voie.

[1] Planche XLII.

Le rail reçoit dans l'entaille de la traverse une inclinaison du vingtième vers l'intérieur de la voie.

Les planches XLI à L donnent tous les détails du rail et des accessoires de la voie, éclisses, plaques de joint, crampons et boulons, les types de profils en travers, les dispositions des changements de voie; il serait inutile d'ajouter aux renseignements contenus dans ces figures. Nous ne chercherons pas non plus à justifier la forme de rail adoptée par la Compagnie. Le rail Vignole, depuis longtemps employé presque exclusivement en Allemagne, a fini par pénétrer en France malgré le goût exclusif qu'on avait, à une certaine époque, pour le rail à double champignon posé sur coussinets de fonte. Il est permis de croire qu'il finira par être partout préféré à son rival. Aucun argument en faveur de ce système ne vaut le fait même de son emploi de plus en plus étendu.

§ 6. — LES LIGNES ABANDONNÉES PAR LA GRANDE SOCIÉTÉ.

Nous n'avons plus ici à indiquer que des études. Il s'agit des lignes de Moscou à Théodosie, et de Koursk ou Orel à Libau. L'acte de concession de 1857 accordait, pour la construction du réseau entier, un délai de dix ans, qui pouvait être prolongé d'une année. Il suffisait donc à la Société, pour remplir ses engagements, de terminer les travaux de ces deux lignes en l'année 1868. Elle commença, dès 1857, les études de la ligne de Théodosie, et celles de la ligne transversale entre Dunabourg et Libau. Nous allons en examiner les principaux résultats.

LIGNE DE MOSCOU A THÉODOSIE. — Cette ligne, aux termes de l'acte de concession, devait passer *par* ou *près* les villes de Toula, d'Orel, de Koursk, de Kharkoff, communiquer, soit directement, soit par un embranchement, avec la partie du Dniepr située au-dessous des cataractes d'Alexandrovsk, et entrer en Crimée entre Pérékop et Guénitchi.

Moscou est bâtie, comme on sait, sur la Moskva, rivière qui tombe dans l'Oka à une centaine de verstes de Moscou. De Kalouga au confluent de la Moskva, l'Oka fait divers détours entre deux rives très-escarpées; au-dessus de Kalouga, son cours est dirigé du sud au nord. Toula se trouve placé dans l'angle formé à Kalouga par la rive droite de l'Oka, sur les bords de l'un de ses affluents, l'Oupa, dont le cours, abstraction faite de diverses sinuosités, se dirige de l'est à l'ouest.

Toute ligne qui joint Moscou à Toula rencontre l'Oka; la droite qui joint Toula à

Orel retrouve le même fleuve, sur les bords duquel la ville d'Orel est construite.

Koursk est située sur la rivière Seim, affluent de la Desna, qui se jette dans le Dniepr auprès de Kief. Entre Orel et Koursk on franchit donc un faîte principal, séparant les eaux de la Caspienne de celles de la mer Noire.

Kharkoff se trouve à la limite d'un autre bassin, celui du Don et de la mer d'Azoff.

Si l'on prolonge toujours la ligne vers le midi, on voit qu'elle passe près du coude formé par le Dniepr, entre Ekaterinoslaf et Alexandrovsk, et que plus loin, le Dniepr se détournant vers le sud-ouest, la ligne, pour entrer en Crimée, doit en quitter de nouveau le bassin; elle rentre dans celui de la mer d'Azoff, puis dans celui de la mer Putride, flaque d'eau saumâtre qui est séparée de la mer d'Azoff par la flèche d'Arabat, et qui reçoit quelques cours d'eau, le Salghir entre autres, descendant des montagnes de la côte méridionale de la Crimée. Pour atteindre la mer Noire, elle a à franchir un dernier faîte, celui qui se prolonge jusqu'à Kertsch le long de cette côte; il est peu élevé, et donne un passage facile tout voisin de Théodosie.

L'étude de cette longue ligne a été commencée en 1857 à la fois par les deux extrémités.

Le tracé le plus rationnel entre Moscou et Toula consistait à suivre la vallée de la Moskva jusqu'à son embouchure, à traverser l'Oka près du confluent des deux cours d'eau, puis à gagner Toula en cherchant les points bas du faîte qui sépare l'Oka de l'Oupa. Ce tracé étudié par la Compagnie, donnait un excellent profil sur toute la première partie de sa longueur, et un profil très-tourmenté sur la seconde. Le gouvernement le rejeta en 1858, parce qu'il augmentait de près de moitié le parcours de Moscou à Toula, et invita la Compagnie à étudier un tracé direct entre ces deux points, en dehors de la vallée de la Moskva, réservée à la Compagnie du chemin de fer de Saratoff, qui alors n'était pas encore constituée.

De nouvelles études, faites en 1859, conduisirent à la rédaction d'un projet complet de tracé entre Moscou et Orel, par Serpoukhoff et Toula, avec une variante qui, allant de Moscou à Orel par Kalouga, réunissait par un embranchement Toula à la ligne principale. Ces tracés sont extrêmement dispendieux: établis non dans des vallées, mais sur des plateaux ravinés en tous sens, ils demandent d'énormes terrassements pour arriver fréquemment à des pentes de 0,010 : de telles inclinaisons rendent toujours l'exploitation onéreuse. Dans le tracé par Toula, la traversée de l'Oka, à Serpoukhoff, est surtout remarquablement difficile : un pont de 250 à 300 sagènes se trouve entre deux pentes très-roides et très-longues aboutissant aux crêtes qui dominent le fleuve sur ses deux rives.

Du côté du Sud, le tracé a été plus facile, et l'approbation ministérielle y a été successivement donnée sur environ 200 verstes de longueur. La Grande Société ne pouvant attaquer la ligne de Théodosie que par ses extrémités, et n'étant pas encore fixée pour l'extrémité nord, par suite du rejet du tracé par la Moskva, entama par l'extrémité sud la construction de la ligne de Théodosie; elle passa des marchés, et fit ses approvisionnements en outils, en rails anglais, en traverses du Caucase. Dès 1860, elle avait dans ses dépôts de Théodosie, de Guenitchi et d'Alexandrovsk, une quantité de rails et d'accessoires suffisante pour la pose de 500 verstes de voie, de Théodosie au Dniepr. L'exploitation des forêts du versant méridional du Caucase devait fournir tous les bois nécessaires à la construction. Les traverses, débitées au Caucase, furent amenées par mer d'Anaclia à Théodosie, et approvisionnées au nombre d'environ 140,000. On fit, en 1860, une soixantaine de verstes de terrassements.

Les études de la partie moyenne de la ligne de Théodosie furent achevées en 1860, et l'on put se rendre un compte exact des difficultés de la construction.

La longueur de la ligne s'élève à 1,383 verstes, et se partage en trois tronçons.

Dans le tronçon du Nord, d'une longueur de 409 verstes, les difficultés du terrain commandaient, comme nous l'avons dit plus haut, une quantité énorme de terrassements : cette quantité dépassait d'après le projet 2,000,000 de sagènes cubiques, ce qui fait ressortir la moyenne à 5,000 sagènes cubiques par verste.

Le tronçon du centre, long de 520 verstes, ne présentait pas d'aussi grandes difficultés de tracé, cependant les mouvements de terre atteignaient encore une moyenne de 2,500 sagènes cubiques par verste; d'un autre côté, après avoir traversé les régions relativement riches et peuplées du rayon de Moscou, le chemin de fer pénétrait dans un pays pauvre, surtout en matériaux.

Enfin le tronçon du Sud, d'une longueur de 454 verstes, comprenant le passage de la Steppe et la traversée de la Crimée, outre qu'il présentait quelques difficultés de terrain dans la portion voisine de Dniepr, était partout dans les plus mauvaises conditions où puisse se trouver un chemin de fer : point de population, point de bois, point de matériaux, point d'eau. Les rivières mêmes que la carte indique dans cette région, n'offrent pendant la plus grande partie de l'année qu'un lit desséché. En Crimée, les fièvres règnent sans interruption, et l'on trouve à peine de l'eau potable. Pour construire le chemin de fer, il fallait tout amener du dehors, créer de véritables colonies d'ouvriers, et les faire vivre par de continuelles importations.

D'un bout à l'autre de son immense étendue, la ligne du Midi n'offrait ainsi que des obstacles de toute nature. Le prix moyen de la verste, y compris les intérêts à payer aux actionnaires pendant la période de construction, s'éleva, en résumé, à 95,000 roubles ou environ 350,000 francs, ce qui portait à près de 500,000,000 de francs le capital nécessaire pour mener l'entreprise jusqu'au bout.

L'acte de concession de 1857 garantissait à la Compagnie pour cette ligne, un intérêt de 5 p. 100 sur 62,500 roubles par verste, estimation trop faible d'un tiers. Il était certain par conséquent que l'on ne pourrait pas réunir le capital nécessaire à la construction de la ligne du Midi, si le gouvernement ne consentait à améliorer largement les conditions du marché. Des propositions lui furent présentées dans ce sens. Mais le gouvernement, sans écouter les demandes de la Compagnie, l'autorisa à renoncer à la concession de la ligne du Sud, en lui offrant une subvention destinée à l'achèvement des lignes déjà entreprises. La Compagnie ne pouvait refuser des propositions aussi favorables à ses propres intérêts [1].

Les *nouveaux statuts* du 3 novembre 1861 prononcèrent irrévocablement le retrait de la concession en ce qui concerne la ligne de Théodosie. Les projets, les travaux et les approvisionnements furent en conséquence cédés à l'Administration publique. Les dépenses faites par la Société sur cette ligne lui ont été comptées pour une somme de 6,400,000 roubles argent, à déduire du forfait de 18,000,000 de roubles dû par la Société à la Couronne pour les travaux exécutés sur la ligne de Varsovie antérieurement à la concession.

LIGNE DE LIBAU.

Cette ligne devait se détacher de celle de Théodosie près d'Orel ou de Koursk, et aboutir à Libau sur la Baltique, en passant par Dunabourg. Elle a été complètement étudiée en 1858 entre Dunabourg et Libau, suivant deux directions, l'une passant par Mittau, l'autre plus courte, et allant droit à Libau par le village

---

[1] Nous reviendrons, dans notre chapitre VII, sur ces négociations. — Des journaux russes ont accusé l'administration de la Grande Société d'avoir renoncé volontairement à la concession de la ligne du Sud, pour retarder l'ouverture d'une voie si utile à la prospérité du pays, et ils ont attribué cette prétendue conspiration anti-nationale à l'influence des membres étrangers du Conseil de la Société. Les approvisionnements de Théodosie, le commencement d'exécution en Crimée, et les propositions présentées au gouvernement font bien voir que cette accusation ne repose sur aucun fait réel. Si la Grande Société a subi une réduction de sa concession, la Russie en a souffert sans doute, mais c'est le gouvernement seul qui doit en porter la responsabilité.

lithuanien de Janischki. Les deux tracés ont une partie commune de Dunabourg à Birsen, et, après s'être séparés l'un vers Bauske et Mittau, l'autre vers Janischki, ils se rejoignent à Grosen pour aboutir à Libau. Le tracé direct a 342 verstes de longueur, et le tracé par Mittau, 362 verstes.

Le projet consistait à détacher la ligne de Libau de la ligne de Varsovie à quelque distance de la traversée de la Dvina ; le tracé quittait le bassin de la Dvina pour entrer dans celui de l'Aa, après avoir coupé un petit affluent du Niémen. Le Niémen est éloigné de la Dvina de 200 verstes, et cette rencontre peut donner une idée de l'enchevêtrement des cours d'eau dans cette région. Les faîtes y sont peu élevés. Le tracé par Bauske et Mittau suit la vallée d'un affluent de l'Aa, le Memel, puis la vallée de l'Aa elle-même, à travers un pays riche qu'on appelle le *Jardin de la Courlande*. Quittant l'Aa près de Mittau, il se développe dans les plaines qui séparent l'Aa de la Vindau, franchit cette rivière à Grosen, contourne le massif accidenté d'Amboten, connu dans le pays sous le nom de *Suisse Courlandaise*, laisse la ville de Grobin à droite, et vient aboutir sur la rive droite du chenal qui constitue le port de Libau.

La concession du chemin de fer de Riga à Dunabourg, faite en 1858 par le gouvernement à une Société de marchands de Riga, fut la première cause d'ajournement pour l'exécution du chemin de fer de Dunabourg à Libau. Plus tard, tous les efforts effectifs furent concentrés sur les lignes de Saint-Pétersbourg à Varsovie et de Moscou à Nijni-Novgorod, tandis que les espérances les plus prochaines étaient reportées sur la ligne de Moscou à Théodosie. On ne perdit pas de vue la ligne transversale, mais on n'y opéra plus que des reconnaissances suivant différentes directions. C'est ainsi qu'on étudia sommairement une ligne de jonction de Dunabourg à Vitebsk, une ligne de Libau à Kovno, variante destinée à éloigner la ligne transversale de celle de Dunabourg à Riga ; enfin des tracés de Vitebsk à Orel, et de Vilna à Toula. Ces études portaient sur les quatre directions entre lesquelles la comparaison paraissait devoir être établie, et qui sont définies par deux points de de départ sur la ligne du Midi, Toula et Orel, et deux points intermédiaires entre Libau et cette ligne, Vilna et Dunabourg. De ces quatre directions qui toutes donnent à construire des longueurs de chemins de fer supérieures à 1,000 verstes, et qui toutes ouvrent au commerce du centre de la Russie le port russe le plus méridional de la Baltique, l'une paraît préférable à toutes les autres, parce qu'elle forme à proprement parler le chemin de fer direct de Moscou à Varsovie. Elle part de Toula, passe par Kalouga, Smolensk, Orcha et Minsk, rejoint à Vilna la ligne de Varsovie, emprunte jusqu'à Kovno l'embranchement de la frontière de Prusse, puis franchissant la

Vilia à Kovno, se dirige en droite ligne sur Libau. De Toula à Libau, il y aurait par cette voie 1,269 verstes, de Moscou à Vilna, 1,022 ; enfin, il n'y aurait que 1,127 verstes à construire sur les 1,269 qui forment la longueur entière de cette grande voie transversale [1].

Comme pour la ligne du Midi, le gouvernement tint la Société quitte de ses engagements relatifs à la ligne de Libau, et l'exécution des projets de 1857 est ainsi ajournée pour le chemin transversal à un avenir indéfini.

Nous venons de parcourir la totalité du réseau concédé à la Compagnie. Cette immense entreprise a été menée avec beaucoup de vigueur, et elle aurait été poussée beaucoup plus loin, si l'Administration publique, plus soucieuse de ses prérogatives que du bien du pays, n'avait brisé l'instrument qu'elle voyait agir en dehors de son initiative, et dont elle aurait dû respecter l'indépendance. Une grande institution indépendante était, il est vrai, quelque chose d'anormal pour la Russie. Les statuts du 3 novembre 1861 ont modifié cette situation que le pouvoir avait l'enfantillage de croire menaçante. La concession a été réduite de plus de moitié, et le gouvernement, en se faisant représenter dans l'administration de la Compagnie, en a pris la direction réelle. Ces deux mesures sont contradictoires, car pourquoi le gouvernement a-t-il pris la peine de réduire les attributions dont il allait s'emparer? Mais la contradiction renferme un aveu. L'Administration russe peut plus facilement s'approprier les lignes faites que créer des lignes nouvelles. Sur ce point l'expérience est complète aujourd'hui [2]. Ce n'est pas la première fois du reste qu'un gouvernement absolu, en croyant frapper un coup d'autorité, a donné la preuve de son impuissance.

---

[1] Depuis 1862, la ligne de Riga à Dunabourg a été prolongée, par la Compagnie concessionnaire, de Dunabourg à Vitebsk, sur une longueur de 242 verstes ; ce tronçon n'était pas encore exploité en 1866. Le projet du gouvernement paraît être aujourd'hui de réunir Vitebsk à Orel par une ligne passant par Smolensk, Roslaff, et Briansk. La ligne directe de Moscou à Varsovie serait abandonnée.

[2] Le chemin de fer de Moscou à la mer Noire est construit maintenant par l'État, faute de Compagnie qui ait voulu ou qui ait pu succéder à la Grande Société. Les travaux, après trois années d'efforts, n'ont pas encore dépassé Toula (172 verstes).

II

LES VOIES DE COMMUNICATION DE LA RUSSIE.

———

§ 1ᵉʳ. — LES CANAUX.

Les voies de communication artificielles de la Russie sont toutes d'une date assez récente. Antérieurement à Pierre le Grand, c'est-à-dire jusqu'à la fin du dix-septième siècle, les transports s'effectuaient, pendant l'hiver, sur un sol recouvert d'une couche épaisse de neige, et pendant l'été, sur les rivières, premières voies de communication d'un pays. Le commerce extérieur était peu développé ; au midi les Turcs, au nord les Suédois, à l'est les Polonais, séparaient la Moscovie de la mer et du reste de l'Europe. Un seul port, celui d'Archangel, pendant son été de trois mois, servait d'intermédiaire entre Moscou et l'Occident. Un autre port, Astrakhan, ancienne possession tartare conquise par les Russes au milieu du seizième siècle, mettait en rapport la Russie avec la Perse, et non avec l'Europe. Douze cents verstes séparaient d'Archangel le centre de l'empire des Tsars. Si l'on songe à ces barrières placées entre l'Europe et la Russie, les unes par l'hostilité des peuples voisins, les autres par la distance et l'âpreté du climat, on n'a aucune peine à s'expliquer pourquoi les Russes ont tant tardé à se faire admettre dans la grande famille européenne.

Pierre le Grand eut la gloire d'arracher à la Suède la prépondérance que celle-ci avait précédemment conquise sur la Pologne et d'ouvrir à la Russie, sur la Baltique, un port plus méridional qu'Archangel et plus rapproché à la fois du centre de l'empire et de l'Europe occidentale. La vie d'un homme ne suffisait pas pour mettre complétement en valeur cette colonie russe hardiment jetée sur les bords du golfe de Finlande, et qui devait bientôt remplacer la vieille capitale de Moscou. Avant tout il fallait réunir Pétersbourg à l'empire ; Pierre essaya d'ouvrir quelques routes, mais il donna généralement la préférence à la navigation intérieure, pour laquelle il n'avait qu'à compléter le réseau naturel des rivières. C'est de son règne que datent les premiers essais de canalisation, poursuivis dans tout le cours du dix-huitième siècle, tandis que les chaussées et les ponts ne paraissent en Russie qu'au dix-neuvième. On essaya à plusieurs reprises, de 1724 à 1786, de créer une route entre Pétersbourg et Moscou ; ces tentatives ont toujours été sans résultat.

Au point de vue des communications intérieures, il n'y a pas de fleuve en Europe qui présente un aussi beau réseau que le Volga pris avec tous ses affluents. Il prend sa source sur le plateau des monts Valdaï, fait un immense tour par le nord, revient à Nijni-Novgorod où il reçoit l'Oka, puis coule de l'ouest à l'est, reçoit la Kama au-dessous de Kazan, et enfin, après des coudes brusques, va se jeter dans la Caspienne. Son cours de 3,000 kilomètres est divisé à Nijni-Novgorod en deux parties presque égales. Dans sa partie supérieure, le Volga reçoit trois rivières qu'il importe de signaler ici : la Tvertsa, la Mologa et la Cheksna, toutes trois sur sa rive gauche, et toutes trois descendant des faîtes qui séparent son bassin de celui du golfe de Finlande. L'Oka, qui à lui seul forme un grand fleuve, descend d'un point situé entre Koursk et Orel, et trace jusqu'à son confluent avec le Volga un S de 1,300 kilomètres à travers la région la plus peuplée de la Russie. La Kama, par son affluent le Tchoussovaïa, prend sa source dans l'Oural et apporte au Volga les eaux et les richesses de cette chaîne de montagnes.

Tel est, réduit à ses lignes principales, le vrai patrimoine du peuple russe. Depuis des siècles, il occupe le bassin du Volga, groupé plus particulièrement dans les contrées où s'élèvent les antiques villes de Vladimir et de Moscou. Au bassin du Dniepr, appartient une autre ville sainte, Kief, et une autre Russie, la *petite*, dont l'histoire diffère de celle de la grande Russie en un point important : la conquête polonaise n'a duré que trois ans pour la Russie de Moscou ; elle a duré plus de deux siècles pour la Russie de Kief[1].

De tout le bassin de la Baltique, autrefois possession de la Suède et des chevaliers

---

[1] La séparation des grands duchés de Souzdal (ou Vladimir) et de Kief, eut lieu en 1157, et dura jusqu'à la conquête de Vladimir et de Kief par Batou et les Tartares en 1237 et en 1240. Kief fut ensuite prise par les Lithuaniens (1320) et réunie au royaume de Pologne. C'est seulement en 1686 qu'elle fut rendue aux Russes.

Porte-Glaive, Pierre le Grand n'a pu mettre la main que sur un seul grand fleuve, la Néva, et sur le versant droit de la Dvina. Ses successeurs y ont successivement ajouté le reste du bassin de la Dvina, puis d'immenses portions des bassins du Niémen et de la Vistule. Ce sont les jonctions de ces rivières aux bassins du Dniepr et du Volga qui constituent le problème de la canalisation de la Russie.

Une ligne de faîte principale sépare le versant de la Baltique des versants tributaires de la mer Noire et de la Caspienne. Une autre ligne isole le bassin du Volga de celui du Dniepr, et, par une bifurcation, fait place au bassin du Don, tributaire de la mer d'Azof.

Le bassin de la Neva présente autant d'intérêt que celui du Volga, bien qu'il soit beaucoup moins étendu. Cette rivière, grande par son volume, mais longue tout au plus de 60 kilomètres, sort du lac Ladoga et va se jeter dans le golfe de Finlande. Le lac Ladoga est alimenté lui-même par trois affluents principaux, qui sont, de l'ouest à l'est, le Volchoff, le Siass et le Svire, et dont il nous est nécessaire d'étudier sommairement le cours.

Le Volchoff sort du lac Ilmen, sur les bords duquel est située l'antique cité de Novgorod, autrefois république indépendante comme Pskoff, puis ville hanséatique, comme Archangel, maintenant en décadence comme ses deux sœurs[1], après avoir été, il y a mille ans, le berceau de l'empire russe. Le lac Ilmen, reçoit, entre autres rivières, la Msta[2], dont les sources sont peu éloignées de la Tvertsa, l'affluent du Volga que nous avons indiqué plus haut. Là donc se trouve dans la ligne de faîte une dépression propre à faciliter le passage du bassin du Volga à celui de la Néva : ce point topographique est situé à moitié chemin de Pétersbourg à Moscou, et s'appelle Vichnei-Volotchok[3].

Si, au lieu du Volchoff, nous remontons le Siass, puis un de ses affluents, nous arrivons à la ville de Tichvine, où une dépression semblable existe dans le même faîte. La vallée de l'affluent du Siass est adossée à la vallée de la Mologa, qui descend au Volga en droite ligne.

Le Svire est la communication naturelle du lac Onéga dans le lac Ladoga. De l'un des cols de la ligne de faîte, descend d'un côté un affluent du lac Onéga, de l'autre un affluent d'un autre lac dont le nom est célèbre dans l'histoire de la fondation de

---

[1] Pskoff et Novgorod se traitaient de *frères* dans la correspondance officielle entre les deux républiques. — Ces anciennes républiques se distinguent des autres villes russes par des murailles extérieures. C'est le caractère des villes indépendantes. Les autres villes peuvent avoir des forteresses, mais ne sont point entourées de murailles.

[2] *Msta*, vengeance.

[3] *Volotchok* de *Volotchit*, traîner : parce qu'on franchissait le faîte à l'aide du traînage, pour retrouver au delà les voies navigables.

l'empire russe[1], le lac Blanc, qui verse ses eaux dans la Cheksna, l'affluent du Volga dont nous avons cité le nom.

On reconnaît ainsi trois solutions possibles du problème de la communication du Volga à la Néva. Toutes trois sont réalisées et constituent les trois *systèmes de navigation*.

PREMIER SYSTÈME ou *système de Vichnei-Volotchok*. — Il comprend la Néva, le canal Ladoga, le Volchoff, le canal Sivers, la Msta, le canal Mstino, le canal à point de partage de Vichnei-Volotchok, la Tvertsa et le Volga.

De Pétersbourg à Nijni-Novgorod ce système présente une longueur de 1,309 verstes, dont 1,192 en rivière et 117 en canal.

Le canal de Vichnei-Volotchok, point de partage de cette ligne navigable, comprend en réalité deux canaux, celui de la Tsna, construit de 1719 à 1722, reconstruit depuis à plusieurs reprises, et achevé seulement en 1854, et celui de la Tvertsa, commencé en 1702, retouché en 1722, et terminé seulement de nos jours. A ce canal appartiennent les premiers travaux exécutés en Russie dans l'intérêt de la navigation. Un particulier, Michel Serdoukoff, imagina de créer dès retenues dans les rivières de Tsna et de Schlissa, pour leur assurer en temps utile une alimentation suffisante (1712-1719); c'est lui qui construisit le canal de la Tsna, et en récompense de ses services il obtint du gouvernement la concession d'un péage sur les bateaux qui adopteraient

---

[1] Rurick et ses deux frères, reconnus souverains du peuple russe, s'établirent primitivement au bord de trois lacs, à Isborsk sur le lac de Pskoff, à Novgorod sur le lac Ilmen, et à Belocelo sur le lac Blanc. Les chroniques russes prétendent que le varègue Rurick, d'abord battu par les ancêtres des Russes, fut ensuite rappelé par ses vainqueurs qui en firent leur Grand-Prince. Il est plus probable que les Scandinaves de Rurick ont pris pied petit à petit sur les terres du peuple russe, et n'ont pas réussi immédiatement à imposer leur domination sans rencontrer de résistance. Le choix des résidences des trois premiers Grands-Ducs sur les limites des régions occupées par le peuple que Rurick allait gouverner, semble prouver que les envahisseurs ne jouissaient pas encore à ce moment d'une possession solidement établie, et tenaient à se ménager des moyens de retraite. Plus tard ils prirent Kief pour capitale. La fondation de l'empire russe en 862 serait ainsi une véritable conquête ; et ce qui ajoute à la probabilité de cette hypothèse, c'est que ce grand événement est contemporain des invasions normandes dans l'occident de l'Europe, signe certain de l'agitation qui dut régner alors dans les pays scandinaves, et qui sans doute a jeté sur la Russie comme sur l'empire des descendants de Charlemagne une armée de conquérants.

Une théorie historique récente présente Rurick et les Varègues comme des Lithuaniens et non des Scandinaves. La *nationalité* du fondateur de l'empire a été l'objet, à Pétersbourg, en 1860, d'une discussion publique qui n'a pas eu de résultats. L'opinion ancienne qui fait de Rurick un Scandinave, paraît plus admissible que l'opinion contraire. Celle-ci est peut-être inspirée par un sentiment de vanité patriotique, certains Russes aimant mieux avoir été conquis par des Lithuaniens, leurs parents éloignés, que par des Scandinaves, qui ne sont pas leurs parents du tout. Une tentative analogue a eu lieu au dix-septième siècle pour l'histoire de France : des historiens, Chantereau-Lefèvre, Lacarri, reprenant une idée émise au siècle précédent par Jean Bodin, ont prétendu démontrer que les Francs étaient des Gaulois.

Quant à la parenté des Russes et des Lithuaniens, il est certain que ceux-ci forment avec les populations primitives des bords de la Baltique, Lettes, Borussiens ou Prussiens, Pommérans, Vendes, une branche de la famille Slave. Deux dialectes principaux de leur langue, le lette et le semi-gall subsistent encore sur le territoire russe et s'étendent un peu au delà jusqu'aux environs de Memel. Plus loin, l'allemand a remplacé complétement la langue indigène.

cette voie : ses héritiers en jouirent jusqu'en 1775, époque à laquelle le privilége concédé à Serdoukoff fut racheté par le gouvernement.

Le canal Sivers contourne le lac Ilmen entre le Volchoff et la Msta : il a une longueur de 9 verstes et a été construit de 1797 à 1804.

Les lacs des systèmes navigables sont ainsi doublés généralement d'un canal latéral qui reçoit la presque totalité de la navigation. La difficulté du halage dans les lacs, où une profondeur suffisante ne se trouve qu'à une assez grande distance de la rive, et aussi la fréquence et l'intensité des tempêtes démontrent l'utilité de cette addition.

Le plus grand canal de ce genre est le canal qui, contournant le lac Ladoga, réunit la Néva au Volchoff. Il a 104 verstes de longueur. Les travaux, commencés en 1719, ont permis de le mettre en activité vers 1730. Mais il restait alors de nombreux parachèvements à y exécuter, et nous voyons notamment que, sous le règne de Nicolas Iᵉʳ, des écluses à sas, les unes en briques, les autres en granit, ont été construites aux extrémités du canal par le général Bazaine.

Le système de navigation de Vichnei-Volotchok, premier en date, est aussi le premier en importance. Il présente de notables imperfections : entre autres l'insuffisance du tirant d'eau dans le bief de partage, et l'existence de cataractes dans la Msta, à Borovitch. Ce dernier obstacle n'empêche pas les bateaux de suivre le premier système dans le sens qui va du Volga à la Néva, mais il s'oppose d'une manière absolue au mouvement en sens inverse. Comme les systèmes de navigation ont principalement pour but l'approvisionnement de Pétersbourg, cette grave imperfection n'est pas un inconvénient radical, et le système de Vichnei-Volotchok n'est pas abandonné [1].

Le canal Ladoga, qui sert de tête commune aux trois systèmes, était encore, malgré les améliorations qui y ont été apportées sous le dernier règne, d'une viabilité assez défectueuse pour qu'on ait trouvé utile de commencer un second canal latéral au premier, d'une section plus grande et sans écluse. Le projet est depuis quelques années en cours d'exécution.

Second système ou *système de Tichvine.* — Il comprend la Néva, le canal Ladoga, le canal du Siass, le Siass, la Tichvinka, le lac Kroupino, le canal de Tichvine, la Voltchina, le lac Ssomino, la rivière Ssomina, le lac Vojènc, les rivières Goroane, Tschagadocha, Mologa, enfin le Volga.

---

[1] Parmi les perfectionnements de détails introduits dans la navigation des rivières, on doit citer particulièrement les *zaplif,* quais flottants en charpente, qui montent et descendent avec le plan d'eau, guidés dans ses mouvements par des pieux battus en rivière. Ils ont pour objet de diriger les bateaux vers les passes les plus commodes. L'invention en est due au colonel Kornitski. Elle a été appliquée pour la première fois dans les coudes brusques de la Msta.

De Pétersbourg à Nijni-Novgorod, il a une longueur de 847 verstes, dont 120 canalisées.

Le canal de Tichvine, qui occupe le point de partage, a été, dès 1710, l'objet d'études dirigées par un Anglais nommé Perry. Ce premier projet resta sans suite, comme un autre projet présenté en 1753. Les travaux réels ne commencèrent qu'en 1802, et durèrent jusqu'en 1811. Le canal a 6 verstes de longueur; il n'a jamais été navigable en entier. On a dû y introduire après coup des barrages à poutrelles, par suite de l'insuffisance du nombre des écluses, résultat d'une erreur de nivellement. Malgré le remplacement de ces pertuis par des sas en charpente, le canal de Tichvine demanderait encore de nombreuses améliorations, et le système dont il fait partie, quoiqu'il ait une moindre longueur que chacun des deux autres, est le moins fréquenté des trois.

Troisième système ou *système Marie*. — C'est le plus moderne et en même temps le plus perfectionné des trois systèmes. Il comprend la Néva, le canal Ladoga, le canal du Siass, le canal du Svire, le Svire, le canal Onéga, la Vitegra, le canal Marie, la Kovja, le canal du lac Blanc, et la Cheksna qui se rend dans le Volga. Sur 1,054 verstes de longueur entre Pétersbourg et Nijni-Novgorod, il offre 282 verstes de canal.

Ce système est mieux disposé que les deux autres, il est moins long que le premier, enfin il est navigable dans un sens et dans l'autre ; cependant il est beaucoup moins fréquenté que le système de Vichnei-Volotchok, parce qu'il traverse des régions beaucoup plus septentrionales, où l'hiver dure très-longtemps, et qui, presque désertes, n'offrent aucune ressource aux mariniers [1]. Le système Marie n'est fréquenté que par le petit nombre de bateaux qui ne sont pas déchirés en arrivant à Pétersbourg.

Le tableau suivant résume la composition de ces trois systèmes.

[1] Le système Marie atteint le 61° latitude nord dans l'intérieur des terres. Le premier système ne dépasse pas le 60°, plus près du golfe de Finlande.

DÉSIGNATION DES VOIES NAVIGABLES ARTIFICIELLES.	LONGUEURS DES CANAUX DANS LE SYSTÈME			LONGUEUR DES PARTIES CANALISÉES.	ÉPOQUE DES TRAVAUX.
	DE VICHNEI-VOLOTCHOK.	DE TICHVINE.	DE MARIE.		
	verstes.	verstes.	verstes.	verstes.	
Canal Ladoga	104	104	104	104	1719-1731.
— Sivers	9	»	»	9	1797-1804.
— de Vichnei-Volotchok . .	4	»	»	4	Tsna . . 1719, 1722, 1834.
— du Siass	»	10	10	10	Tvertsa. 1702-1722.
— de Tichvine	»	6 $\frac{3}{4}$	»	6 $\frac{3}{4}$	1781-1802.
— du Svire	»	»	37 $\frac{1}{4}$	37 $\frac{1}{4}$	1802-1811.
— Onéga	»	»	60	60	1799-1810.
— Marie	»	»	7 $\frac{1}{2}$.	7 $\frac{1}{2}$	1818-1855.
— du lac Blanc	»	»	63 $\frac{1}{2}$	63 $\frac{1}{2}$	1799-1810.
					1820, 1843, 1846.
Totaux	117	120 $\frac{3}{4}$	282 $\frac{1}{4}$	302	
Longueurs en rivières	1192	726 $\frac{1}{4}$	771 $\frac{3}{4}$	»	
Longueur des trois systèmes . .	1309	847	1054	»	

Les trois systèmes pris ensemble comprennent en définitive une longueur totale canalisée de 302 verstes.

En 1856, la navigation intérieure amena à Pétersbourg 18,000 bateaux et 1,200 radeaux portant des cargaisons estimées ensemble à 50 millions de roubles. La même année, il ne partit de Pétersbourg pour l'intérieur de la Russie que 3,700 bateaux, portant des marchandises pour une valeur totale de 6,500,000 roubles, c'est-à-dire, le huitième environ de la valeur amenée.

Les autres canaux que l'on trouve en Russie sont loin d'avoir l'importance de ceux qui aboutissent à Pétersbourg. Quelques-uns sont même aujourd'hui abandonnés : de ce nombre est le canal de Klin, destiné à établir une communication entre le Volga supérieur et la Moskva au-dessus de Moscou ; il en est de même encore du canal essayé à plusieurs reprises entre le Don et le Volga, à l'endroit où ces deux fleuves sont rapprochés l'un de l'autre à une distance de 65 verstes. C'est maintenant un chemin de fer qui réunit les deux voies navigables. Le canal *Catherine-du-Nord* et le canal du *Duc-Alexandre-de-Wurtemberg*, qui tous deux relient le bassin du Volga au bassin de la Dvina septentrionale, le premier par la Cheksna, le second par la Kama, sont à peine fréquentés. La décadence d'Archangel et la courte durée de l'été sous ces hautes latitudes, principale cause de cette décadence, détournent le commerce de la mer Blanche vers la Baltique et vers Pétersbourg.

Il nous reste peu de chose à ajouter à cette momenclature des canaux de la Russie.

Le canal *Oguine* réunit la Chara, affluent du Niémen, à une rivière qui tombe dans le Pripet, affluent du Dniepr ; il a 52 verstes de longueur, et a été construit de 1799 à 1804.

Le canal *de la Bérézina* met en communication le bassin du Dniepr avec la Dvina occidentale. Le point de partage est occupé par le lac Plavio, région indifférente où se rencontrent beaucoup de marais, et qui, entourée de tous côtés par des rivières, est appelée une *Mésopotamie* par M. de Maistre. C'est par cette Mésopotamie que s'est opérée l'invasion française de 1812, et c'est par elle aussi, malheureusement pour les Français, qu'a dû s'effectuer la retraite[1]. Le canal de la Bérézina, qui traverse cette région, constitue un véritable système de navigation entre la Baltique et la mer Noire ; mais ce système est à peu près fictif. Le canal n'est fréquenté que par des trains de bois à cause de son peu de profondeur. Comme système de navigation générale, il présente des inconvénients radicaux. La Dvina a au-dessous de Dunabourg des rapides qui empêchent les bateaux de naviguer à la remonte[2], et le Dniepr, au coude qu'il forme près d'Ekaterinoslaf, est partagé, par une longue suite de cataractes infranchissables, en deux parties sans communication possible de l'une à l'autre. La navigation fluviale du Dniper cesse une centaine de verstes au-dessus du point où la navigation maritime commence. Le canal de la Bérézina, réunissant deux fleuves hérissés de telles difficultés, est donc d'un intérêt purement local. Il a été commencé en 1797 et achevé en 1805, puis amélioré à plusieurs reprises sans cesser d'être un canal insuffisant.

Le canal *Royal* est en Pologne la jonction du bassin de la Baltique au bassin du Dniper, par l'intermédiaire de la Vistule et de son affluent le Boug. Commencé dans les dernières années de l'indépendance de la Pologne, et abandonné après le partage de 1795, il n'a été repris par l'Administration russe qu'en 1838, et achevé qu'en 1842. On a appliqué à ces voies navigables le barrage à fermettes mobiles de M. Poirée.

Nous trouvons aussi en Pologne le canal *Auguste* qui réunit le Niémen par la Tcharna-Gautcha, à la Vistule par la Netta, le Bobre et le Narew, ses tributaires. Il a été construit de 1824 à 1829.

Dans les provinces Baltiques nous n'avons à indiquer que le canal très-court qui

---

[1] Nous donnons dans la note X un tableau résumé de cette malheureuse campagne.

[2] A la descente, la navigation de la Dvina est très-importante. Elle amène à Riga les lins du gouvernement de Vitebsk.

joint près de Mittau la Dvina à l'Aa, et le canal de la Windau, commencé sous Nicolas, abandonné et tombé en ruines. Dans la Finlande, quatre petits canaux d'une longueur totale d'une verste un quart réunissent le lac Ladoga au lac Saïno, qu'un canal de 60 verstes fait communiquer avec le golfe de Finlande.

A l'autre extrémité de la Russie d'Europe, le canal d'Astrakhan, destiné à la fois à rendre navigable un affluent du Volga et à amener à Astrakhan de l'eau potable, satisfait très-mal à ces deux exigences contradictoires. Il n'a qu'une longueur de 2 verstes environ, et porte le nom du Grec Varvazzi, qui l'a construit à ses frais de 1811 à 1817.

Les canaux destinés à l'assainissement de Pétersbourg présentent un développement très-important. Le plus ancien est la Rika-Moïka, exécuté sous le règne de Pierre le Grand, et contemporain de la ville. Catherine II y ajouta, de 1764 à 1790, le canal qui porte encore son nom, canal étroit et fétide, qui aujourd'hui contribue plutôt à l'infection qu'à l'assainissement des quartiers à travers lesquels il serpente. L'impératrice fut mieux inspirée lorsque, de 1780 à 1789, elle fit canaliser la Fontanka, dont la grande section, alimentée par la Néva, débite une eau suffisamment pure, et qui entretient un mouvement de transport très-animé sur plus de 6 verstes de longueur dans la capitale. Le canal d'enceinte enfin, non encore garni de quais, a été commencé en 1805 et achevé il y a peu d'années.

Telles sont avec la Néva les principales artères navigables de Pétersbourg. Voici par approximation la longueur des quais de granit qui en soutiennent les bords.

		verstes.
Quai de la Néva (rive gauche)	. . . .	4 $^1/_5$
—	— (Vassili-Ostroff)	4
— de la Rika-Moïka	. . . .	8 $^2/_5$
— du canal Catherine.	. . . .	9 $^1/_5$
— de la Fontanka	. . . .	11 $^1/_5$
— d'autres canaux secondaires	. . . .	4 $^2/_5$
	Total.	41 $^2/_5$ ou 44 kilomètres.

Cette longueur totale, qui partout serait regardée comme énorme, étonne plus encore dans une ville qui n'a que cent soixante ans d'existence. Malheureusement, l'effet produit par la vue de Pétersbourg n'est pas celui qui aurait pu résulter des mêmes efforts, si une pensée vraiment artistique avait inspiré l'œuvre de la création de la ville, et, à part le spectacle grandiose de la Néva qui tient de la nature son principal caractère, l'étranger qui visite Pétersbourg est forcé d'avoir recours à des raisonnements et à des mesures pour se former une idée exacte de ces dimensions exceptionnelles qui ne produisent pas sur l'esprit l'impression qu'on devait en attendre.

§ 2. — LES CHAUSSÉES.

Les routes de la Russie, avons-nous dit plus haut, sont l'œuvre de ce siècle, et sont dues au *corps des voies de communication* fondé en 1809.

En 1859, le corps des voies de communication atteignit sa cinquantième année, et un *jubilé de cinquantaine* eut lieu à Pétersbourg en l'honneur de cet anniversaire. Une brochure russe de M. Sokolofski, publiée à cette occasion, renferme des détails intéressants sur les voies de communication russes. Nous allons en extraire quelques fragments.

« Lorsque le corps des voies de communication fut institué, les chemins en Russie étaient dans l'état le plus déplorable. Sans aller jusque dans les endroits reculés où aujourd'hui même on ne peut se flatter de trouver toutes facilités pour les voyages, il suffit de rappeler qu'il y a quarante ans, le voyage de Moscou à Pétersbourg était presque aussi difficile qu'un voyage dans le centre de l'Afrique. Les grandes routes ne se distinguaient des simples chemins que par la largeur : elles se composaient d'une plate-forme en terre mal égalisée, bordée de fossés étroits, ou plantée en certains points d'arbres qui y entretenaient une humidité constante ; dans les marais et les terrains effondrés on renforçait la plate-forme de troncs d'arbres, de perches, de madriers. » (P. 129.)

Telles étaient les routes de la Russie en 1809, lorsque l'on créa le *corps de ingénieurs des communications par terre et par eau.* Le 11 août 1810, le corps changea de nom pour prendre celui de *corps des ingénieurs des voies de communication* qu'il porte encore aujourd'hui. Il comprenait alors cent quatre-vingt-quatorze fonctionnaires, savoir : le directeur général, trois inspecteurs généraux, dix chefs d'arrondissement, quinze directeurs, vingt directeurs de travaux, trente ingénieurs de première classe, quarante-cinq de seconde et soixante-dix de troisième. Cette hiérarchie correspondait exactement aux grades militaires, le directeur général étant mis à part. On retrouve en effet dans les sept classes de fonctionnaires que nous venons de citer les généraux-lieutenants ou généraux de division, les généraux-majors ou généraux de brigade, les colonels, les lieutenants-colonels, les majors, les capitaines et les lieutenants[1].

---

[1] Jusqu'en 1863, les ingénieurs des voies de communication ont porté l'uniforme militaire.

Le nombre total des agents supérieurs du corps des voies de communication était bien petit à l'origine, comparativement au travail qu'il y avait à faire pour donner à la Russie des chaussées praticables. De plus, conformément aux principes bureaucratiques qui, depuis Pierre le Grand, sont une des plaies de la nation, on réduisit le nombre des ingénieurs en service actif pour créer à Pétersbourg une grande chancellerie autour du directeur général. Outre les hauts fonctionnaires du corps, on attacha à la direction générale cinq directeurs ou colonels, huit lieutenants-colonels, cinq ingénieurs de première classe, sept de seconde et treize de troisième.

On forma le corps par l'enrôlement des agents de l'ancien département des communications par eau, auquel on réunit quelques officiers du génie ou de l'artillerie, et quelques ingénieurs étrangers : parmi ceux-ci on remarque quatre Français : Bazaine, Fabre, Pothié et Destrem.

Le 2 août 1822, la direction générale fut confié au duc Alexandre de Wurtemberg, qui prit le titre de Dirigeant en chef (*Glavnooupravliaïouchtchii*), titre encore en usage.

Les cadres du corps des voies de communication ont été modifiés à plusieurs reprises. En 1834, nous les voyons comprendre deux cent soixante-seize officiers ; en janvier 1844, le corps reçoit une nouvelle extension bien plus considérable, qui porte le nombre des officiers à neuf cent trente-quatre. Le 6 décembre de la même année un simple changement dans les grades est effectué : on supprime le grade de major, et l'on crée le grade de capitaine-lieutenant, intermédiaire entre ceux de lieutenant et de capitaine. De neuf cent trente-quatre en 1844, le personnel se réduit à huit cent six en 1860, malgré la création de deux grades inférieurs, ceux de sous-lieutenant et d'enseigne.

Voilà l'instrument que la Russie possédait pour la création de ses routes : voici maintenant ce que cet instrument a produit.

A la fin de l'année 1859, la longueur totale de chaussées entièrement construites s'élevait à 6,820 verstes, et il y avait 1,740 verstes de chaussées en construction ou en projet. Le réseau des chaussées de la Russie comprend 8,560 verstes, en supposant que tous les projets de 1859 aient reçu depuis leur pleine exécution.

C'est bien peu pour un aussi vaste empire, et ce n'est pas beaucoup pour le nombre des ingénieurs qui ont travaillé à obtenir ce premier résultat[1]. Un examen

---

[1] Le nombre moyen des ingénieurs des voies de communication dans la période écoulée de 1809 à 1860, est d'environ 430. Les 6,820 verstes exécutées en cinquante ans font donc une moyenne de 16 verstes par ingénieur, ou de $0^v,32$ (341 mètres) par ingénieur et par an.

un peu plus détaillé fera sentir les principales lacunes que présente encore le réseau.

1. La chaussée de Saint-Pétersbourg à Varsovie passe par Dunabourg, Kovno et les villes polonaises de Mariampol, Kalvarya, Souvalki et Augustovo. Elle a 1,074 ½ v. de longueur. Depuis le printemps de 1862 elle traverse la Dvina à Dunabourg sur le pont du chemin de fer, mais un bac sert encore à franchir la Vilia à Janovo, et la route traverse le Niémen sur un pont de bateaux. Un pont fixe sur la Vistule est en construction à Varsovie[1].

La chaussée de Varsovie lance à droite, près de Pskoff, un embranchement ouvert en 1859 vers Riga ; à gauche, à Ostroff, un embranchement vers Vitebsk, qui se bifurque vers Smolensk d'un côté, vers Mohilef, Tchernigoff et Kief de l'autre ; ce dernier embranchement coupe la chaussée de Moscou à Varsovie ; à Vilkomir, à gauche, un embranchement en assez mauvais état vers Vilna ; à Mariampol, à droite, un embranchement qui prolonge sur le territoire polonais la chaussée prussienne de Kœnigsberg.

2. De Saint-Pétersbourg à Moscou, une chaussée de 673 ½ verstes traverse les villes de Novgorod, Torjok et Tver ; c'est une belle route peu fréquentée depuis l'ouverture du chemin de fer qui lui est parallèle ; elle s'embranche à Tchoudovo sur la route de Tichvine, et à Torjok sur une route qui va rejoindre à Gjatsk et à Viazma la route directe de Moscou à Vilna.

3. La route de Saint-Pétersbourg à Vibourg en Finlande se prolonge dans le Grand-Duché par Helsingfors et Abo le long de la côte des golfes de Finlande et de Bothnie. Les routes finlandaises sont, en général, mieux entretenues que les routes russes.

4. La route de Saint-Pétersbourg à Taurogen, sur la frontière de Prusse, passe par Narva, Dorpat, Riga et Mittau ; elle a des embranchements sur Peterhoff, sur Reval, sur Pskoff et sur Vilkomir. Elle ne possède pas encore de chaussée sur toute sa longueur, principalement entre Narva et Riga, et dans les environs de Chavli. Cette route, longue de 764 ¾ verstes, était autrefois la voie directe de Saint-Pétersbourg à Kœnigsberg, traversant le Niémen à Tilsit. Dans ces dernières années, le bon état de la chaussée de Varsovie y a fait préférer la route plus longue par Kovno et Mariampol. Aujourd'hui, enfin, que Kœnigsberg et Riga sont réunis par des chemins de fer à Saint-Pétersbourg, cette route a dû perdre beaucoup de son importance.

Ce sont là les quatre chaussées principales qui rayonnent autour de St-Pétersbourg.

Moscou est mieux entouré. Sept grandes directions y aboutissent ; ce sont, en laissant de côté la route déjà signalée de Moscou à Saint-Pétersbourg :

---

[1] Écrit en 1862. — Ce pont est aujourd'hui terminé et livré depuis longtemps à la circulation.

1. La route de Moscou à Jaroslaf, sur le Volga, 246 ½ verstes. C'est la chaussée qui passe au célèbre couvent de Troïtz, situé à 60 verstes de Moscou ; elle est chaque année très-fréquentée par les pèlerins, qui doivent la parcourir à pied.

2. La route de Moscou à Nijni-Novgorod, 390 verstes. Elle passe par Vladimir, par Viazniki, et près de Gorochovetz ; elle franchit la Kliazma, la Nerll, et l'Oka sur des ponts de bateaux. Cette route est en tout temps très-fréquentée, et subit une grande fatigue au moment de la foire de Nijni-Novgorod. Cet excédant de transport ne tardera pas à s'effectuer exclusivement par le chemin de fer. A Nijni-Novgorod la chaussée cesse, et est prolongée par un simple chemin de terre vers la Sibérie par Kazan, Perm et Ekaterinenbourg.

3. La route de Moscou à Rézan, 180 verstes ; elle n'a pas de pont sur l'Oka à Kolomna , et se prolonge par des chemins de terre vers Tamboff, Penza et Saratoff.

4. La route de Moscou à Kharkoff, 699 verstes. Cette chaussée rencontre l'Oka à Serpoukhoff, passe à Toula, à Orel et à Koursk, et lance deux embranchements principaux, l'un à droite sur Kalouga, l'autre à gauche sur Voronéje. Elle est prolongée vers la Crimée par des chemins mal déterminés à travers la Steppe.

5. La route de Moscou à Varsovie, 1174 ¾ verstes. Cette chaussée s'embranche à Podolsk, à 35 verstes de Moscou, sur la route précédente, laisse à gauche Kalouga, passe à Roslasfl où elle rejoint la route de Smolensk, Vitebsk et Ostroff, et rencontre plus loin trois chemins qui prolongent chacun à partir de Mohilef, la route joignant, par Orcha, Mohilef à Vitebsk. C'était autrefois la plus belle chaussée de la Russie. Elle servait aux habitants du centre à gagner la Pologne et aller à l'étranger. L'ouverture des chemins de fer, malgré l'accroissement du parcours, a commencé la décadence de cette grande voie autrefois si animée.

6. La route de Moscou à Vilna, par Smolensk et Orcha, 889 ¼ verstes. Sur cet immense parcours, on ne rencontrait encore, il y a peu d'années, que 44 verstes de chaussée, aux environs de Smolensk.

Une chaussée, de Kief à Rovno par Jitomir, est un reste des voies de communication des anciennes possessions polonaises. L'annexion de ces fertiles provinces à la Russie a eu pour premier effet de les ramener vers l'état de barbarie, et elles n'ont encore pris qu'une bien faible part des progrès incontestables réalisés sur d'autres points de l'empire.

Nous venons de résumer, sauf quelques omissions peu importantes, le bilan de l'empire russe en fait de routes. La pauvreté est assez générale. Comme répartition, le Nord-Ouest a à peu près tout ; l'Est et le Midi n'ont rien. La plus grande partie de la Russie d'Europe est entièrement oubliée dans ce partage.

L'activité des communications postales d'une partie à l'autre de l'empire est, comme le développement des chaussées, un signe non trompeur du niveau économique du pays. En 1860, la poste aux lettres exploitait les 13 directions principales indiquées dans le tableau suivant :

LIEUS DE DÉPART.	DESTINATION.	NOMBRE DE DÉPARTS.	OBSERVATIONS.
Saint-Pétersbourg . .	Moscou	Tous les jours	Par le chemin de fer . .
Saint-Pétersbourg . .	Ostroff, Vitebsk, Smolensk, Mohileff, Minsk, Tchernigoff, Kief, Poltava , Ekaterinoslaf, Cherson et le gouvernement de Tauride, avec embranchement vers la Volhynie, la Podolie et la Bessarabie.	2 courriers légers et 2 courriers lourds par semaine. .	Courriers de la Russie Blanche et de la petite Russie . . . .
Saint-Pétersbourg . .	Varsovie	5 départs par semaine pour la Pologne et l'étranger.	
Saint-Pétersbourg . .	Revel et Riga	4 départs par semaine.	
Saint-Pétersbourg . .	Taurogen par Pskoff et Riga . .	. . . .	Voie aujourd'hui abandonnée par la correspondance entre Saint-Pétersbourg et la Prusse.
Saint-Pétersbourg . .	Archangel par Tchoudovo, Tichvine, le lac Blanc et le gouvernement d'Olonetz. . . .	2 courriers légers par semaine.	
Saint-Pétersbourg . .	Vibourg et toute la Finlande .	3 départs par semaine. . . .	
Saint-Pétersbourg . .	Odessa	2 départs par semaine. . . .	Correspondance avec les Principautés, l'empire Ottoman et la Grèce. .
Saint-Pétersbourg . .	Tiflis par Moscou, Kharkoff, Bachmout et Stavropol.	2 départs par semaine. . . .	
Saint-Pétersbourg . .	Orenbourg par Moscou et Nijni-Novgorod.	1 départ par semaine en temps ordinaire, et 3 pendant la foire de Nijni.	
Moscou	Vologda.	3 départs par semaine	
Moscou	Kostroma par Iaroslaf	2 départs par semaine	
Moscou	Iaroslaf.	4 départs par semaine. . . .	

Outre les courriers de toute saison, la poste a pendant l'été des correspondances par mer avec la Suède, le Danemark et la Prusse.

Le prix du transport des lettres est, quelle que soit la distance, de 10 kopeks, ou environ 40 centimes pour une lettre simple pesant au plus un lot ou $12^{gr},79$. L'affranchissement est obligatoire pour toute lettre expédiée à l'intérieur.

Le transport des personnes avec des chevaux de poste est taxé à raison de $1\,\frac{1}{2}$ kopek, 2, 2 ½, 3 kopeks, suivant les routes, par verste et par cheval. En Pologne, la taxe est fixée à 5 kopeks. Le voyageur paye une redevance aux passages des barrières. Beaucoup de voyageurs évitent de payer les droits de chaussée en suivant les chemins non entretenus qui, en général, bordent les deux côtés d'une grande route.

La poste russe est renommée pour la vitesse qu'elle permet d'obtenir. Il n'est pas rare d'atteindre en marche une vitesse de 20 verstes à l'heure. Mais les temps perdus aux relais et les fréquents arrêts en route pour refaire les attelages, composés en grande partie de cordes, réduisent le plus souvent la vitesse moyenne à moitié. Les simples particuliers font sur les chaussées 8 à 10 verstes par heure, les personnes voyageant pour un service public dépassent rarement la vitesse de 12 verstes, arrêts compris. La famille impériale voyage à 18 verstes à l'heure. Mais on doit faire observer, en consignant ce résultat, que lorsque l'empereur ou un grand-duc doit parcourir une chaussée, l'administration, surtout dans l'intérieur de l'empire, interrompt la circulation sur cette chaussée plusieurs semaines à l'avance, et reporte sur les chemins latéraux tout le mouvement qui tendrait à s'effectuer sur la route. En même temps les réquisitions de chevaux pour le service de la famille impériale retiennent à l'avance dans les stations de poste à peu près tous les chevaux des relais, laissant aux particuliers pour toute ressource de traction les chevaux que les paysans du voisinage viennent leur louer à prix débattu[1].

Le matériel que la poste met à la disposition du public consiste, l'hiver, en traîneaux, l'été, en télègues, voitures à quatre roues, non suspendues, qui, pour la commodité et la douceur, ne diffèrent pas essentiellement de nos tombereaux. C'est dans ces véhicules que les courriers du gouvernement, envoyés en Crimée ou au Caucase, font sans désemparer à partir de Moscou 1,500 ou 2,000 verstes, changeant à chaque station de voiture et de chevaux.

La longueur moyenne des relais peut être évaluée à une vingtaine de verstes, et dépasse rarement vingt-quatre. Les stations de poste réparties sur les routes ne se trouvent pas toujours dans un centre de population, et sont quelquefois très-éloignées des villages. Les bâtiments de ces stations sont généralement établis en dehors de la chaussée, le long d'un espace pavé qui communique par deux ponceaux avec la route. Les écuries, logements et bureaux occupent les côtés d'une grande cour; au centre sont les équipages de la poste. Dans les stations principales, un pavillon

---

[1] Les harnais des chevaux en Russie ont une légèreté qui contraste avec la lourdeur des attelages français et allemands. Les yeux restent à découvert, le cheval ne s'en effraye pas davantage. Les chevaux russes sont intelligents et courageux; les plus petits ont encore une vigueur remarquable. On trouve dans l'intérieur d'excellents chevaux qui, une fois usés, font à Pétersbourg et à Moscou le service des traîneaux et des drojkis.

placé en avant de la cour offre au voyageur un abri où il peut se reposer, prendre du thé, faire une toilette sommaire, et en hiver se réchauffer.

Les chaussées de la Russie ont une largeur qui varie de 6 sagènes à 6 ½ sagènes (12^m,78 à 13^m,85) entre les arêtes des talus. La chaussée proprement dite, ou l'empierrement, n'occupe sur cette largeur que 2 ½ sagènes (5^m,32). Les accotements ne sont garnis d'aucune banquette qui puisse gêner l'écoulement des eaux suivant le profil en travers. Le bombement total varie de 0^m,33 à 0^m,40 au-dessus des arêtes des fossés. L'épaisseur normale de l'empierrement est de 0^m,20 environ. Une couche de sable est étendue uniformément entre le terrassement et l'empierrement dans les terrains imperméables pour faciliter le drainage de la chaussée.

L'entretien journalier est fait par des cantonniers, presque tous soldats en congé ou en retraite. Les grandes longueurs à entretenir, et aussi l'action du dégel sur le sous-sol à chaque printemps, sont de sérieux obstacles à ce que l'entretien par emplois limités ait une efficacité réelle. Il faut au bout de peu d'années recourir à des rechargements généraux, sans quoi la route ne tarde pas à tomber dans un état déplorable qui est, à vrai dire, l'état habituel de la plupart des chaussées en Russie.

N'oublions pas de signaler ici, pour la convenance de leur disposition, les poteaux de verstes des routes russes : ce sont des poteaux en bois qui remplacent nos bornes kilométriques. A chaque station de poste se trouve placé un poteau dont les inscriptions indiquent le nom de la station, le nombre de chevaux qu'elle possède, les distances aux deux stations voisines, enfin, les distances aux principales villes de la direction à laquelle cette station appartient. D'une station à l'autre, les poteaux portent à leur sommet un chapeau rectangulaire qui, placé de biais par rapport à la route, présente au voyageur deux numéros très-apparents, indiquant en verstes, l'un la distance du poteau à la station qui précède, l'autre la distance à la station qui suit. Le poteau de verste est, comme les barrières et les guérites, recouvert d'une couche de peinture dessinant un triple ruban, rouge, blanc et noir.

Pour avoir été exécutées beaucoup plus tard que les vieilles routes de nos pays, les chaussées de la Russie n'en sont pas en général mieux tracées. On s'est borné en Russie, comme autrefois en France, à suivre les chemins et les sentiers déjà ouverts, sans essayer des déplacements d'axe qui eussent amélioré le profil. En certains points, les routes présentent des alignements d'une longueur démesurée qui montent sur tous les contre-forts et descendent dans tous les fonds de vallée. En d'autres, les courbes de la route ne sont que la reproduction des courbes du sentier qu'elle a suivi, courbes qui elles-mêmes avaient été instinctivement données au sentier pour contourner les marécages. Le tracé des chaussées de la Russie ne paraît pas avoir été jamais l'objet d'une véritable étude : aussi en est-on, sur quelques parties, aux rectifications et aux réductions de pente. En général, les ouvrages d'art, que l'on rencontre en petit nombre sur les routes, font plus d'honneur aux ingénieurs russes que les tracés.

§ 3. — LES PONTS.

Il y a soixante ans, il n'existait encore en Russie de ponts fixes que sur les petits cours d'eau. Ces ponts en charpente consistaient en un plancher de madriers ou de rondins posés sur des palées grossières. Sur les rivières de moyenne largeur, on avait placé des ponts flottants, dont le plancher reposait sur des radeaux, et qu'on retirait au moment des débâcles. Sur les grands fleuves, la communication s'opérait soit au moyen de ponts flottants, soit au moyen de bacs. Les crues et la débâcle annuelles interceptaient pendant plusieurs semaines le passage d'une rive à l'autre.

Cet état arriéré, notablement modifié en certains points, subsiste encore dans bien des parties de la Russie. La chaussée de Varsovie, par exemple, est encore aujourd'hui interrompue par la Vilia et le Niémen. Celle de Moscou à Kharkoff, celle de Moscou à Rézan, n'ont pas de pont sur l'Oka[1]; celle de Moscou à Nijni-Novgorod a quatre grands ponts flottants; enfin, il n'existe pas de ponts sur le Volga au-dessous de Tver.

La brochure de M. Sokolofski nous indique les principaux ponts construits par les ingénieurs russes.

Nous y trouvons en premier lieu le pont construit en 1812 par un Français, le général Béthancourt, sur un bras de la Néva, entre l'île des Apothicaires et Kamen-noï-Ostroff. C'est le premier pont fixe construit sur la Néva : il était formé d'arcs en charpente. On l'a reconstruit, en 1859, en réduisant le bombement longitudinal du tablier.

Sur la chaussée de Saint-Pétersbourg à Moscou, on a construit une foule d'aqueducs et de ponts de différentes dimensions. Quelques-uns sont en pierre, du genre de ceux que les Russes appellent *tuyaux*[2]; d'autres, d'une ouverture plus grande,

[1] Écrit en 1863. — Depuis cette époque, la construction des chemins de fer de Moscou à Saratoff, et de Moscou à Toula, a commandé l'établissement de ponts fixes sur l'Oka à Kolomna et à Serpoukhoff, et il est vraisemblable que ces ouvrages servent à la chaussée aussi bien qu'au chemin de fer.

[2] *Trouba.*

sont en charpente; parmi ceux-ci, on remarque le pont de Novgorod sur le Volchoff
et le pont couvert de Bronnits, deux ouvrages exécutés sous la direction du colonel
Reichel.

On doit aussi distinguer le pont de Narva, construit par le colonel Bullmering, et
sur la chaussée de Saint-Pétersbourg à Dunabourg, le pont de la Jatchera, le premier
pont construit en Russie dans le système américain. Un autre pont, sur la même
chaussée, est digne d'attention. Nous voulons parler du double pont suspendu
qui traverse à Ostroff la Vélikaia, au point où une île partage en deux bras cette rivière. Chaque travée du pont a un débouché net de 93 mètres; elles offrent ensemble
au cours d'eau 186 mètres de débouché. Cet ouvrage se distingue surtout par le
fini du travail, et notamment par le degré de poli que l'on a donné aux maçonneries
de granit qui supportent les chaînes de suspension. Ostroff est une petite ville qui
présente un certain intérêt historique. L'île traversée par la chaussée renferme les
ruines d'une vieille enceinte fortifiée : Ostroff avait, en effet, quelque importance
militaire au temps des anciennes guerres entre les Russes et les Polonais. Cette île
a vraisemblablement fait donner le nom d'Ostroff à la ville[1]. Le grand ouvrage qui
la réunit à la terre ferme est dû au capitaine Krasnopolski.

Le système des ponts américains en charpente, essayé sur la Jatchera, a été aussi
appliqué à trois ponts de la chaussée de Moscou à Kharkoff, entre Moscou et Orel.
Le pont de Podolsk, l'un de ces trois ouvrages, a une réputation méritée d'élégance.
Mais le plus beau pont exécuté jusqu'à ces dernières années par les ingénieurs russes
est, à coup sûr, le pont fixe de la Néva, qui réunit l'île de Vassili-Ostroff à la rive
gauche de la grande rivière[2].

Le projet de construction d'un pont fixe sur la Néva remonte à une époque assez
ancienne. Les œuvres de Perronnet contiennent le dessin d'un pont en pierre pour
la ville de Saint-Pétersbourg[3]. Une travée mobile au milieu du fleuve était réservée

---

[1] *Ostroff*, île. — *Kamennoï Ostroff*, île des Pierres. — *Vassiliefski-Ostroff* ou *Vassili-Ostroff*, île de
Basile.

[2] Les ingénieurs russes ont encore construit depuis un autre pont métallique fort remarquable, celui qui
traverse la Vistule à Varsovie; c'est le général Kerbedz qui a dirigé ce beau travail.

[3] Le projet de Perronnet lui avait été demandé par le gouvernement russe; il porte la date de 1778. Le
pont, sur le dessin, a une largeur de $18^m,19$ entre les têtes, comprenant deux trottoirs de $3^m,90$, et deux pa-
rapets de $0^m,90$ d'épaisseur. La travée mobile a $19^m,49$ de largeur et est formée de deux tabliers de ponts-
levis; puis viennent les arches en maçonnerie, au nombre de six, trois de chaque côté de la travée centrale.
Les ouvertures de ces arches sont : $35^m,08$ pour les deux arches voisines du centre; $31^m,18$ pour les deux
suivantes; $27^m,29$ pour les deux arches voisines des culées. Les épaisseurs des piles, prises dans le même
ordre, du centre vers les culées, sont : $9^m,75$, $8^m,77$, $7^m,80$. Enfin, les culées ont une longueur de $3^m,90$.
Ces dimensions sont mesurées au-dessus des retraites des fondations. L'intrados est à onze centres, comme la
voûte du pont de Neuilly, avec cornes de vache sur les deux têtes. Les avant-becs ont la forme triangulaire,

pour le passage des bateaux. Ce projet ne se recommande pas seulement par le nom de son auteur; il contient l'indication des avant-becs inclinés qui sont aujourd'hui universellement adoptés en Russie comme brise-glaces. Le haut prix des maçonneries de pierre de taille, et la réduction du débouché, qui résulte toujours de l'emploi des voûtes quand la clef n'en doit pas être fort élevée au-dessus des eaux, n'auraient probablement pas permis d'exécuter sans modification le projet de Perronnet. En 1842 le problème était encore à résoudre; on en chercha une solution pratique dans le système des ponts suspendus. Un projet de pont à deux portées de 114^m,60 chacune, séparées par un arc de triomphe en métal de 23^m,98 de large et de 50^m,34 de hauteur, avec pont-levis pour le libre passage des navires, fut dressé à cette époque par un ingénieur dont le nom est depuis devenu célèbre dans les annales du génie russe, et qui est aujourd'hui le général Kerbedz. Quel que fût le mérite de ce projet, l'administration ne l'accueillit point sans réserve, et le major Kerbedz, encouragé par sa promotion à un nouveau grade, fut invité à en dresser un autre dans lequel le tablier du pont devait reposer sur des arcs en fonte retombant sur des appuis en maçonnerie. On commença par nommer une commission qui, composée de deux généraux et de trois colonels, et présidée par le général Destrem, devait diriger les travaux. Le major Kerbedz fut chargé de l'exécution proprement dite : huit ingénieurs-lieutenants lui furent adjoints pour toute la durée du travail; d'autres lui prêtèrent momentanément leur concours. C'est ce nombreux état-major qui doit se partager la gloire d'avoir exécuté le pont de la Néva, œuvre remarquable à plus d'un titre, sans cependant qu'on puisse admettre complétement avec M. Sokolofski que ce soit le plus bel ornement de la capitale.

Voici les principales dispositions de cet ouvrage. La travée mobile, pour le passage des bateaux, est reportée sur la rive droite et se compose d'un double pont tournant à treillis, renforcé par de grands boulons à la façon des poutres américaines. On ne manœuvre ces ponts tournants que pendant la nuit. Une élégante chapelle, dédiée à saint Alexandre Nevski, occupe le point où les deux ponts tournants se réunissent au pont fixe. La partie fixe se compose de sept arches en fonte, deux de 37^m,50, deux de 43^m,50, deux de 50^m,10, et une de 55^m,90, offrant un débouché total de 317^m,10; le débouché correspondant à la travée mobile est d'environ 20 mè-

avec arête antérieure inclinée à 45° à l'horizon. — Prony, dans son *Eloge de Perronnet,* lu à l'Académie des sciences le 24 avril 1829, raconte qu'un aventurier se présenta un jour chez Perronnet, au nom de l'impératrice Catherine II, et lui vola son projet. — Un projet de pont suspendu pour la Néva, dressé vers 1843, par un inspecteur des ponts et chaussées, M. Defontaine, se trouve décrit dans le *Journal de la direction générale des voies de communication,* n° 2, 1846, ainsi que le premier projet du général Kerbedz (article sans nom d'auteur, dédié à *Stanislas Valerianovitch Kerbedz.*)

tres; ce qui fait en tout 337 mètres pour la rivière. Le pont fixe porte une chaussée, pavée; les piles sont en granit et sont munies de brise-glaces [1].

L'ouvrage entier a été livré à la circulation le 21 novembre 1850, et a reçu le nom de pont de l'Annonciation (*Blagovechtchenskoï* [2]); depuis l'avénement de l'empereur Alexandre ce nom a été remplacé par celui de *pont Nicolas*.

Ce changement de nom inspire à M. Sokolofski la réflexion suivante dont nous ne garantissons pas la justesse :

« Il n'est pas superflu, dit-il, d'observer ici que le règne de l'empereur Nicolas correspond dans l'histoire des arts en Russie au règne d'Auguste dans l'histoire de l'empire romain. Pour le démontrer, il suffit de comparer les anciens édifices à ceux qui datent du dernier règne, et de se rappeler la longue liste des constructions monumentales créées sous l'empereur Nicolas dans différentes parties de l'empire. Beaucoup de ces constructions, le pont fixe de la Néva, le pont suspendu de Kief, le chemin de fer de Saint-Pétersbourg à Moscou ont, à bon droit, reçu le nom de leur auguste fondateur, qui a laissé tant de signes durables de son amour pour les arts et des encouragements qu'il savait leur donner. »

§ 4. — LES CHEMINS DE FER.

Le premier chemin de fer construit en Russie est celui qui réunit Saint-Pétersbourg à la résidence impériale de Tsarskoe-Celo, et qui se prolonge jusqu'à Pavlovsk. Il a été achevé en 1837 et n'a que 25 verstes de longueur. Il est exploité par une compagnie particulière et est principalement fréquenté en été par les promeneurs, attirés au vauxhall de Pavlovsk par l'orchestre de Strauss. Laissant de côté ce petit chemin d'un intérêt tout local, nous rencontrons en 1842 le premier effort de l'administration russe pour créer les voies ferrées dans l'empire. C'est de cette année que date le commencement des travaux du chemin de fer de Saint-Pétersbourg à Moscou, qui se trouve ainsi contemporain des premières dispositions législatives prises en France pour assurer l'exécution d'un grand réseau. La longueur totale du

---

[1] Largeur du pont entre garde-corps : 25^m,80. — Largeur de la voie charretière entre trottoirs : 17^m,10. — Pont tournant : largeur entre garde-corps : 8 mètres. — Volée, du centre de roulement à l'extrémité de la portée : 28^m,60. — Longueur de la culasse : 12 mètres. — Rayon du cercle de roulement : 10 mètres. — Hauteur de la poutre : au pivot, 2 mètres ; à l'extrémité de la portée, 1 mètre.

[2] Du nom d'une église située dans l'axe du pont.

chemin de fer, environ 600 verstes, fut partagée entre deux directions : l'une, celle du nord, fut confiée au colonel Melnikoff; l'autre, celle du sud, au colonel Krafft. Un ingénieur américain fut attaché comme conseil au comité supérieur de direction[1]. Ce comité supérieur avait été formé près du département des chemins de fer, récemment créé lui-même au sein de la direction générale des voies de communication. Nous retrouvons là une nouvelle application des principes bureaucratiques de la Russie; pendant dix années, elle eut un département des chemins de fer, un comité dans le département, et deux directions, chacune avec un personnel innombrable, pour un chemin de fer de 600 verstes.

Ce chemin de fer n'est pas mieux tracé que les chaussées de la Russie : ses grands alignements droits ne se prêtent pas à des combinaisons bien économiques. La ligne rencontre des marais sur lesquels il a été très-difficile de l'asseoir définitivement, des ravins qu'elle franchit avec des masses énormes de remblais, des vallées au-dessus desquelles elle doit rester à de grandes hauteurs, ce qui entraîne à des dimensions exagérées pour les ouvrages d'art. Pris en eux-mêmes, ces ouvrages sont d'un aspect satisfaisant et d'une exécution soignée[2]. On doit citer particulièrement les ponts américains de la Msta et de la Vérébia; le premier est l'œuvre du major Kroutikoff; le second est dû au colonel Jourafski, le même qui introduisit dans le calcul de la résistance des prismes la notion du glissement longitudinal des fibres, et dont les ingénieurs français ont été quelquefois à même d'apprécier les délicates recherches[3]. Pour finir en deux mots l'histoire du chemin de fer de Saint-Pétersbourg à Moscou, il nous suffit d'ajouter que les travaux, commencés en 1842, durèrent environ neuf ans, et qu'après une exploitation d'essai sur deux petites sections de la ligne, l'exploitation publique fut ouverte sur la totalité du parcours au mois de décembre 1851.

Le chemin de fer de Moscou, comme les trois systèmes de navigation, joint un point situé dans la vallée de la Néva à un autre point situé dans le bassin

---

[1] Cet ingénieur mourut bientôt, et son intervention ne paraît pas avoir laissé en Russie de traces bien profondes. Ce n'est pas le seul emprunt que les ingénieurs russes firent à l'Amérique pour leur chemin de Moscou. Ils lui ont pris le wagon américain et le pont américain, leur unique ressource pour les grands travaux d'art. Une société américaine a eu pendant dix ans l'entreprise de la traction et de la remonte du matériel. Le contrat de cette société lui assurait des bénéfices exorbitants. En 1862, une société française lui a succédé en faisant sur son marché un rabais de 45 p. 100. Mais la société américaine avait laissé de fort bons souvenirs dans l'administration du chemin de Moscou, et elle a réussi, en 1866, à supplanter sa rivale en reprenant les conditions de son ancien marché.

[2] Sur les ponts américains du chemin Nicolas, et sur la théorie des fermes de cette nature, V. *Annales des ponts et chaussées*, 1864, mémoire n° 75.

[3] V. *Annales des ponts et chaussées*, 1856.

du Volga. Il franchit le faîte des monts Valdaï en un point très-voisin de Vichnei-Volotchok. Du faîte à Saint-Pétersbourg, il demeure à peu près parallèle à la Msta, laisse de côté la ville de Novgorod et traverse le Volchoff à 60 verstes environ de cette ville. Du côté de Moscou, il descend par la vallée de la Tvertsa, coupe cette rivière, puis le Volga, auprès de Tver, et, laissant le grand fleuve courir vers le nord, traverse le faîte secondaire qui le sépare de la Moskva.

La longueur officielle du chemin de fer est de 604 verstes. Nous sommes forcé de dire *officielle*, parce que des doutes se sont élevés sur l'exactitude de l'espacement des poteaux indicateurs des verstes : on va même jusqu'à prétendre que l'intervalle réel des poteaux est de 15 sagènes plus court que la verste, ce qui réduirait à 586 verstes la longueur effective du chemin. Cette version n'a rien d'incompatible avec la distance à vol d'oiseau de Moscou à Pétersbourg, et l'altération des mesures acquiert un certain degré de vraisemblance quand on voit sur les anciens profils du tracé exécuté les longueurs des sections monter à un total de 607 verstes, au lieu de 604 qui forme la longueur admise actuellement. Un chaînage général aurait révélé l'exagération de cette première mesure, mais le gouvernement n'aurait voulu reconnaître qu'une erreur de 3 verstes. Nous continuerons à admettre les 604 verstes, car ce point n'est pas encore éclairci.

Le chemin est divisé en deux parties égales à la station de Bologovo. La distance de Bologovo à Pétersbourg est subdivisée à Malo-Vichera en deux tronçons égaux, d'environ 150 verstes chacun. De même, entre Bologovo et Moscou, la station de Tver partage l'intervalle de 300 verstes en deux parties égales. Chacun des quatre tronçons de 150 verstes ainsi formés est encore subdivisé en deux parties égales par les stations de Luban, d'Okoulovo, de Spirovo et de Klin. Les petites stations sont réparties dans les intervalles à raison de trois pour une longueur de 75 verstes, sauf entre Malo-Vichera et Okoulovo, et entre Malo-Vichera, et Luban, intervalles où l'on en a placé quatre. Il y a en tout trente-cinq stations, savoir les deux stations extrêmes, les sept grandes stations aux huitièmes du chemin, et vingt-six petites stations intermédiaires, sans compter trois *maisons de voyageurs* où les trains ont un arrêt facultatif.

L'exploitation a été sur-le-champ établie à deux voies : conformément à l'usage allemand, les trains marchent sur la voie droite. Le rail adopté aujourd'hui est le rail à base plate du chemin de fer du Nord français, pesant 37 kilogrammes le mètre courant ; chaque rail a une longueur normale de 20 pieds anglais (6^m,096), et est supporté par deux traverses extrêmes et sept traverses intermédiaires : il y a excès dans le nombre de supports. Le joint est consolidé par une plaque métallique qu'on a essayé de boulonner à la traverse : mais ce système de boulons n'a pas réussi, le serrage des écrous ne pouvant s'effectuer sans faire céder immédiatement le bois. Le procédé plus simple et plus ordinaire des clous ou chevilles en fer donne des résultats meilleurs. La voie n'est pas excellente, peut-être parce que des traverses en trop grand nombre sous le rail ne permettent pas un bourrage complet du ballast, et les oscillations que les inégalités de la voie communiquent aux wagons sont encore augmentées par le mode d'attelage, qui paraît assez défectueux, et par la grande portée libre du wagon américain.

Le voyage de Saint-Pétersbourg à Moscou ne ressemble en rien à un voyage sur un autre chemin de fer. La préoccupation du temps perdu semble avoir été pour peu de chose dans l'organisation du mouvement sur cette ligne. La vitesse est faible. Il n'y a par jour que deux trains de voyageurs dans chaque sens ; l'un, le train-poste, met vingt heures à parcourir la distance entière ; l'autre, le train de voyageurs, en met trente, ce qui fait à peu près une vitesse de 30 verstes à l'heure pour le premier, et de 20 verstes à l'heure pour le second. Il est curieux d'étudier le détail de la marche de ces deux trains dans les tableaux dont nous donnons ici la traduction.

TRAIN-POSTE.

(Ce train s'arrête à toutes les stations.)

DE SAINT-PÉTERSBOURG A MOSCOU.

NOM DES STATIONS.	HEURES D'ARRIVÉE.	DE DÉPART.	DURÉE DES ARRÊTS.	OBSERVATIONS.
	SOIR.			
	h. m.	h. m.	h. m.	
St-Pétersbourg .	» »	12 »	» »	
Kolpino	12 39	12 49	» 10	
Sablino.				
Ouchakino.				
Luban.	2 15	2 30	» 15	Déjeuner.
Babino.				
Tchoudovo [1]. . .	3 23	3 33	» 10	
Volchoff	3 44	3 49	» 05	
Griado.				
Malovichera . .	4 43	5 28	» 45	Diner.
Bourguino.				
Vérébia.				
Torbino	6 42	6 52	» 10	
Borovitch.				
Okoulovo. . . .	7 43	7 53	» 10	
Ouglovo				
Valdaï.	8 50	9 »	» 10	
Bérézaï				
Bologovo. . . .	9 47	10 17	» 30	Souper et thé du soir.
Zaretchno.				
Vichnei-Volotchok	11 24	11 34	» 10	
Ossetchno				
	MATIN.			
Spirovo	12 25	12 35	» 10	
Kalachnikovo.				
Ostachkovo . . .	1 40	1 50	» 10	
Koulitz.				
Tver.	2 53	3 03	» 10	
Kousmino.				
Zavidovo. . . .	4 15	4 25	» 10	
Rechetnikovo.				
Klin	5 10	5 25	» 15	Thé et café du matin.
Podsolnetz . . .	6 02	6 07	» 05	
Kroukovo. . . .	6 47	6 57	» 10	
Chim	7 27	7 32	» 05	
Moscou	8 »	» »	» »	

DE MOSCOU A SAINT-PÉTERSBOURG.

NOM DES STATIONS.	HEURES D'ARRIVÉE.	DE DÉPART.	DURÉE DES ARRÊTS.	OBSERVATIONS.
	SOIR.			
	h. m.	h. m.	h. m.	
Moscou	» »	12 »	» »	
Chim	12 28	12 33	» 05	
Kroukovo. . . .	1 03	1 13	» 10	
Podsolnetz . . .	1 55	1 58	» 05	
Klin.	2 35	2 50	» 15	Déjeuner.
Rechetnikovo.				
Zavidovo	3 35	3 45	» 10	
Kousmino.				
Tver	4 57	5 42	» 45	Diner.
Koulitz.				
Ostachkovo . . .	6 45	6 55	» 10	
Kalachnikovo.				
Spirovo	8 »	8 10	» 10	
Ossetchno.				
Vichnei-Volotchok	9 04	9 11	» 10	
Zaretchno.				
Bologovo. . . .	10 18	10 48	» 30	Souper et thé du soir.
Bérézaï.				
Valdaï	11 35	11 45	» 10	
Ouglovo.				
	MATIN.			
Okoulovo. . . .	12 42	12 52	» 10	
Borovitch.				
Torbino	1 43	1 53	» 10	
Vérébia.				
Bourguino.				
Malovichera . .	3 07	3 17	» 10	
Griado.				
Volchoff	4 11	4 16	» 05	
Tchoudovo [1] . .	4 27	4 37	» 10	
Babino.				
Luban.	5 30	5 45	» 15	Thé et café du matin.
Ouchakino.				
Sablino.				
Kolpino	7 11	7 21	» 10	
St-Pétersbourg .	8 »	» »	» »	

[1] station correspondante à Novgorod.

TRAIN DE VOYAGEURS.

DE SAINT-PÉTERSBOURG A MOSCOU.

NOM DES STATIONS.	HEURES D'ARRIVÉE.	HEURES DE DÉPART.	DURÉE DES ARRÊTS.	OBSERVATIONS.
	SOIR.			
	h. m.	h. m.	h. m.	
St-Pétersbourg .	» »	2 »	» »	
Kolpino	2 53	3 05	» 10	
Sablino	3 34	3 44	» 10	
Ouchakino . . .	4 36	4 46	» 10	
Luban.	5 27	5 42	» 15	Thé du soir.
Babino.	6 23	6 33	» 10	
Tchoudovo . . .	7 11	7 21	» 10	
Volchoff	7 37	7 47	» 10	
Griado.	8 19	8 29	» 10	
Malovichera . .	9 12	10 12	1 »	Souper.
Bourguino . . .	10 52	11 02	» 10	
Vérébia	11 37	11 47	» 10	
	MATIN.			
Torbino	12 14	12 24	» 10	
Borovitch. . . .	12 56	1 06	» 10	
Okoulovo. . . .	1 45	1 50	» 10	
Ouglovo	2 36	2 46	» 10	
Valdaï	3 24	3 34	» 10	
Bérézaï	4 10	4 20	» 10	
Bologovo. . . .	4 50	5 »	» 10	
Zaretchno . . .	5 53	6 03	» 10	
Vichnei-Volotchok	6 43	6 53	» 10	
Ossetchno . . .	7 25	7 35	» 10	
Spirovo	8 13	8 28	» 15	Thé du mat.
Kalachnikovo . .	9 11	9 21	» 10	
Ostachkovo . . .	10 08	10 18	» 10	
Koulitz.	11 03	11 13	» 10	
Tver	11 56	12 56	1 »	Dîner.
	SOIR.			
Kousmino. . . .	1 38	1 48	» 10	
Zavidovo. . . .	2 46	2 56	» 10	
Rechetnikovo. .	3 25	3 35	» 10	
Klin	4 08	4 23	» 15	Thé du soir.
Podsolnetz . . .	5 14	5 24	» 10	
Kroukovo. . . .	6 19	6 29	» 10	
Chim	7 11	7 21	» 10	
Moscou	8 »	» »	» »	

DE MOSCOU A SAINT-PÉTERSBOURG.

NOM DES STATIONS.	HEURES D'ARRIVÉE.	HEURES DE DÉPART.	DURÉE DES ARRÊTS.	OBSERVATIONS.
	SOIR.			
	h. m.	h. m.	h. m.	
Moscou	» »	2 »	» »	
Chim	2 39	2 49	» 10	
Kroukovo. . . .	3 31	3 41	» 10	
Podsolnetz . . .	4 36	4 46	» 10	
Klin	5 37	5 52	» 15	Thé du soir.
Rechetnikovo . .	6 25	6 35	» 10	
Zavidovo. . . .	7 04	7 14	» 10	
Kousmino . . .	8 12	8 22	» 10	
Tver	9 04	10 04	1 »	Souper.
Koulitz	10 47	10 57	» 10	
Ostachkovo. . .	11 42	11 52	» 10	
	MATIN.			
Kalachnikovo . .	12 39	12 49	» 10	
Spirovo	1 32	1 43	» 10	
Ossetchno . . .	2 20	2 30	» 10	
Vichnei-Volotchok	3 02	3 12	» 10	
Zaretchno . . .	3 52	4 02	» 10	
Bologovo. . . .	4 55	5 05	» 10	
Bérézaï.	5 35	5 45	» 10	
Valdaï	6 21	6 31	» 10	
Ouglovo	7 09	7 19	» 10	
Okoulovo. . . .	8 »	8 15	» 15	Thé du mat.
Borovitch. . . .	8 64	9 04	» 10	
Torbino	9 36	9 46	» 10	
Vérébia	10 13	10 25	» 10	
Bourguino . . .	10 58	11 08	» 10	
Malovichera . .	11 48	12 48	1 »	Dîner.
	SOIR.			
Griado.	1 31	1 41	» 10	
Volchoff	2 13	2 25	» 10	
Tchoudovo . . .	2 39	2 49	» 10	
Babino.	3 27	3 37	» 10	
Luban.	4 48	4 32	» 15	Thé du soir.
Ouchakino . . .	5 14	5 24	» 10	
Sablino	6 16	6 26	» 10	
Kolpino	6 57	7 07	» 10	
St-Pétersbourg .	8 »	» »	» »	

DURÉE TOTALE DES ARRÊTS :

Pour le train-poste, en comptant seulement une minute aux stations pour lesquelles l'arrêt n'est pas indiqué au tableau : 4 h. 5 m., ou un peu plus du cinquième du temps du trajet.

Pour le train de voyageurs, 7 h. 25 m., ou près du quart du temps du trajet.

Le temps n'a pas encore en Russie une grande valeur.

Le train *rapide* reçoit des voyageurs des trois classes ; le train de 30 heures ne reçoit pas de voyageurs de première classe. Les prix sont fixés comme il suit, de Pétersbourg à Moscou :

1re classe, train de 20 heures	19 roubles, soit 76 francs.	
2e classe, par les deux trains.	13	52
3e classe { train de 20 heures	10	40
{ train de 30 heures	4	16

Le chemin de Moscou permet donc de faire pour 16 fr. un parcours d'environ 640 kilomètres, ce qui fait ressortir le prix du kilomètre à 2 cent. $^1/_2$ environ, ou à la moitié du tarif français pour les voyageurs de troisième classe. Le prix de la première classe monte à près de 12 centimes.

Après les travaux d'art, le luxe du chemin de Moscou est tout entier dans les stations, où les voyageurs ont, comme on l'a vu, de si grands intervalles de temps à passer. Les principales stations intermédiaires présentent une assez curieuse disposition. Les bâtiments pour le service des voyageurs sont situés au dedans des voies. Les voyageurs du train qui entre en gare n'ont ainsi jamais la voie à traverser ; mais ceux qui quittent le train ou ceux qui le prennent à une de ces stations, sont forcés de traverser la voie pour atteindre ou pour quitter le quai accosté par le train ; or, les quais sont à la hauteur du plancher des wagons ; les bâtiments des gares sont donc d'un accès assez difficile, et créent une véritable gêne pour le service. Les voyageurs peuvent être exposés dans ces stations à une singulière méprise qui s'est, dit-on, reproduite plusieurs fois à la station centrale de Bologovo, lorsque les deux trains-postes, venant l'un de Pétersbourg, l'autre de Moscou, se trouvaient ensemble la nuit dans cette gare. Dans les conditions de parfaite symétrie où se trouve placé le bâtiment, un voyageur descendu de l'un des trains pour entrer dans la station peut facilement perdre son orientation, confondre l'un des côtés de la salle d'attente avec l'autre, et monter sans s'en apercevoir dans le train qui le ramène au point d'où il est parti. Les heures de passage des deux trains à Bologovo ne permettent plus cette confusion.

Les bâtiments des grandes stations intermédiaires font perdre, par suite de la déviation des voies, une surface de terrain que l'on a utilisée en y dessinant des jardins anglais. En dehors des voies de circulation, et au milieu d'autres massifs de verdure, se trouvent les remises de locomotives, les remises de wagons et les ateliers, avec les dépôts de combustibles. Les rotondes pour locomotives se distinguent particulièrement par la forme de leur toiture. Elles sont couvertes d'une coupole de grand diamètre, dont le profil courbe donne à la construction un caractère byzantin : elles ont certainement beaucoup plus d'élégance que les coupoles des églises du pays.

Le mouvement des marchandises sur le chemin de Moscou est de dix trains par jour dans chaque sens. On évalue à 50,000 francs la recette brute annuelle par kilomètre, rendement qui, s'il est exact, classe le chemin parmi les plus productifs de l'Europe. On ne sait pas au juste quel est le produit net, ou plutôt, on ne sait pas si tous les éléments de la dépense d'exploitation ont été comptés pour établir le produit net officiel qui, en 1862, pour la première fois, a été publié dans le budget général de l'empire. D'après ce document, le produit net monterait à 2,000,000 de roubles, ce qui ferait par kilomètre environ 12,500 francs. Si donc toutes les dépenses d'exploitation entrent dans l'établissement de cette somme, les frais d'exploitation n'absorberaient que les trois quarts du produit brut[1].

Les types de locomotives ont été déterminés en vue de produire les efforts de traction énergique, et non de communiquer de grandes vitesses aux trains. Les machines sont toutes à roues couplées. Les machines du train-poste, qui, arrêts déduits, font en moyenne 37 verstes à l'heure, ont deux roues couplées, et portent à l'avant sur un chariot à deux essieux.

Le tracé présente sur 16 verstes de longueur une rampe, par laquelle il s'élève

---

[1] L'appréciation donnée dans le budget de 1862 était beaucoup trop exagérée. Le gouvernement russe a continué, depuis 1862, à publier chaque année son budget général, et cette pièce officielle paraît mériter toute confiance. Le produit net du chemin Nicolas n'y figure plus. L'État, à qui il ne profite pas, aurait le plus grand intérêt à vendre son chemin de fer à une compagnie qui pourrait en rendre l'exploitation productive. Mais on comprend aussi que l'aliénation de cette grande ligne serait très-préjudiciable à certains intérêts particuliers, peu dignes, à la vérité, de la protection de la couronne. De là, cependant, une opposition sourde aux projets de vente, opposition dont le gouvernement n'a pas encore réussi à triompher. — Les revenus du chemin Nicolas doivent servir de garantie au service des intérêts du nouvel emprunt de 1867. La vente du chemin est formellement admise comme possible dans les avis publiés à cette occasion par le gouvernement.

sur le plateau des monts Valdaï, et dont l'inclinaison atteint 8 millièmes. Elle force de diviser la plupart des trains de marchandises montants.

Les voitures de voyageurs sont des wagons américains, formés d'une longue poutre tubulaire reposant à ses deux extrémités sur des chariots à deux essieux auxquels elle est fixée par des chevilles ouvrières. Ce n'est pas à la petitesse du rayon des courbes qu'il faut attribuer l'adoption de ce système sur le chemin de Moscou. Il a sans doute été préféré parce qu'il se prête au chauffage des wagons en hiver : les grands compartiments des wagons américains peuvent en effet recevoir un poêle. Il présente un autre. avantage pour les voyageurs, celui de leur permettre tout le temps du trajet l'accès des water-closets. Le système des wagons américains est cependant défectueux à plusieurs égards : les voitures sont lourdes et ne peuvent être remuées qu'à la machine ; elles ne conviennent pas aux grandes vitesses à cause des oscillations dangereuses que prend la poutre armée ; elles sont enfin incommodes dans la pratique à cause de leurs grandes dimensions, parce qu'il est toujours regrettable d'ajouter une voiture de ce poids à un train déjà formé où il ne manque qu'un petit nombre de places [1].

On trouve sur le chemin de Moscou dans certaines voitures des *compartiments de famille* qu'on loue pour la distance entière à raison de 100 ou 150 roubles, suivant les. dimensions. Les Russes voyageaient autrefois dans leur pays en emportant leurs lits avec eux, parce qu'on n'en trouvait pas dans les hôtels. Ils ont conservé l'habitude de porter avec eux des oreillers, et ce renfort est très-nécessaire pour se trouver commodément dans les *compartiments de famille* entre quatre murailles à pic.

Le petit nombre des trains a permis d'établir un principe qui, appliqué dans toute sa rigueur, préviendrait toutes les rencontres. On ne laisse jamais partir un train d'une station avant d'avoir reçu l'avis que le train qui le précède a quitté la station suivante. Quand un train impérial est expédié, la circulation est interrompue non-seulement sur la voie qu'il doit parcourir, mais encore sur l'autre voie dans les intervalles où d'autres trains auraient à le croiser, pour éviter le bruit qui se produit au moment du croisement.

Ces détails suffisent pour donner une idée du chemin de fer construit et exploité par la Couronne, chemin de fer qui, pour emprunter une dernière fois les paroles de M. Sokolofski, « peut être un objet de légitime orgueil pour le corps des

---

[1] La réputation de vitesse des trains aux États-Unis semble contredire ce que nous disons ici de l'incompatibilité du type de wagons américains avec les grandes vitesses. La contradiction n'est qu'apparente. La rapidité de la marche sur le réseau américain n'a lieu que pour les grands parcours : elle tient à l'espacement des stations et à la rareté des arrêts, bien plutôt qu'à la supériorité des vitesses effectives.

voies des communications. » Les ingénieurs du pays regardent en effet le chemin de Moscou comme le *chemin modèle*, et le public russe s'accommode mieux jusqu'ici de ces voyages à petite vitesse entrecoupés de stations où l'on peut dîner tout à son aise, que des brusques allures des trains express de l'Occident.

Après avoir terminé le chemin de Moscou, l'État continua en 1852 à s'occuper du réseau des chemins de fer, et le projet du chemin de Varsovie, dressé sous la direction du général Gerstfeld, reçut de 1852 à 1857 un commencement d'exécution. D'autres études furent entamées, à peu près à la même époque, entre Moscou et la mer Noire, sous la direction du général Melnikoff, et entre Vilna et la frontière de Prusse, sous la direction du général Kerbedz. Les premiers travaux de la ligne de Varsovie, ralentis par la guerre qui de 1853 à 1856 absorbait la pensée et les ressources du gouvernement, ont été repris, comme nous l'avons vu, par la Grande Société en l'année 1857. Les autres études lui ont été également transmises et ont reçu d'elle de profondes modifications.

Depuis l'année 1856 l'État a renoncé à la construction directe de ses chemins de fer, et les a concédés à des compagnies[1]. Bien que le succès, en grande partie par la faute du gouvernement lui-même, n'ait pas entièrement répondu à l'attente générale, c'est seulement de cette époque que le réseau russe a commencé à se développer. Il nous reste, pour en passer tous les éléments en revue, à mentionner les lignes suivantes.

Un chemin de fer de Saint-Pétersbourg à la résidence impériale de Peterhoff avec embranchement sur le camp de Krasnoe-Celo a été livré à l'exploitation pour la ligne principale en 1857, pour l'embranchement en 1861. Il a une longueur totale de 41 verstes. C'est l'œuvre d'une compagnie particulière, ou plutôt d'un particulier, M. le baron Stieglitz[2].

Deux chemins partant de Moscou ont été concédés en 1859 : l'un, celui de Saratoff, a environ 800 verstes ; l'autre, celui de Jaroslaf, en a environ 250. Ces deux lignes, ainsi que la ligne de Nijni, joignent Moscou à des points différents du Volga. La première n'est encore construite que sur 104 verstes, de Moscou à Kolomna sur l'Oka[3] ; la seconde, de Moscou au couvent de Troïtz, sur une longueur de 66 v., et on regardait comme probable que l'exploitation s'arrêterait quelque temps à ces limites.

---

[1] La nouvelle concession faite en 1863 à une compagnie anglaise, de la ligne de Moscou à la mer Noire, n'a pas réussi (V. note II). L'État a commencé en régie, en 1864, les travaux de cette ligne entre Moscou et Toula, sur une longueur de 172 verstes. Les travaux étaient terminés en 1866 entre Moscou et Serpoukhoff.

[2] Ce chemin est prolongé aujourd'hui jusqu'à Oranienbaum.

[3] Cette ligne a été poussée, depuis 1862, jusqu'à Rézan (en tout 180 verstes) ; puis son prolongement jusqu'à Kosloff a été livré à l'exploitation en 1866, ce qui porte à 360 verstes la longueur exploitée à partir de Moscou.

Le chemin de fer du Don au Volga est concédé depuis plusieurs années à une compagnie de navigation. Les travaux ont permis de faire passer la locomotive sur les cinquante-trois premières verstes du chemin dès le mois de novembre 1861. On peut donc espérer que la jonction du Don au Volga, tant de fois tentée, est enfin accomplie. La longueur totale du chemin est de 73 verstes.

Un chemin de Riga à Dunabourg (204 verstes) a été concédé en 1858 à une compagnie de négociants de Riga. L'exploitation publique a été ouverte en septembre 1861. Le chemin se rattache, à Dunabourg, à la ligne de Pétersbourg à Varsovie. Le prolongement sur Vitebsk, le long de la vallée de la Dvina, est en construction.

En Pologne, un chemin de fer de Varsovie à la frontière autrichienne prolonge jusqu'à la Vistule le réseau européen. Ce chemin a la largeur de la voie française. Avec son embranchement sur Lovicz, il a une longueur de 282 verstes. Un chemin parallèle à la Vistule, de Lovicz à Bromberg, va rejoindre depuis 1862 le réseau prussien.

Le grand-duché de Finlande possède un chemin de fer de 102 verstes, qui relie le port d'Helsingfors, sur le golfe, à la ville de Tawasthus.

Un chemin de fer *économique*, de 50 verstes, est en exploitation (1866), entre Odessa et Bender sur le Dniestr, et l'on construit un embranchement dirigé vers Balta et Elisavetgrad. Ce chemin coûte de 40 à 50 mille roubles la verste, mais il traverse sur 100 verstes environ de longueur des plateaux où il est impossible de trouver de l'eau pour alimenter les machines.

Réunissons toutes ces lignes pour chercher la longueur totale du réseau actuel.

		verstes.
Chemin de fer Nicolas, de Saint-Pétersbourg à Moscou.		604
— de Tsarkoe-Celo et de Pavlovsk		25
— de Peterhoff et de Krasnoe-Celo, avec prolongement vers Orauienbaum		50
Lignes de la Grande Société :		
De Saint-Pétersbourg à Varsovie	1048	
Embranchement vers la frontière de Prusse.	162	1,619
De Moscou à Nijni-Novgorod [1]	409	
Chemin de fer de Riga à Dunabourg		204
Ligne de Moscou à Saratoff. — De Moscou à Kosloff		360
— à Jaroslaf. — de Moscou au couvent de Troïtz		66
Chemin de fer du Don au Volga		73
Réseau Polonais, environ.		500
Chemin de fer finlandais, de Helsingfors à Tawasthus		102
— d'Odessa à Bender		50
— de Novo-Tscherkask.		58
Total.		3,711

[1] Moins la traversée de Moscou et la portion de voie dite *voie provisoire*.

Le chémin Nicolas forme le sixième environ du réseau, les lignes de la Grande Société font un peu moins de la moitié du tout.

Les chemins en construction en 1866 comprennent les sections suivantes :

	verstes.
De Moscou à Toula (ligne de Moscou à la mer Noire).	172
De Kosloff à Tamboff (ligne de Moscou à Saratoff)	40
Dunabourg à Vitebsk (prolongement du chemin de Dunabourg à Riga)	242
De Balta à Elisavetgrad	200
TOTAL.	654

En admettant que toutes ces sections soient actuellement livrés à la circulation, on obtient une longueur de 4,375 pour le réseau russe en 1867.

Enfin, si l'on veut le développement total du réseau dans un avenir prochain, mais encore inconnu, il faut ajouter à ces 4,375 verstes les lignes ou parties de ligne dont l'exécution, décidée en principe, n'a pas encore été attaquée, savoir :

	verstes.
Ligne de Moscou à la mer Noire. — De Toula à Théodosie et à Sévastopol. . .	1,175
Ligne transversale d'Orel à Vitebsk	500
Ligne de Moscou à Saratoff. — De Tamboff à Saratoff	340
Ligne de Moscou à Jaroslaf. — Du couvent de Troïtz à Jaroslaf	180
Ligne de Briansk à Balta, par Kief	1,017
Chemin de fer de Riga à Libau	200
— d'Ekaterinoslaf au Donetz	380
TOTAL.	3,792

Ce qui porte la longueur du réseau à 8,167 verstes.

En résumé, le réseau des chemins de fer russes est arrivé de 1842 à 1866 à un peu plus de la moitié de son développement nécessaire.

Mais, s'il reste beaucoup à faire, il ne faut pas oublier qu'il y a déjà beaucoup d'acquis. Dès à présent, la Russie possède deux grandes voies ferrées, longues de 1,000 verstes chacune; l'une de Pétersbourg à Nijni-Novgorod, l'autre de Pétersbourg à Varsovie. Celle-ci a sur la carte d'Europe un prolongement rectiligne qui en double la longueur et la fait aboutir à Trieste. Prise avec son embranchement vers la Prusse, la ligne de Varsovie est l'amorce d'une ligne continue encore plus grande, de Pétersbourg à Cadix, par Berlin, Paris et Madrid. Sur cette ligne, la plus longue de l'Europe, il ne reste plus aujourd'hui de lacune à combler. La Russie a devancé l'Espagne dans l'achèvement de sa part de cette grande voie internationale. Mais le gouvernement a-t-il fait tous ses efforts pour hâter l'ouverture d'une autre voie de 2,000 verstes, exclusivement russe et essentielle à la prospérité nationale, celle de Pétersbourg à la mer Noire, sur laquelle 1,200 verstes restent encore à exécuter[1]?

[1] On s'occupe depuis plusieurs années du projet d'un chemin de fer qui traverserait l'Oural, et qui joindrait Perm, sur la Kama, à Tumen, sur la Toura, affluent de l'Ob. Il passerait aux usines de Nijni-Taguilsk et d'Alapaïeff, et à Irbit, petite ville importante à cause de la foire qui s'y tient chaque automne. Un grand nombre de projets ont été encore proposés : de Valdaï à Ribinsk, sur le Volga, d'Orel à Tamboff, de Kharkoff à Elisavetgrad, etc. C'est ce groupe de chemins qu'on pourrait appeler le *troisième réseau* de la Russie.

III

LE RÉGIME DES FLEUVES.

***

Le régime des cours d'eau est peut-être ce qu'il y a de plus caractéristique dans la physionomie des pays du Nord. Au point de vue des constructions, les glaces et les débâcles donnent à résoudre un problème complétement inconnu dans les climats plus tempérés.

Chaque hiver la glace formée sur les rivières devient généralement assez épaisse pour porter les plus lourds fardeaux[1]. Tout mouvement apparent de liquide est alors suspendu : les petits affluents gèlent, la pluie est remplacée par la neige, les sources diminuent de volume jusqu'à tarir. En même temps, le travail de décomposition qui, à des températures plus élevées, s'opère sans cesse dans la nature, est interrompu pendant plusieurs mois. Lorsque le printemps ramène un peu de soleil et de chaleur, une crise violente opère en quelques heures la transformation des cours d'eau : la débâcle n'est que le dernier et le plus brusque des phénomènes qui accompagnent le passage de l'hiver à l'été.

L'eau, en se solidifiant par suite de l'abaissement thermométrique, forme d'abord

***

[1] « La glace doit porter sur l'eau, et avoir une épaisseur de 8 centimètres pour l'infanterie passant en file, de 12 centimètres pour la cavalerie et l'artillerie de campagne. » (*Aide-Mémoire des officiers d'artillerie*, 1856, p. 712.)

des morceaux de petites dimensions, qui grossissent graduellement, puis se soudent les uns aux autres, et finissent par constituer une surface solide continue.

L'épaisseur de cette première couche s'accroît dans les deux sens, en dessus par les neiges qui s'y rassemblent, en dessous par l'eau qui continue à se congeler. Cette addition de nouvelles couches porte l'épaisseur moyenne de la glace à environ $0^m,80$ dans la Néva, à Pétersbourg. On distingue facilement dans la tranche la glace transparente qui provient de l'eau du fleuve, de la glace confuse qui résulte de l'agrégation des neiges.

Le lit d'un fleuve devient pendant l'hiver, une sorte de carrière que l'on exploite pour remplir les glacières, accessoire fort utile qui se trouve à peu près dans toutes les maisons en Russie, et pour construire les montagnes de glace, le plus estimé des divertissements nationaux [1]. Les ouvertures pratiquées dans la glace sont aussitôt remplies d'eau à peu près jusqu'au bord : ce sont les fontaines de l'hiver. Des emplacements sont réservés pour puiser de l'eau dans la Néva et dans les canaux à Pétersbourg. La Néva offre, au mois de janvier, un tableau bien différent de celui qu'elle présente l'été. C'est une vaste surface blanche encaissée entre deux rives ; quelques rampes en charpente la mettent en communication avec les quais. Des maisons de police, des hippodromes, des campements de Samoïèdes, des rues jalonnées d'arbres et éclairées au gaz, occupent l'emplacement où, trois mois auparavant, on voyait une belle eau bleue rapidement emportée vers le golfe et sillonnée par des embarcations.

Les dégels, qui sont assez fréquents à Pétersbourg par les vents d'ouest, suffisent pour faire disparaître la neige des rues de la ville ; mais, sauf exceptions très-rares, ils sont sans action sur la glace de la Néva : elle ne cède qu'à la longue, après le dégel définitif du printemps.

La débâcle est, sur tous les fleuves, postérieure de quelques jours à la fonte des neiges. Pour la Néva, le retard peut être d'un mois entier. Ce retard tient principalement au travail que la glace doit subir pour que la débâcle puisse s'effectuer. La fonte des neiges au printemps grossit le cours d'eau et fait monter le banc qui flotte à sa surface. Les pluies qui succèdent à la neige le mouillent par-dessus, et bientôt, sous l'influence de la température qui va toujours s'adoucissant, la glace se transforme intérieurement. Pénétrée par l'eau, elle perd sa rigidité pour prendre un état moléculaire analogue à celui que l'on observe dans les glaciers des montagnes. Elle ne fond pas, mais l'équilibre de la masse à la surface d'une eau cou-

---

[1] Depuis quelques années, le patinage, introduit en Russie par les Anglais, est entré, à Pétersbourg au moins, dans les habitudes de la société russe.

rante est modifié et s'approche de plus en plus du point où il sera définitivement rompu.

Lorsque l'eau absorbée a donné un jeu intérieur suffisant aux diverses parties de l'immense morceau qui couvre la rivière, la glace se met en mouvement; elle s'arrête quelquefois après ce premier pas, puis se met en marche de nouveau. Elle commence à se briser sous l'effort de compression exercé latéralement par les rives. Aux coudes et aux étranglements du lit des rivières, les morceaux détachés s'entre-choquent, les plus grands se redressent et forment une embâcle qui arrête momentanément la marche du phénomène.

La débâcle est d'une intensité et d'une durée variables d'une rivière à l'autre, et d'un point à l'autre d'une même rivière. Sur la Néva, à Pétersbourg, elle ne dure que trois heures; sur la Dvina, à Dunabourg, elle dure vingt-quatre heures au moins. Le voisinage de la mer assure en général des débâcles peu fortes. Ainsi, la Dvina, dont les débâcles sont très-violentes à Dunabourg, n'a plus de débâcles pour ainsi dire à Riga. Par une raison semblable, les piles du pont construit pour le chemin de fer prussien à Dirschau sur la Vistule, ne sont défendues que par de simples avant-becs triangulaires, tandis que des brise-glaces sont indispensables sur tous les cours d'eau de l'intérieur du continent.

Une pile placée dans le milieu d'une rivière doit être très-soigneusement protégée contre les glaces et les corps flottants mal défendus qu'elles peuvent entraîner. Des embarcations, des ponts en charpente, des établissements de bains, des bateaux pour la conservation et la vente du poisson[1], cèdent quelquefois à la débâcle, et viennent menacer les constructions établies en aval.

Pour ne pas nous perdre dans des généralités, nous étudierons ici le régime d'un fleuve en particulier, de la Néva.

Ce grand cours d'eau sort du lac Ladoga à Schlüsselbourg, et se jette dans le golfe de Finlande, à 63 kilomètres au-dessous de son origine.

Le lac Ladoga, le plus grand lac de l'Europe, a 205 kilomètres de long sur 140 kilomètres de large. Sa plus grande longueur est dirigée suivant une ligne légèrement inclinée sur les méridiens, et passant par la pointe la plus septentrionale de la Norwége. L'eau qui sort de cet immense bassin d'épuration est très-limpide. Elle contient très-peu de matières étrangères en dissolution : c'est une des meilleures eaux potables, malgré les effets purgatifs qu'elle exerce sur certains tempéraments, et elle convient surtout pour la préparation du thé.

---

[1] *Sadok.*

Le cours de la Néva, de Schlüsselbourg à Pétersbourg, a en plan la forme d'un arc dont la convexité est dirigée vers le sud. A Pétersbourg, la Néva atteint la largeur de 300 sagènes environ, et se partage en deux grands bras, qui se subdivisent chacun. On distingue parmi les bras principaux la grande Néva, la petite Néva, la petite Nefka et la grande Nefka. A part quelques îles qui font partie de la ville, les îles de la Néva sont couvertes d'une magnifique végétation, et forment le séjour d'été d'une grande partie de la population de Pétersbourg [1].

A 27 kilomètres en avant de Pétersbourg, du côté de la mer, se trouve Kronstadt, le port militaire fondé en 1710 pour la protection de la nouvelle capitale. Kronstadt est construit sur un îlot qui se rattache par une série de bas-fonds à la côte sud du golfe de Finlande. La mer a trop peu de profondeur entre Kronstadt et Pétersbourg, pour que les bateaux d'un tonnage au-dessus de la moyenne puissent remonter jusqu'à la Néva.

Pendant l'hiver, tout cet intervalle est envahi par la glace, qui s'étend encore à 30 kilomètres plus loin. On peut alors circuler en traîneau entre les deux villes.

Voici, sur les époques de la prise et de la débâcle de la Néva, les résultats des observations :

Sur une série de 145 observations, faites de 1706 à 1858, la Néva a été gelée, au plus tôt, le 16 novembre (ancien style), en 1805; ce qui correspond au 24 ou au 25 novembre (style nouveau) ;

Au plus tard le 18 décembre (ancien style), en 1846 ;

Et le jour moyen de la prise ressort au 13 novembre (ancien style).

On signale, en 1730, une première prise le 31 octobre, suivie presque immédiatement d'une débâcle, et une seconde prise, celle-ci pour tout l'hiver, le 9 novembre. Ces débâcles d'automne, extrêmement rares sur la Néva, sont, au contraire, assez fréquentes sur les fleuves moins septentrionaux, la Dvina ou le Niémen.

L'époque de la débâcle de la Néva est variable comme celle de la prise. Il résulte d'une série de 147 observations que la débâcle la plus précoce a eu lieu le 6 mars, en 1822, et la plus tardive le 30 avril, en 1810; et que le jour moyen de la débâcle est le 9 avril (ancien style), le 20 ou 21 avril (style nouveau).

La température de l'air ne commence à s'élever notablement qu'après la débâcle, et quand les glaces du lac Ladoga sont passées. Il arrive quelquefois que les glaçons charriés par la rivière font prise de nouveau quelques jours après la débâcle. Jamais cet hiver supplémentaire n'est de longue durée, et dès que les glaces du Ladoga ont

---

[1] V. le plan de Saint-Pétersbourg, planche XXXVII.

gagné le golfe, la température d'été s'établit. La végétation entre aussitôt en activité. En une semaine, les feuilles sont poussées à tous les arbres. L'habitation de Pétersbourg devient malsaine, le choléra s'y déclare, et l'on s'empresse de quitter la ville pour aller chercher un meilleur air aux environs [1].

La production de la glace de fond dans la Néva a été constatée par des expériences faites de 1825 à 1827 par le major de Raucourt, et communiquées le 15 février 1830 à l'Académie des sciences.

Le jaugeage de la Néva a été exécuté avec grand soin vers l'année 1825 par le général Destrem, qui en a consigné les résultats dans le journal du génie civil (1er mai 1830).

[1] Ce retour périodique du choléra doit être en partie attribué aux rigueurs du grand carême, scrupuleusement observé par les orthodoxes, et aux excès de nourriture qui y succèdent sans transition une fois la fête de Pâques arrivée. — La nourriture du paysan, qui n'est pas assez substantielle, le genre de vie et les désordres des classes élevées, donnent à une grande partie de la population russe une tendance lymphatique qui va souvent jusqu'aux scrofules. Les coupures, les petites blessures, s'enveniment et ont de la peine à se fermer.

A propos du choléra, qui est depuis longtemps endémique à Saint-Pétersbourg et en Russie, voici l'instruction rédigée par le service médical de la Grande Société :

« La cholérine est presque toujours l'avant-coureur du choléra : elle consiste dans un dévoiement de matières jaunes, puis blanchâtres, sans fièvre, ni douleur. — *Premiers secours* : prescrire la diète, des vêtements chauds, de la flanelle sur le ventre. Faire prendre au malade du vin rouge pur ou préparé de la manière suivante : faites dissoudre dans une bouteille de vin, suffisamment chauffée, 50 grammes de sucre ; le vin une fois refroidi, versez-y une cuillerée d'essence d'écorce d'orange, et secouez pour opérer le mélange.

« Le choléra suit la cholérine négligée. Il est caractérisé par les symptômes suivants : le visage terreux et amaigri, les yeux hagards et caves, la voix éteinte, la peau ridée et sèche, la langue froide, la soif ardente, la suppression des urines ; dévoiement de matières blanchâtres, alternant avec des vomissements, crampes.

« *Premiers secours :* Appliquer un large sinapisme sur le creux de l'estomac, le promener ensuite sur le dos. Frictionner le corps avec un mélange d'alcool camphré et de teinture de piment :

> *Spirit. camphor. unc. jjj.*
> *Tinct. capsici annui unc. j.*
> *Ol. æther synapis gutt. V.*
> *Pro frictione.*

« Donner toutes les demi-heures des gouttes anticholériques :

> *Rp. Tinct. valerian. nard. dr. jjj.*
> *Tinct. nucis vom.*
> *Landani liq. Sydenh. ãã dr. j.*
> *Ol. cajep. gutt. xx.*
> *10, 15 ou 20 gouttes, dans une cuillerée d'eau, suivant la gravité des cas.*

« Faire prendre de temps en temps de petits morceaux de glace pour diminuer les vomissements et calmer la soif ; donner une tasse de thé de camomille ; couvrir le malade de manière à le faire transpirer. Éviter la trop grande quantité de boissons chaudes et les bains chauds. »

Voici encore la formule de gouttes anticholériques, destinées à couper la *cholérine* :

> *Rp. Aq. menth. pprt . . . . 50 gr.*
> *Tinct. valerian 10*
> *Laudan. Sydenh 4*
> *Tinct. nucis vomic 2*
> *N. — à prendre par heure 30 à 40 gouttes.*

On a mesuré directement avec des flotteurs la vitesse du liquide à la surface, en divers points d'une même section. On a pu comparer les vitesses moyennes déduites de ces mesures d'après les formules usitées en pareil cas, à la vitesse moyenne déterminée par le calcul en fonction de la pente du lit et du rayon moyen de la section mouillée. La concordance des résultats confirme l'exactitude des observations. Les études ont porté sur huit profils, quatre au-dessus du point où la Néva se divise en plusieurs bras, un dans la grande Nefka, un autre dans la petite Néva, et les deux derniers dans la grande Néva au-dessus et au-dessous du point où la petite Néva s'en sépare. Les débits des canaux de Pétersbourg et des rivières qui se jettent dans la Néva entre les profils jaugés, s'obtiennent par différence. Voici le tableau de ces observations; on suppose les eaux à leur niveau le plus bas.

DÉSIGNATION DES PROFILS[1].	LARGEUR.	SECTION MOUILLÉE.	DÉBIT PAR SECONDE.	VITESSE MOYENNE.
	mètres.	mètres carrés.	mètres cubes.	mètres.
N° 1. En amont du confluent de la rivière Noire (Tchornaïa-Retchka), près du monastère de Saint-Alexandre Nevski	417	5,266	3,247	0,994
N° 2. Entre le confluent de la Tchornaïa (rive gauche) et le confluent de la rivière d'Okhta (rive droite)	371	4,034	3,251	0,805
N° 3. Au coude de la Néva, près du couvent de Smolnoï.	592	6,602	3,288	0,498
N° 4. Au-dessus du point où la Néva se partage en plusieurs bras.	336	4,416	3,292	0,745
N° 5. Dans la grande Néva, au-dessous du point où la grande Nefka s'en sépare	612	4,241	2,523	0,594
N° 6. Dans la grande Nefka, immédiatement au-dessous du point où elle se détache de la grande Néva.	268	1,444	722	0,500
N° 7. A l'embouchure de la grande Néva	242	2,878	2,094	0,720
N° 8. A l'embouchure de la petite Néva.	287	776	256	0,329

On trouve en calculant les vitesses moyennes d'après la pente de la surface du cours d'eau :

Au profil n° 2, pour une pente de $0^m,026,7$ par kilomètre, une vitesse de $0^m,814$; la vitesse déduite du jaugeage est de $0^m,805$.

Au profil n° 6, pour une pente de $0^m,020,4$ une vitesse de $0^m,526$; la vitesse déduite du jaugeage est $0^m,500$.

[1] V. planche XXXVII.

Ces vérifications peuvent être considérées comme très-satisfaisantes. Les écarts constatés tiennent à l'incertitude des formules du mouvement des eaux, et à l'imperfection de la théorie.

Entre les profils n⁰ˢ 3 et 4, le jaugeage donne un accroissement de débit de 4 mètres cubes, qui n'est justifié par la présence d'aucun affluent. La somme des débits des profils n° 5 et n° 6 devrait reproduire aussi le débit commun aux profils n° 3 et n° 4. Ces remarques ont conduit le général Destrem à admettre que le débit véritable de la Néva est la moyenne entre le débit du profil n° 3, le débit du profil n° 4 et la somme des débits des profils n° 5 et n° 6, ce qui fait ressortir à 3,275 mètres cubes le débit corrigé. Pour rendre concordants les résultats des jaugeages, on multipliera donc les débits trouvés pour les profils n° 5 et n° 6 par un même nombre, 1,009, pour que leur somme reproduise le débit moyen adopté dans cette région pour la totalité de la rivière. Ce calcul donne :

		m. cubes.
Pour le profil n° 5, dans la grande Néva.	2,546 au lieu de	2,523
— n° 6, dans la grande Nefka.	729 —	722
En tout.	3,275 au lieu de	3,245

Il est facile, d'après ces éléments, de déterminer les débits de la Néva et des cours d'eau qui s'y réunissent ou qui s'en détachent entre les profils étudiés.

	m. cubes.	
Débit au profil n° 1 . . .	3,247	La différence, 4 mètres cubes, est le débit probable de la Tchornaïa–Retchka.
— n° 2 . . .	3,251	
Débit aux profils n° 3 et n° 4 .	3,275	La différence, 24 mètres cubes, est le débit probable de la rivière d'Okhta.

Le cours d'eau se divise au-dessous du profil n° 4 en deux bras, dont l'un, la grande Néva, alimente seule les canaux de Pétersbourg. Le débit corrigé de la grande Néva est 2,546 mètres cubes au-dessus du point où se fait la prise d'eau de la Fontanka. Plus bas, la grande Néva se partage encore en deux bras :

	m. cubes.
Dont l'un a pour débit, profil n° 7.	2,094
L'autre, la petite Néva, profil n° 8.	256
Total.	2,350

Le total retranché de 2,546 donne pour reste 196 mètres cubes, débit probable des canaux de Pétersbourg.

Pour se faire une juste idée du volume d'eau qu'elle entraîne, il est utile de comparer la Néva à un autre fleuve. La comparaison que propose le général Destrem porte sur le Nil, jaugé en 1800 par Girard. En eaux ordinaires, le fleuve d'Égypte a, au-dessus du point où il se divise en deux branches, un débit de 617 mètres cubes. Le débit de la Néva est donc plus que quintuple de celui du Nil. Au Caire, la vitesse du Nil n'excède pas 58 centimètres. Aux environs de Pétersbourg, c'est-à-dire à quelques pas de son embouchure, la Néva atteint en certains points une vitesse de 0^m,91 [1].

Les crues de la Néva sont causées par la variation du niveau de la mer sous l'action du vent. A Pétersbourg, les vents les plus fréquents sont le vent d'ouest et le vent de nord-est : le premier souffle dans la direction du golfe, le second suit la dépression occupée par le lac Ladoga. L'été, ces deux courants d'air, traversant des espaces couverts d'eau, se chargent plus ou moins d'humidité et amènent des nuages et de la pluie. L'hiver, le lac Ladoga est entièrement gelé, mais le golfe n'est solidifié qu'à une soixantaine de verstes de Pétersbourg : le vent d'ouest arrive donc encore chargé de vapeurs et à une température assez élevée pour produire le dégel, tandis que le vent du nord-est n'y parvient qu'à une basse température et à l'état sec. Pétersbourg se trouve ainsi pendant l'hiver dans une situation compa-rable à celle des villes du centre de la Russie, tant que le vent ne vient pas de l'ouest : de là résulte que, suivant la direction prédominante des vents d'un hiver à l'autre, la température y varie du dégel à 25 ou 30° au-dessous de zéro.

Quand la Néva n'est pas encore gelée, le vent d'ouest amoncelle les eaux de la mer à son embouchure, et y produit des crues qui peuvent atteindre jusqu'à 16 pieds d'élévation (4^m,87). Or, à 7 pieds (2^m,13) de hauteur au-dessus de l'étiage, le plan d'eau se trouve à peu près au niveau des quais de Pétersbourg. Une crue de 16 pieds envahit donc toute la ville. Aussi des mesures de police sont prises pour atténuer, autant que possible, les effets d'une inondation générale. Dès que la Néva dépasse un certain niveau, des signaux sont mis à la tour de l'Amirauté, point de concours de trois grandes rues rectilignes [2]; si l'eau continue à monter, on l'indique par des coups de canon répétés à certains intervalles. Lorsque enfin la crue atteint 7 pieds, les habitants des soubassements des maisons sont tenus de

----

[1] D'autres auteurs donnent pour le Nil en basses eaux 782 mètres cubes. Pente du lit, au Caire, 0^m,14 par kilomètre. Hauteur des crues, 6^m,30. On ne peut pas comparer le débit de la Néva en hautes eaux au débit des autres fleuves en crue, parce que les crues de la Néva proviennent principalement du reflux de l'eau du golfe et changent la hauteur du plan d'eau sans altérer le débit.

[2] La perspective *Nefski*, la rue des Pois (*Gorokhovaïa oulitsa*), et la perspective *Voznecenski* ou de l'*Ascension*.

déménager. On ne tolère plus dans les maisons neuves l'établissement de chambres dont le seuil soit au-dessous du niveau de la grande crue de 1824, qui est conservé par des repères dans tous les quartiers.

C'est en général vers l'arrière-saison que les crues de la Néva se produisent. Les vents d'ouest, quand ils règnent à cette époque de l'année, retardent la prise de la glace sur la rivière et jusque sur le Ladoga. En 1824, la Néva n'a gelé que le 6/18 décembre. Presque tous les ans, au mois d'octobre ou au mois de novembre, quelquefois même au mois de septembre, il se produit une crue qui ne dépasse pas 4 à 5 pieds. Pour que la crue totale de 16 pieds se réalise, il faut un concours de circonstances heureusement fort rare. Certaines directions des vents d'ouest agissent à la fois sur les eaux du golfe et sur celles du lac Ladoga : elles appauvrissent la Néva par l'amont en même temps qu'elles la gonflent par l'aval, ce qui réduit l'amplitude de l'effet produit. La direction du vent qui correspond au maximum d'élévation des eaux est une direction bien déterminée qui n'opère pas cette compensation. Les inondations de Pétersbourg, malgré le peu de relief des rives de la Néva, sont en définitive un phénomène dont la probabilité, déjà très-petite, deviendra moindre encore avec le temps, parce que le travail des générations successives exhausse d'une manière sensible le sol de la ville. Les inondations n'ont pas d'ailleurs à Pétersbourg le même caractère que le long de nos grands fleuves où leur intensité croissante de siècle en siècle peut être attribuée aux travaux exécutés sur les versants tributaires du cours d'eau. La Néva a une longueur trop petite, et elle est protégée en amont par un trop vaste bassin régulateur, pour que des effets analogues puissent s'y produire, même si la culture transformait le bassin du lac Ladoga, supposition qui est elle-même peu admissible.

Le niveau de l'eau peut s'élever dans une grande crue avec une vitesse effrayante. En 1824, la Néva a atteint sa plus grande hauteur en neuf heures. La vitesse ascensionnelle de l'eau dans les crues ordinaires est de 2 pieds pour la première heure, de 1 pied pour l'heure suivante, et décroît à mesure que le plan d'eau s'élève.

Les grands fleuves de la Russie sont dans des conditions bien différentes : les crues s'y produisent plutôt au printemps qu'à l'automne, parce que les vents ne jouent pas, comme pour la Néva, un rôle capital dans la production du phénomène. Les crues des grands fleuves ont lieu presque toujours après la débâcle, et durent quelquefois un mois entier. Pendant la crue, le passage d'une rive à l'autre ne peut s'effectuer, en dehors des ponts fixes, sans un certain danger. Les crues opposent aux communications un obstacle d'autant plus grave que les fleuves de la Russie ont en général une rive basse en face d'une rive escarpée, ce qui suffit pour donner une immense largeur aux plaines submersibles.

Les chemins de fer construits de 1857 à 1862 rencontrent plusieurs grands cours d'eau dont ils traversent les champs d'inondation. On trouve sur le réseau de la Grande Société quatre traversées de rivières à peu près semblables. Ce sont les deux traversées de la Kliazma, près de Kovroff et de Gorokhovetz, sur la ligne de Nijni-Novgorod, et celles de la Dvina et du Boug sur la ligne de Varsovie. Lorsqu'il fut question de déterminer le débouché à donner à ces passages, on commença par projeter des ouvertures spéciales pour chaque dépression de la plaine submersible. Près de Kovroff, par exemple, on avait projeté, outre le pont principal qui a 104 sagènes, deux ponts de 20 sagènes chacun pour les lacs Nerkhe et Padbornoe, qui sont en communication avec la Kliazma pendant ses crues. Près de Gorokhovetz, un pont particulier était réservé de même sur une crique de la Kliazma qui forme comme un nouveau bras du fleuve pendant les hautes eaux. On avait projeté à Dunabourg, un pont de 30 sagènes faisant suite au grand pont de la Dvina, et ouvrant la levée du chemin de fer à la hauteur du premier des ponts analogues réservés sous la chaussée qui va de Dunabourg à Kovno. Enfin, au passage du Boug, on laissait dans le remblai une ouverture pour l'écoulement d'un ruisseau du marais d'Orzelek, lequel est couvert par l'eau du Boug quand la rivière est en crue.

Un accident arrivé au point où le chemin de fer de Nijni rencontre une première fois la Kliazma, près de Pokroff, et un accident semblable arrivé au remblai près du pont d'Orzelek, démontrèrent qu'il y avait lieu de se méfier de la prétendue utilité de ces débouchés supplémentaires. S'il était possible de diriger à volonté les eaux d'un fleuve en crue, on partagerait le volume à débiter entre chaque ouverture de manière à n'excéder nulle part la dépense dont chacune est capable. Mais il est rare que ce partage se fasse équitablement par le seul mouvement des liquides, et, en voulant soulager le débit d'un grand pont, on appelle souvent vers l'arche de décharge la presque totalité des eaux du fleuve, qui affouillent et ruinent l'ouvrage. C'est ce qui est arrivé au pont de Pokroff, en un point où pourtant la Kliazma n'est pas encore une très-grande rivière. Le pont principal de 66 sagènes était suivi d'un petit pont de 8 sagènes. La crue de 1860 affouilla tellement le petit pont, qu'on fut obligé de le reconstruire en en doublant le débouché.

Cet exemple, bientôt confirmé par l'accident du remblai d'Orzelek, conduisit à supprimer les travées supplémentaires des passages de Kovroff et de Gorokhovetz, et à substituer au pont prévu pour le marais d'Orzelek, une simple buse à clapet, que l'on ouvre pour le drainage particulier de la dépression occupée par le marais, et que l'on tient fermée lorsque le Boug inonde ses rives. Le remblai n'est plus exposé à être coupé, et il doit seulement être défendu contre le batillage et le courant tangentiel des eaux.

La même solution était indiquée pour le passage de la Dvina, mais là, le système contraire prévalut, et l'administration, après avoir approuvé le pont de 30 sagènes proposé par la Compagnie, prescrivit en outre l'établissement à la suite de cet ouvrage d'un pont provisoire du même débouché qu'on supprimera plus tard si la suppression est reconnue opportune. Le voisinage d'une grande ville, Dunabourg, qui n'est protégée des crues de la Dvina que par une digue, est probablement le motif de cette exception [1].

Dans les terrains, très-peu solides pour la plupart, où la Kliazma et ses affluents ont creusé leur lit, les crues de printemps peuvent exercer de grands ravages. En 1861, le principal accident causé par la crue fut la chute d'une pile du pont en construction sur la Nerll. Le chemin de fer traverse cette rivière un peu au-dessous de la chaussée qui va de Vladimir à Nijni, près du contre-fort sur lequel est établi le monastère de *Bogolioubovo* [2]. Le pont de bateaux de la chaussée, entraîné par la crue, descendit jusqu'aux piles du pont du chemin de fer où il s'arrêta en obstruant le lit de la rivière. Le courant se fraya un passage en affouillant le fond du lit, de manière à déchausser entièrement une pile qui tomba sur le côté sans se disjoindre : on eut la preuve par là de la bonne qualité des maçonneries [3]. Le peu de solidité des terrains en Russie, et la prédominance des sables et des argiles sont un obstacle à la stabilité des ouvrages hydrauliques comme à la fixité des lits.

Voici, pour terminer ces considérations sur le régime des fleuves, quelques cotes de hauteur de crues.

A Dunabourg, la Dvina s'est élevée en 1857 à 4^{sag},131 (8^m,80) au-dessus du zéro de l'échelle de la forteresse, qui est à 5 pieds (1^m,52) au-dessus du niveau des plus basses eaux connues ; ce qui fait une différence de 10^m,32 entre les crues et l'étiage.

Les débâcles se produisent à 3 sagènes 1/2 (7^m,45) environ au-dessus du zéro, c'est-à-dire 8^m,98 au-dessus de l'étiage et 1^m,34 au-dessous des hautes eaux.

Le Niémen à Kovno présente une différence de 3^{sag},27 (6^m,97) de l'étiage aux hautes eaux, et seulement de 1^{sag},32 (2^m,81) de l'étiage aux débâcles les plus

[1] On est en train de fermer ces ouvertures (1866).

[2] Amour de Dieu.

[3] Cette pile, reconstruite, éprouva un second accident. Le feu prit à l'échafaudage qui l'entourait, et l'incendie eut tant de violence qu'une partie des matériaux calcaires qui formaient le revêtement de la maçonnerie furent transformés en chaux vive. La malveillance paraît n'avoir été étrangère ni cet accident ni au premier.

hautes. A Grodno, la hauteur des crues se retrouve à peu près la même, 3^{sag},25 (6^m,93).

A Kovroff, la Kliazma a des crues de 2^{sag},69 (5^m,72) et les débâcles commencent à 2^m,07 au-dessus des basses eaux.

§ 2. — LES BRISE-GLACES.

Le brise-glaces est l'appareil au moyen duquel on protége les piles d'un ouvrage établi dans une rivière sujette aux débâcles. Pour les ponts portés par des palées en charpente, le brise-glaces est réduit tantôt à un faisceau de pieux jointifs battus dans le fond du lit et serrés les uns contre les autres par une frette métallique, tantôt et plus généralement à un faisceau semblable incliné à l'horizon et porté à ses extrémités par des pieux verticaux qui s'enfoncent dans le lit de la rivière. Cette défense peut suffire pour les cours d'eau où les débâcles n'ont pas une grande intensité. Elle est appliquée à certains bras de la Néva, où des ponts en charpente subsistent depuis plusieurs années sans que les petites débâcles qui s'opèrent dans ces parties en dehors du courant principal en aient jamais compromis la stabilité.

Pour les grandes rivières, comme la Vélikaïa[1] ou la Dvina, les débâcles demandent des résistances plus énergiques. Sur la Vélikaïa, on n'a pas même engagé la lutte. L'échafaudage destiné au montage du pont d'Ostroff a été retiré avant la débâcle de 1860, après la pose d'une première voie, et remonté, une fois la débâcle passée, pour la pose de la seconde. Pour que cette division du montage fût possible, il fallait que les deux voies reposassent sur deux tabliers indépendants : l'un d'eux étant en place quand le dégel vint forcer à supprimer momentanément le pont de service, le passage des locomotives ne fut jamais interrompu, ce qui était fort important pour l'approvisionnement en matériaux de la portion de ligne comprise entre Ostroff et Dunabourg.

Le pont d'Ostroff a entre les culées 275 pieds anglais, ou 83^m,820, et il franchit cet intervalle sans appui intermédiaire. A Dunabourg, le pont de la Dvina a trois travées de cette même ouverture ; les deux piles sont dans le système tubulaire, et, comme le travail d'enfoncement a duré plus d'une année, il a fallu protéger par des brise-glaces provisoires en charpente les échafaudages et les appareils

---

[1] Ce mot veut dire *grande*.

destinés à l'enfoncement des tubes. Le même problème s'est présenté à Kovno et Grodno sur le Niémen, et sur les autres grandes rivières que franchit la ligne de Varsovie[1].

Sur ces grands cours d'eau, le brise-glaces, qu'il soit en charpente, en pierre ou en métal, a toujours la forme d'un angle dièdre à peu près droit, dont l'arête inclinée part d'un point situé à quelques centimètres au-dessous du niveau des plus basses débâcles, et s'élève au-dessus du niveau des débâcles les plus hautes. Lorsque les glaçons en mouvement rencontrent le tranchant de ce couteau[2], ils remontent le long de l'arête, et, une fois que l'eau ne les soutient plus, leur poids suffit pour les diviser. Les parties coupées glissent latéralement sur les faces du dièdre et s'engouffrent dans l'arche du pont. Un observateur regardant ce spectacle du haut de la pile, transporte au pont sur lequel il se trouve placé le mouvement de la débâcle, et ne tarde pas à voir la pile s'avancer dans les glaces en traçant un sillon comme le ferait un immense coutre de charrue.

Les efforts exercés dans cette action sont d'une extrême violence; à Dunabourg et à Kovno, les brise-glaces provisoires étaient composés d'un coffrage en charpente traversé d'une multitude de pièces solidement entées sur les pieux battus dans le fond du fleuve ; l'ossature était recouverte d'un bordage en madriers dont les arêtes étaient encore garanties par des feuilles de tôle. La débâcle de 1861 passa sur ces brise-glaces, et leur livra pendant vingt-quatre heures un continuel assaut. L'ossature tint bon, mais le bordage fut emporté. Quoi qu'il en soit, les brise-glaces provisoires remplirent leur destination, en empêchant la débâcle de raser les échafaudages pour la protection desquels ils étaient placés. Cette expérience prouva d'ailleurs que sur les grands fleuves les brise-glaces en charpente ne peuvent être considérés que comme des ouvrages provisoires, et que, pour les conserver, il faudrait chaque année les reconstruire[3].

Les brise-glaces en maçonnerie s'adaptent aux piles en pierre, dont ils prolongent les avant-becs. On sait qu'en France on donnait autrefois aux avant-becs une coupe triangulaire ou ogivale. On a abandonné depuis longtemps ce tracé pour y substituer une coupe circulaire, qui a l'inconvénient de se prêter assez mal à l'écoulement de l'eau, et de produire des remous à axe horizontal capables d'affouiller l'amont de la pile et quelquefois de renverser le pont tout entier. Aussi n'est-il

---

[1] On peut lire à ce sujet dans les *Annales des ponts et chaussées*, année 1864, une excellente note de M. Ernest Cézanne sur les levages qu'il a dirigés en Russie (1864, 2e semestre, n° 857).

[2] On dit mieux en russe *coupe-glaces* que *brise-glaces* (*ledorièz*).

[3] V. Planche XXVIII.

pas étonnant de voir tant de ponts modernes renversés de l'aval à l'amont[1]. Le brise-glaces en maçonnerie, qui s'adapte parfaitement à un avant-bec circulaire, est une forme dispendieuse, mais très-convenable pour prévenir de semblables accidents.

Le projet de pont fixe sur la Néva dressé par Perronnet renferme, ainsi que nous l'avons dit, l'indication de la forme des brise-glaces; deux plans inclinés limitent en amont la pile, et se coupent suivant une droite faisant avec l'horizon un angle de 45°. Dans l'application on a développé cette idée première, en donnant une inclinaison un peu plus forte à l'arête, en terminant les deux plans inclinés par l'intersection de deux plans sensiblement verticaux; enfin, en adoptant l'angle droit pour angle du dièdre qui forme le couteau.

L'appareil à suivre pour la coupe des pierres du brise-glaces consiste à faire sur les faces du dièdre les joints discontinus parallèles à l'arête, et les joints continus perpendiculaires; les faces du joint sont normales au parement. Sur les faces latérales qui sont verticales ou légèrement inclinées, on reprend l'appareil régulier des piles, les joints continus sont horizontaux, et les joints discontinus font des angles droits avec les autres. Des pierres spéciales, d'une coupe difficile, réunissent les faces du dièdre à l'avant-bec cylindrique; elles présentent un angle rentrant à arête courbe. Une autre pierre remarquable se trouve à la pointe du brise-glaces. On substitue aux arêtes vives, qui s'écorneraient, des surfaces cylindriques tangentes, de quelques centimètres de rayon[2].

Lorsque le pont est biais, l'avant-bec se trace en plan suivant deux arcs de cercles tangents entre eux et tangents aux faces parallèles de la pile, le brise-glaces se place toujours dans l'axe de la pile, et est traité de la même manière que si le pont était droit; mais l'intersection de ses plans avec l'avant-bec donne des courbes plus compliquées, et entraîne des tailles très-bizarres pour les pierres du raccordement.

Le cordon qui fait ordinairement le tour de la pile au-dessous des naissances, doit rentrer graduellement, et toute saillie doit disparaître au point où commence la courbure de l'avant-bec à l'amont; cette précaution n'est nécessaire que si le cordon est exposé au choc des glaces, car, à une hauteur assez grande, on pourrait le laisser subsister sans inconvénient. Il suffit que la glace ne puisse rencontrer aucune arête qui fasse obstacle à son passage.

Dans certains ponts en pierre on a adopté un appareil défectueux, qui consiste

---

[1] Voir une note du 24 octobre 1856 de M. Minard, inspecteur général des ponts et chaussées. Nous ajouterons que, lorsqu'on vient de poser en rivière les premiers tubes d'une fondation à air comprimé, un affouillement se produit en amont, et la colonne s'incline sensiblement de ce côté.

[2] V. pl. XXXV.

à tracer horizontalement les joints continus sur les faces du dièdre formant couteau. Pour que la maçonnerie n'ait rien à redouter du frottement des glaçons qui prennent à rebours toutes les pointes aiguës des pierres ainsi placées, il est nécessaire de garnir l'arête et les faces du dièdre d'armatures en fer, pièces d'un entretien difficile, et qui exercent une fâcheuse influence sur la durée des constructions en pierre.

Les grands ponts métalliques de la ligne de Varsovie qui reposent sur des piles tubulaires devaient être munis de brise-glaces : dans l'absence de toute observation, de tout essai concluant, on a étudié longtemps le système qu'il convenait d'adopter pour ces appareils.

On a d'abord songé à des brise-glaces en charpente ; mais il était facile de prévoir, ce que l'expérience ne tarda pas à démontrer, que les brise-glaces en charpente ne peuvent être considérés comme des ouvrages définitifs, si ce n'est pour les petits cours d'eau.

Le projet qu'on étudia ensuite consistait à entourer d'une pile en maçonnerie les deux tubes constituant la pile métallique ; l'emploi du système tubulaire n'aurait été qu'un moyen de parvenir plus vite à mettre le pont en place, et de donner du temps pour établir autour la maçonnerie protectrice et le brise-glaces, comme on établit en dernier lieu la risberme destinée à protéger le pied d'un ouvrage à la mer.

L'inconvénient de ce projet était la dépense à laquelle il donnait lieu ; l'emploi de la maçonnerie était regrettable surtout dans un pays où les matériaux d'échantillon, les seuls qu'on puisse admettre pour les brise-glaces, sont extrêmement rares et d'un prix très-élevé. Notons cependant que le système suivi par le gouvernement russe pour le pont de la Vistule à Varsovie rappelle le projet de la combinaison des brise-glaces en maçonnerie avec les fondations tubulaires. Les fondations à air comprimé ont été adoptées à Varsovie, mais les tubes s'arrêtent au niveau de l'étiage de la rivière et soutiennent une plate-forme sur laquelle s'élève une pile entièrement en maçonnerie.

Il n'aurait pas été plus coûteux de conserver les tubes dans toute la hauteur de la pile ; on y aurait gagné du moins la faculté de poser plus tôt le tablier métallique du pont.

Le troisième projet étudié pour les brise-glaces était un projet de brise-glaces en tôle, dessinant de même un dièdre droit, dont l'extrémité s'appuyait sur un tube enfoncé dans le sol et coupé un peu au-dessous de l'étiage. Les dispositions générales de ce projet ont été conservées dans le projet définitif mis à exécution, mais on renonça à la tôle, parce que les glaces en mouvement ont la propriété de la couper. On cite en effet des bateaux en fer qui ont été ainsi entamés par le frottement des glaçons; on avait d'abord songé à la tôle, parce qu'elle subit sans se rompre les chocs auxquels la fonte résiste mal; mais le défaut de résistance aux chocs disparaît dans la fonte lorsqu'on augmente suffisamment les épaisseurs, et le poids même qui résulte de ce surcroît de dimensions est une garantie de plus pour la stabilité d'une construction exposée à de grands efforts de renversement. On s'arrêta donc au projet de brise-glaces en fonte, et l'administration publique y donna son approbation.

Le type dont nous donnons ici le dessin[1] a été dressé pour le pont de Niémen à Grodno. Les débâcles ne sont pas très-énergiques en ce point, parce que le fleuve n'a pas encore acquis tout son volume. Aussi l'arête du dièdre est inclinée à 45 degrés, elle repose sur un seul tube en amont des tubes de la pile. A Kovno et Dunabourg, l'arête a sur l'horizon une inclinaison de 2 de base sur 1 de hauteur dans toute la partie exposée aux débâcles, et se prolonge en avant sous une plus forte inclinaison; le brise-glaces a plus de longueur, et il est porté en amont de la pile par deux tubes au lieu d'un.

Les tubes du brise-glaces sont réunis au tube d'amont de la pile par deux poutres latérales, et par une poutre intermédiaire sur laquelle des jambes de force soutenant à l'arête reportent les pressions qui s'y exercent par-dessus. Les faces sont nourries intérieurement de nervures très-massives; elles sont de plus entretoisées par des pièces en fonte dont la coupe présente la forme d'une croix, et par des boulons en fer, enfilés sur des manchons de fonte dans la région en dehors des eaux ordinaires. Ces pièces s'opposent au rapprochement comme à la disjonction des panneaux boulonnés qui constituent l'appareil. Les fontes du brise-glaces sont enfin rattachées par une série de boulons aux panneaux en fonte du cylindre d'amont de la pile.

A partir du tube qui soutient le bout du brise-glaces jusqu'au tube d'amont de la pile, deux files de pieux jointifs, arasés au niveau de l'étiage, dessinent de chaque côté les tangentes communes extérieures à ces deux cercles. On forme ainsi un coffrage que l'on remplit d'enrochements. Sans cette précaution, il serait possible que la masse d'eau qui remplit cet intervalle exerçât sur le brise-glaces en se congelant une pression de bas en haut capable de le soulever ou au moins de fatiguer les assemblages. Les enrochements donnent à cette masse une densité qui ne permet plus à ces sous-pressions de se produire.

Ce système est appliqué en grand à cinq ponts des lignes de la Grande Société; et l'expérience n'y a encore révélé aucun défaut[2].

[1] V. pl. XXXVI.
[2] V. la note VI.

IV

LE CLIMAT.

---

§ 1ᵉʳ. — CLIMAT ASTRONOMIQUE.

Les anciens, qui n'avaient que de vagues notions sur le nord de l'Europe, se figuraient ces régions comme ensevelies dans une nuit perpétuelle[1] : opinion inexacte que partagent encore bien des modernes. Si l'on se borne à considérer la durée du jour astronomique, c'est-à-dire le temps qui s'écoule entre le lever et le coucher du soleil, la somme annuelle des temps pendant lesquels cet astre est au-dessus d'un horizon quelconque est la même pour toutes les latitudes, et, à cet égard, il n'y a sur la terre aucune région privilégiée[2]. Si, au contraire, on mesure le jour par la durée du temps pendant lequel les rayons solaires nous parviennent

[1] Homère, qui place, il est vrai, les Cimmériens vers le couchant, en fait un peuple que le soleil ne peut atteindre de ses rayons :

$$\text{Ἔνθα δὲ Κιμμερίων ἀνδρῶν δῆμός τε πόλις τε}$$
$$\text{Ἠέρι καὶ νεφέλῃ κεκαλυμμένοι, οὐδέ ποτ' αὐτοὺς}$$
$$\text{Ἠέλιος φαέθων ἐπιδέρκεται ἀκτίνεσσιν.}$$

(Od. XI, 14 et suiv.)

Eschyle a la même opinion des Scythes. Onomacrite, dans son poëme des *Argonautes*, composé 500 ans environ avant Jésus-Christ, représente les Cimmériens comme une nation condamnée à d'éternelles ténèbres. L'un des premiers voyageurs de l'antiquité qui parvint dans les hautes latitudes, Pithéas, alla jusqu'en Islande à l'époque d'Alexandre. On n'ajouta point foi à ses récits. (Bailli, *Astronomie ancienne*, l. VII, p. 185 et 255.) .

[2] On fait abstraction ici de l'inégale durée des saisons.

même lorsque le soleil est descendu sous l'horizon, il faut ajouter au jour astronomique la durée du crépuscule et de l'aurore, lesquels sont de plus en plus longs à mesure qu'on s'avance vers le pôle, parce que le soleil coupe l'horizon sous un angle de plus en plus aigu. Le résultat de cette addition est tout en faveur des régions boréales où les anciens plaçaient l'empire de la nuit.

Sous la latitude de Saint-Pétersbourg, il n'y a rigoureusement plus de nuit depuis le commencement du mois de mai jusqu'à la fin du mois de juillet. L'éclairage des rues, comme l'allumage des phares du golfe de Finlande, cesse le $\frac{1}{15}$ mai pour ne reprendre que le $\frac{1}{15}$ août. Pendant cette période de trois mois, les étoiles ne se montrent plus; chaque soir, Saint-Pétersbourg reçoit les rayons du soleil couché, dont on voit encore à minuit la lueur rouge colorer l'horizon dans la direction du nord. Ce jour continu est un des plus grands charmes de l'été dans les pays voisins du cercle polaire : la douce lumière d'un long crépuscule n'y produit pas l'impression monotone et fatigante du soleil perpétuellement levé qui, plus au nord, éclaire pendant des mois entiers les régions de la zone glaciale.

C'est seulement à partir de 57° de latitude que le phénomène d'une nuit sans ténèbres se manifeste avec une suffisante intensité.

Pendant l'hiver, le soleil, constamment couché pour la calotte polaire, monte à peine de quelques degrés au-dessus de l'horizon pour les hautes latitudes de la zone tempérée.

Il est facile d'évaluer pour un point quelconque pris sur la carte la hauteur du soleil à midi en diverses saisons de l'année. Aux équinoxes, elle est égale à la distance sphérique du point donné au pôle, ou au complément de la latitude; aux solstices, elle est égale à la distance du point au cercle polaire, mesuré le long du méridien jusqu'à la première rencontre de ce cercle, pour le solstice d'hiver, et jusqu'à la rencontre au delà du pôle, pour le solstice d'été. Prenons 23° 28' pour la mesure de l'inclinaison de l'équateur sur l'écliptique, il résultera de la règle que nous venons de poser que, pour un point situé sous 60° de latitude, le soleil montera au maximum au-dessus de l'horizon

Au solstice d'hiver, de . . . . 6°32'
Au solstice d'été, de . . . . 53°28'

A la première époque, le soleil restera au-dessus de l'horizon 5 heures 30 minutes; à la seconde, 18 heures 30 minutes : c'est entre ces deux limites que varie à Saint-Pétersbourg la durée du jour astronomique.

Le crépuscule augmente en hiver la durée du jour de trois quarts d'heure à peu près le matin et d'autant le soir, ce qui fait sept heures pendant lesquelles Saint-Pétersbourg, au moment le plus défavorable, est encore éclairé naturellement. C'est seulement une heure de moins qu'à Paris, pour une différence de latitude de plus de 11 degrés[1]. La neige qui, en cette saison, occupe toute la surface du sol, augmente à la fois la durée et l'intensité du crépuscule. Enfin, les rayons de la lune, frappant, sur ce tapis d'une blancheur éclatante, enlèvent encore chaque mois une certaine part à l'obscurité des nuits.

Telles sont les conditions de l'éclairement naturel de cette grande ville qu'on est étonné de voir sur la sphère terrestre à la hauteur des Shetlands et de la pointe du Groëndland.

Par son immense étendue, l'Empire russe offre entre les climats astronomiques de ses diverses parties de frappants contrastes. Le cercle polaire passe un peu au nord du Tornea, au fond du golfe de Bothnie : en été, le soleil reste un jour entier au-dessus de l'horizon de ce point; en hiver, il reste un jour entier au-dessous. A Tiflis, sur le versant méridional du Caucase, la différence entre les durées du jour le plus long et du jour le plus court excède à peine six heures.

§ 2. — CLIMAT THERMOMÉTRIQUE.

La température moyenne de l'air, en un lieu déterminé du globe, dépend non-seulement de la latitude, mais encore d'une foule de circonstances, telles que la hauteur au-dessus du niveau de la mer, l'exposition, la direction des vents régnants, la proximité des grandes masses d'eau, la couleur du sol et la nature des cultures. Pour la Russie, ces conditions sont notablement différentes en été et en hiver.

Dans les latitudes élevées de l'Empire, le sol se recouvre en hiver d'une couche blanche qui persiste pendant plusieurs mois, et qui détruit à la fois l'influence de la couleur du sol et de la nature des cultures; les lacs se gèlent en entier; sur les côtes, la mer est gelée en certains points jusqu'à plusieurs verstes du rivage. Toutes ces diverses influences qui, pendant l'été, sont différentes d'un point à l'autre, sont donc remplacées en hiver par une influence unique, la même à peu près pour toutes les régions septentrionales.

L'exposition et l'altitude influent au contraire, l'hiver et l'été, sur la tempéra-

[1] V. la note VII.

ture ; toutefois l'exposition du midi ne donne que peu de chaleur pendant l'hiver, parce que le soleil est trop bas sur l'horizon

La proximité de la mer Baltique influe sur les températures de ses rivages, surtout à cause de la fréquence des vents d'ouest, les plus ordinaires de cette côte. Les rivages de la Courlande ne gèlent jamais ; aussi le climat des ports tels que Libau est-il plus tempéré que ne semblerait l'indiquer la latitude. La côte du golfe de Bothnie se ressent davantage de sa position septentrionale ; mais l'écart entre les températures moyennes de l'hiver et de l'été y est moindre qu'à Pétersbourg : il est moindre à Pétersbourg qu'à Moscou, et moindre encore à Moscou qu'à Kazan ; l'écart augmente toujours à mesure qu'on entre plus avant dans l'intérieur des terres. Enfin, sur la côte sud de la Crimée, à 45° de latitude, près d'une mer qui ne gèle qu'exceptionnellement, les températures moyennes d'été et d'hiver s'élèvent, mais l'écart entre elles est le même qu'à Abo, bien qu'on ait franchi 16° de latitude.

Le climat thermométrique d'un point du globe est défini complétement par cinq températures : la moyenne pour l'année, la moyenne d'hiver, la moyenne d'été, enfin les deux températures extrêmes. Aux températures moyennes correspondent divers lieux géométriques sur la surface du globe : la moyenne pour l'année détermine l'*isotherme ;* la moyenne d'hiver, l'*isochimène*, et la moyenne d'été, l'*isothère* du point considéré.

Pour la Russie, les isothères sont des lignes qui suivent sensiblement les parallèles ; les isochimènes sont inclinées du nord au sud en obliquant un peu à l'est, et coupent les isothères sous un angle peu différent de l'angle droit. Les isothermes enfin ont une direction moyenne entre les deux autres lignes, et font avec les parallèles de latitude un angle d'environ 45°.

L'isotherme 0°, qui en Amérique passe à la pointe E. du Labrador sous la latitude 50°, est rejeté jusqu'au nord de la Norwége à 70° de latitude, par les courants qui viennent des Antilles. Il redescend ensuite à Tornéa, traverse la Laponie et la mer Blanche, en appuyant un peu vers le sud, passe à Archangel (latitude 64°31'), et nous le retrouvons en Sibérie à la latitude de 53°.

L'isotherme de 5°, qui passe à l'île Terre-Neuve et à Stockholm, entre en Russie au sud de Pétersbourg, et coupe le Volga près de Simbirsk ; en Sibérie, il descend jusqu'à la latitude de 48°.

L'isotherme de 10°, celui de Londres, de la Hollande et de la Saxe, traverse la Russie un peu au nord de la Crimée, et atteint en Asie le 42ᵐᵉ degré de latitude.

L'isochimène de Pétersbourg passe à Astrakhan (latitude 46°21') ; l'isochimène de Libau (latitude 56°31′) passe sur la côte sud de la Crimée (latitude 44°37′).

Au contraire, l'isothère de Pétersbourg suit à peu près le 60ᵐᵉ degré de latitude; il passe à Abo, et on le retrouve à Irkoutsk, en Sibérie, sous la latitude 52°17′.

Le tableau suivant réunit quelques renseignements sur les températures observées en divers points de l'Empire russe.

LATITUDE NORD.	ALTITUDE AU-DESSUS DU NIVEAU DE LA MER.	NOM DES POINTS.	TEMPÉRATURE					MOYENNE		ÉCART	
			LA PLUS BASSE OBSERVÉE.	MOYENNE			LA PLUS HAUTE OBSERVÉE.	DES TEMPÉRATURES MOYENNES D'ÉTÉ ET D'HIVER.	DES TEMPÉRATURES EXTRÊMES.	DES MOYENNES D'ÉTÉ ET D'HIVER.	DES TEMPÉRATURES EXTRÊMES.
				POUR L'HIVER.	POUR L'ANNÉE.	POUR L'ÉTÉ.					
				DEGRÉS DU THERMOMÈTRE CENTIGRADE.							
60°27′	Très-petite.	Abo. . . . (Finlande.)	»	— 5°80	+ 4°60	+16°10	»	+ 5°15	»	21°90	»
59°36′	Id.	Pétersbourg	—34°00	— 8°70	+ 2°80	+15°96	+33°	+ 3°63	— 0°50	24°66	67°00
55°45′	Env. 120ᵐ	Moscou . .	—38°08	—10°22	+ 3°80	+17°55	+32°	+ 3°66	— 3°40	27°77	70°80
55°47′	Env. 60ᵐ	Kazan. . . (sur le Volga.)	»	—13°66	+ 2°20	+17°35	»	+ 2°34	»	31°10	»
52°17′	»	Irkoutsk . . (Sibérie)	»	—17°88	»	+16°00	»	— 0°94	»	55°88	»
44°37′	Très-petite.	Sébastopol. (Crimée.)	»	— 1°60	+11°70	+22°40	»	+10°40	»	20°80	»

Ce tableau est incomplet, puisqu'il ne donne que pour deux points, Pétersbourg et Moscou, les plus basses et les plus hautes des températures observées. Il suffit, malgré ces lacunes, à montrer la grandeur des écarts totaux des températures en un même point; ils atteignent à Moscou près de 71°. Il est intéressant de comparer aussi les températures extrêmes de ces deux points à la température la plus haute et à la température la plus basse qu'on ait jamais observées dans l'air ; les 38°,8 négatifs de Moscou sont à près de 18° au-dessus du froid constaté dans l'expédition du capitaine Ross aux mers polaires (Back, — 56°,7), et les + 33° de chaleur à Pétersbourg sont de 14° au-dessous de la plus haute température, 47°,4, signalée par Burckhardt à Esné, dans la Haute-Égypte, au point le plus chaud, dit-on, de la surface du globe.

Le tableau fait voir aussi que l'écart entre les moyennes d'été et d'hiver est d'autant plus grand, que le point où on le considère est plus avant dans le continent : à Sébastopol, nous trouvons 21°, à peu près comme à Abo; à Pétersbourg, 25°; à Moscou, 28°; à Kazan, 31°; et enfin près de 34° en Sibérie.

La température moyenne pour l'année varie d'un degré à peine pour les trois points, Pétersbourg, Moscou et Kazan; elle est un peu plus élevée pour Abo, et beaucoup plus élevée pour Sébastopol. Le tableau ne la donne pas pour Irkoutsk; mais, si l'on compare les températures moyennes annuelles à la demi-somme des températures moyennes d'été et d'hiver pour les cinq points pour lesquels les renseignements ne font pas défaut, on voit qu'elles n'en diffèrent nulle part de plus d'un degré: il est donc probable que la température moyenne d'Irkoutsk est très-voisine de 0°. L'exposition septentrionale de la Sibérie, la proximité des plus hautes montagnes du globe, et l'éloignement de la mer, compensent l'effet d'une plus basse latitude. Car l'isotherme de 0°, qui passe, comme nous l'avons dit, au nord de la Norwége sous la latitude de 70°, passerait aussi à Irkoutsk, dont la latitude n'est que de 52°.

§ 3. — INFLUENCE DU CLIMAT SUR LES CONSTRUCTIONS

ET SUR L'EXPLOITATION DES CHEMINS DE FER.

Même abstraction faite de la neige, les grands froids que nous venons de signaler sont un grave obstacle à la régularité de l'exploitation, et exercent une influence également fâcheuse sur le personnel et sur le matériel. Le métier de mécanicien, rude sous des climats plus doux, est en Russie extrêmement pénible. Ce n'est que parmi les hommes du pays qu'on trouve à recruter ce genre de personnel. Les voyageurs dans les wagons sont sans doute mieux protégés contre le froid que le mécanicien sur sa plate-forme: et pourtant on n'est pas encore parvenu à trouver un moyen tout à fait satisfaisant d'assurer aux wagons, pendant les grands froids, une température convenable. Les poêles qu'on y installe ne corrigent un inconvénient qu'en en créant un autre. Le courant d'air produit par la marche du train ne permet guère d'y entretenir une combustion modérée: la chaleur produite devient rapidement étouffante, et lorsque les voyageurs ouvrent les fenêtres pour retrouver un peu d'air frais à respirer, c'est un air glacé qui pénètre alors subitement dans leurs poitrines; un changement si brusque de température cause souvent des accidents d'une extrême gravité. L'action du grand froid sur le matériel n'est pas moins pernicieuse; le fer des essieux et des bandages devient cassant, les huiles se gèlent, le travail de la machine est très-pénible; enfin l'adhérence de la roue sur le rail diminue; des précautions toutes spéciales doivent être prises pour donner de l'eau à la chaudière; sur la machine les pompes sont exposées à geler; dans les stations les réservoirs pour l'alimentation doivent être soigneusement défendus contre le froid extérieur, et toujours chauffés.

La gelée, par ces très-grands froids, pénètre le sol à une grande profondeur au-dessous de laquelle les fondations doivent être descendues, pour que les ouvrages n'aient pas à subir pendant le dégel les mouvements du sous-sol. De Saint-Pétersbourg à Dunabourg, sur la ligne de Varsovie, et de Moscou à Nijni-Novgorod, la règle imposée à la Grande Société pour ses ouvrages d'art a été de donner aux fondations une profondeur de 1 sagène $(2^m,13)$. Cette énorme profondeur est une garantie de durée pour les constructions; elle est cependant exagérée, ainsi que l'ont fait voir certaines expériences. La profondeur normale des fondations doit varier d'ailleurs avec la perméabilité plus ou moins grande des terrains, et elle pourrait être réduite de beaucoup, sans aucun inconvénient, dans les fondations où l'eau ne peut séjourner, car dans ces conditions la glace n'est pas à craindre. De Dunabourg à Vilna, et sur l'embranchement de la frontière de Prusse, la profondeur des fondations a été réduite, eu égard à l'adoucissement du climat, à 2/3 de sagène $(1^m,42)$, et cette limite est encore trop élevée, au moins pour la portion de chemin de fer qui aboutit à la frontière; car les ouvrages de la ligne prussienne qui y fait suite, sous le même climat et dans les mêmes terrains, sont fondés seulement à 2 pieds du Rhin $(0^m,63)$ de profondeur.

Nous avons donné ailleurs[1] les limites que l'on adopte pour la résistance du fer dans les constructions métalliques des climats septentrionaux, et nous passerons immédiatement des fondations aux toitures, où l'influence du climat, du vent et de la neige se traduit encore par un surcroît de dimensions.

On croit généralement en France que plus on va vers le Nord, plus on trouve de fortes inclinaisons dans les toits des édifices. Cette coïncidence se révèle en effet à un observateur qui visite successivement l'Italie, la France et la Belgique, et, sans chercher à la vérifier plus loin, on en a déduit une règle générale qu'on a pu croire applicable à tous les climats du globe. Quatremère de Quincy

---

[1] *Annales des ponts et chaussées*, 1864. Théorie des poutres à treillis.

et Rondelet ont exprimé, chacun par une formule différente, l'inclinaison des toits en fonction de la latitude. Ces formules ne sont pas parfaitement exactes dans les climats tempérés, et elles deviennent entièrement fausses pour les climats plus septentrionaux, pour la Russie, par exemple, où l'on retrouve des inclinaisons de toits aussi douces que celles que l'on constate dans le midi de l'Europe.

L'inclinaison des toits est en effet déterminée en chaque pays d'après une foule d'éléments qu'il est impossible de faire entrer dans une formule. L'usage qu'on veut faire du toit et la qualité des matériaux qu'on y emploie influent sur l'inclinaison au moins autant que la latitude. Dans l'Orient, les toits inclinés sont remplacés par des terrasses où l'on va prendre le frais pendant la nuit. L'usage des terrasses se trouve à Tiflis et dans certaines villes tartares, dont la latitude est cependant bien différente de celles du Caire ou d'Assouan. A Saint-Pétersbourg, une nécessité d'un autre genre amène sur les toits les ouvriers chargés de déblayer à la pelle les couches de neige qui s'y accumulent plusieurs fois chaque hiver. Comme il faudrait une inclinaison trop roide pour provoquer le glissement naturel des neiges, on préfère donner au toit une faible inclinaison, qui permet d'effectuer le déblai sans exposer la vie des hommes. De plus, les toitures sont généralement recouvertes de feuilles de tôle posées sur voliges, à la place des ardoises ou des tuiles de nos pays. La couverture métallique, beaucoup plus étanche, permet d'adopter des inclinaisons plus faibles.

La règle de Rondelet[1] consistait à donner à un toit, situé dans la zone tempérée boréale, une inclinaison sur l'horizon égale à l'excès de la latitude du toit sur celle du tropique du Cancer, 23° 28′.

Si cette règle était universellement suivie, tous les toits orientés vers le midi, le long d'un même méridien, seraient parallèles à l'horizon du tropique au point où ce méridien le rencontre. L'inclinaison pour Saint-Pétersbourg serait 36°33′, qui correspond au talus de 3 de hauteur pour 4 de base, tandis que certains toits de Pétersbourg n'ont qu'une inclinaison de 1 de hauteur pour 4 de base, ou le tiers seulement de ce que donne la formule Rondelet.

La faible inclinaison des toits augmente les pressions et les tensions des pièces de charpentes, et ces pièces doivent recevoir des dimensions d'autant plus fortes qu'elles sont d'ailleurs appelées à supporter de plus lourdes charges.

Voici le résumé des poids d'épreuve admis pour le calcul de l'établissement des combles des palais impériaux à Pétersbourg.

---

[1] Rondelet ajoute quelques degrés pour les toits en tuiles et pour les toits en ardoises.

La charpente doit supporter :

	POUDS par sagène carrée.	KILOGRAMMES par mètre carré.
1° Le poids des pannes, des voliges et de la tôle.	4	14,40
2°. Une couche de neige d'un quart de sagène (0^m,53) de hauteur, pesant	12	43,20
5° La pression exercée par un coup de vent à la vitesse de 17 à 20 mètres par seconde, équivalant à une pression verticale de	14	50,90
Total.	30	108,50

En retranchant du total le poids 14^k,40 qui fait partie du poids propre de la toiture, on trouve une surcharge accidentelle de 94^k,10 par mètre carré. Le poids admis pour une couche de neige de 0^m,53 de hauteur paraît un peu insuffisant. La surcharge accidentelle n'en surpasse pas moins de moitié celle qu'on adopte généralement en France pour les calculs du même genre. Par contre, le poids de 14^k,40, pour la couverture, est plus petit que les poids des tuiles et des ardoises.

La Grande Société avait commandé à une usine anglaise une toiture pour le prolongement qu'elle avait construit en arrière du bâtiment principal de la gare de Pétersbourg, et qui était destiné à faciliter les manœuvres de gare et à remiser une certaine quantité de matériel. La toiture était formée de vingt-cinq fermes, espacées de 2 sagènes (4^m,26) et présentant chacune une ouverture totale de 20 sagènes (42^m,66), avec une flèche de 2^{sag},80 (5^m,96).

La pente du comble est ainsi mesurée par le nombre 0,28, légèrement supérieur à 1/4. Chaque ferme, y compris les entretoises, les pannes et la couverture, pèse 12 tonnes, ce qui fait pour les 25 fermes un poids total de 300,000 kilogrammes.

Le projet avait été rédigé conformément aux usages des constructions anglaises, c'est-à-dire en prévoyant des surcharges accidentelles très petites. Quand les fermes furent exécutées, on appliqua au calcul de vérification de leur résistance la surcharge de 94 kilogrammes par mètre carré adoptée pour Pétersbourg. Ce calcul fit voir que les tirants supportaient, par millimètre carré, une tension un peu supérieure à 12 kilogrammes, et que la compression atteignait 9 kilogrammes en certains points de l'arbalétrier. Peut-être en d'autres pays eût-on admis sans difficulté ces hautes limites. Mais, sous le climat de Pétersboug, on craignit pour la durée de la toiture, et on chercha un remède à l'insuffisance des dimensions sous la condition de ne rien changer à l'arbalétrier. La solution imaginée n'exigea que le remplacement de quelques pièces secondaires. Des colonnes en fonte, placées sous les milieux des arbalétriers de trois en trois fermes, portent à leur partie supérieure une série de petites poutres métalliques à treillis qui soutiennent les milieux des arbalétriers intermédiaires. L'espace à couvrir était situé au fond de la gare proprement dite, qui a une largeur de 10 sagènes, comprenant deux trottoirs et trois voies. Les colonnes ajoutées se trouvent donc dans le prolongement des deux façades intérieures qui dans la gare regardent les voies, et cette addition, qui réduit à peu près au quart les efforts subis par la charpente, a .pu s'opérer sans nuire ni au bon effet de la construction ni à la commodité du service.

§ 4. — LA NEIGE.

La neige est d'une immense ressource pour les pays du Nord. Elle facilite les transports, loin de les arrêter ; elle donne naissance à un mode de locomotion, le traînage, plus doux que ceux dont on peut se servir en été. Le traîneau est un moyen de transport à la fois rapide et économique, dont on se sert universellement dans les villes et dans les campagnes. C'est le véhicule préféré des Russes.

La neige donne pendant l'hiver aux rues des villes une viabilité que leur état d'entretien ne leur assure à aucune autre époque. Le grand dégel du printemps, au contraire, rend un peu plus tard la circulation extrêmement pénible. A Pétersbourg, les rues principales ont un pavé de bois formé de prismes hexagonaux posés debout sur un plancher en madriers jointifs. Quand ce pavé est neuf, il offre aux voitures une surface très-roulante, mais il se mâche vite sous les pieds des chevaux, surtout pendant les temps humides ; il est entièrement ruiné par l'hiver, et il faut le renouveler chaque année. Les pavés de bois et les caniveaux garnis de cailloux qui complètent la largeur de la rue sont d'ailleurs recouverts au printemps d'une couche épaisse de glace que l'hiver y a formée, et qui doit être piochée comme un champ en friche pour que la surface de la chaussée soit mise à nu. Qu'on juge des épreuves subies par les voitures pendant la saison où s'opèrent ces changements d'état.

La fin de l'hiver amène de même de graves difficultés sur les routes et les chemins dans la campagne. En cette saison les voyages ont parfois une longueur désespérante ; le mode de transport à adopter, traîneau ou voiture sur roues, varie d'un point à l'autre de la route ; il en faut changer à tous moments, et on change souvent mal à propos. Les chemins de fer du moins n'exposent pas à ce genre d'indécision, et sont encore l'instrument qui convient le mieux aux nécessités diverses des saisons dans tous les climats.

Sur les chaussées de nos pays, nous ne connaissons guère que les ornières longitudinales, creusées par les roues dans l'épaisseur de l'empierrement. La circulation des traîneaux sur les chaussées empierrées de la Russie, y forme des ornières transversales, appelées *oukhab*, beaucoup plus étendues que nos ornières longitudinales : ce sont comme des vagues égales et également espacées, qui se succèdent quelquefois sur une très-grande longueur de route. Chaque traîneau, descendant dans le creux de la vague, en racle le fond, et en apporte les matériaux sur le sommet suivant ; la dépression se creuse ainsi de plus en plus, tandis que les sommets sont surhaussés à chaque passage de traîneau. La dénivellation augmente de plus en plus à mesure que l'hiver s'avance, et finit par transformer la route en une surface ondulée, très-fatigante pour les voyageurs.

Il tombe à Saint-Pétersbourg de telles masses de neige chaque hiver, qu'on est obligé de l'enlever des rues, où on la retrousse chaque jour en tas qui atteignent bientôt une hauteur de 1 sagène. On la porte sur la Néva et en divers autres lieux de dépôts. Sur certains points, sur les ponts, par exemple, on doit quelquefois répandre de la neige et compléter la couche qui y est naturellement tombée, pour faciliter le traînage.

Si la neige est utile sur les routes, elle ne l'est jamais sur les chemins de fer. La voie devant être toujours maintenue libre, il faut disposer d'un personnel assez nombreux pour déblayer rapidement la neige dès qu'elle est tombée sur le sol. L'emploi du wagon chasse-neige ne réussit que pour des épaisseurs de $0^m,80$ au plus. pour les épaisseurs plus grandes, il y a un véritable déblai à effectuer.

L'abondance des neiges a conduit à adopter en Russie certaines règles pour le tracé et la construction des lignes. On doit éviter les passages du remblai au déblai, parce que c'est en ces points que les neiges tendent le plus à s'accumuler. On supprime les banquettes, qu'il est d'usage de laisser ailleurs dans les talus des tranchées, et qui fixent des quantités de neige nuisibles à l'équilibre des talus. On estime que les remblais sont moins exposés aux encombrements que les tranchées, bien que l'observation démente quelquefois ce principe. Une précaution utile consiste à proscrire dans les ouvrages d'art toute saillie de médiocre hauteur sur le plan de la voie.

Ce n'est pas lorsqu'elle tombe à la façon de la pluie que la neige occasionne les plus grands accidents. Lorsque le vent la chasse horizontalement et la soulève dans les plaines où elle s'était d'abord déposée, phénomène connu sous le nom de chasse-neige, des quantités énormes peuvent être amenées en un même point d'une voie, et la circulation des trains s'y trouve forcément interrompue. Les petites tranchées que rencontre la neige en mouvement sont immédiatement comblées. La topographie du pays exerce d'ailleurs sur les chasse-neige une grande influence : en certains points privilégiés, le chasse-neige ne se produit jamais, quelque vent qu'il souffle.

On ne connaît encore qu'un moyen efficace de combattre l'effet des chasse-neige : c'est de protéger la voie, du côté des vents régnants, par des plantations suffisamment serrées.

L'invasion des sables non fixés présente de l'analogie avec les chasse-neige. Ici l'emploi des végétaux est encore le seul moyen de donner de la fixité au sol mobile. Près de Dunabourg, le chemin de fer coupe des dunes de sable qui menacent de tout envahir. On les fixe en y semant une herbe, la *spargoule des champs* (*spergula arvensis*), qui, sous la protection de quelques branches d'arbre, croît en une dizaine de jours.

Les plantations d'arbres et de haies vives au bord des chemins de fer opposeront aux chasse-neige un écran d'une efficacité certaine. C'est malheureusement un remède lent contre un mal qui exerce ses ravages chaque hiver, et qui ne cessera, jusqu'à l'entière croissance de ces massifs protecteurs, de troubler la régularité des trains. Cependant on aurait tort de croire que la neige exerce sur l'exploitation des chemins de fer russes une perturbation proportionnée à l'abondance avec laquelle elle tombe. L'expérience de plusieurs années montre que ses inconvénients sont renfermés dans une limite très-restreinte. On pensait primitivement qu'elle empêcherait la circulation des lignes pendant des mois entiers ; à peine l'a-t-elle arrêtée un ou deux jours par an, ce qui arrive aussi de loin en loin dans les contrées même méridionales [1].

L'expérience des chemins de fer ne modifiera donc pas l'impression générale produite par la neige sur les habitants des pays du Nord, impression bien différente de celle que nous éprouvons lorsqu'elle envahit pour quelques jours nos contrées plus tempérées. Elle est pour nous un obstacle de plus à surmonter ; le Russe voit au contraire en elle un auxiliaire qui vient lui faciliter la vie et contribuer à ses plaisirs. Chez nous la neige n'est jamais qu'un étranger ; pour le Russe, elle est un hôte qui sans doute a ses exigences et ses caprices, mais dont le retour annuel est désiré avec ardeur et salué par de joyeuses fêtes.

[1] Les dépenses extraordinaires pour l'enlèvement des neiges montaient en 1860 à 7 ou 8 pour 100 dans les dépenses totales de l'exploitation, qui n'était alors établie qu'entre Pétersbourg et Dunabourg, région exposée plus que toute autre aux chasse-neige. L'extension du réseau et les plantations latérales ont dû vraisemblablement réduire cette proportion.—Sur les moyens de prévenir les amoncellements de neige, V. *Annales des ponts et chaussées*, 1865, 2ᵉ semestre, nº 105, note de M. Nordling.

V

GÉOLOGIE. — MATÉRIAUX DE CONSTRUCTION.

---

§ 1ᵉʳ. — GÉOLOGIE.

La géologie de la Russie d'Europe a été étudiée, il y a vingt ans, par sir Roderick Murchison et par M. Édouard de Verneuil. Ce grand travail a conduit à la rédaction d'une carte géologique et d'un ouvrage qui comprend, en anglais, la description des terrains, et, en français, l'étude de la paléontologie[1]. Des recherches de détail plus récentes ont confirmé les vues générales des premiers observateurs.

Une circonstance frappe tout d'abord dans la carte[2] : c'est que de grandes surfaces sont occupées par une même teinte, c'est-à-dire par une même formation. L'étendue d'un même terrain rend l'aspect de la Russie uniforme sur de très-grandes longueurs, et contribue à la pauvreté du pays. Il y a une grande différence entre cette uniformité et l'aspect varié de la Belgique, de l'Angleterre, de la France, où tous les étages géologiques se présentent à la surface du sol dans un rayon relativement petit, chacun avec les productions qui lui sont particulières. Cette variété de constitution géologique permet à la France, à la Belgique, à l'Angleterre de faire vivre une population très-serrée dans un petit espace, riche par le nombre autant que par la quantité de

---

[1] *The Geology of Russia in Europe and the Ural Mountain*, London, 1845.
[2] V. pl. XXXIX.

ses produits : première condition de l'indépendance politique d'un peuple [1]. En Russie, la population est forcément clair-semée sur un sol quelquefois riche pour une certaine production, et toujours pauvre pour les autres ; la satisfaction des besoins journaliers exige des échanges à grande distance entre les diverses parties de l'empire. C'est cette nécessité qui a imposé au gouvernement russe une politique de conquête. A une époque où les échanges de peuple à peuple étaient à chaque instant interrompus, le devoir d'un gouvernement national était d'augmenter les ressources du pays, et pour cela de reculer ses frontières.

Malgré la grande extension qu'il a reçue depuis deux siècles, l'empire russe est encore assez pauvre au point de vue géologique, et d'un autre côté cette extension même, qui n'est plus aujourd'hui aussi bien justifiée qu'autrefois, crée de graves difficultés pour l'administration du pays.

La Russie d'Europe est un vaste plateau de plus de 5 millions de kilomètres carrés [2], appuyé par quatre côtés sur des massifs montagneux, au nord-ouest la Finlande, au sud-ouest les Carpathes, au sud le Caucase, à l'est l'Oural.

Les montagnes de la Finlande sont peu élevées ; la contrée est parsemée de lacs qui en rendent une grande partie inhabitable, et ce qui reste, quand on retranche cette surface en eau, est très-pauvre. Le sol a été remué par des éruptions qui ont métamorphosé une grande partie des terrains de dépôt, et les ont rendus impropres à la culture. La Finlande, stérile par sa constitution géologique comme par son climat, se range pour ces raisons au niveau des derniers gouvernements de la Russie dans l'ordre des populations spécifiques. A ses traits sévères on reconnaît l'asile préparé aux peuples qui, déplacés par quelque invasion, cherchent dans les régions les plus rudes et les plus pauvres une protection pour leur indépendance. L'histoire des anciens Finnois rappelle en effet, à certains égards, l'histoire des Celtes de l'Armorique, du pays de Galles et de la haute Écosse.

Les monts Carpathes sont en Galicie l'arête centrale de l'Europe ; la chaîne court de l'ouest à l'est ; les sommets atteignent, dans l'empire d'Autriche, des hauteurs qui

---

[1] Il y a quelques exceptions à ce principe. La Hollande est la plus remarquable de toutes.

<pre>
                        milles géogr. carrés.
[2]   Surface de la Russie d'Europe. . 90,117
        Royaume de Pologne.   2,320
        Grand-duché de Finlande. . . .   6,844
                Total. . . . . . 99,281 ou 5,465,460 kilom. carrés.
        Si l'on en déduit la surface du grand-duché
            de Finlande occupé par des montagnes :   376,765
</pre>

Il reste pour le plateau russe et polonais : 5,088,695 kilom. carrés.
Pologne, de *Pole*, champ, plaine.

dépassent 3,000 mètres. Ces montagnes pénètrent en Russie par quelques ramifications qui, sans être fort élevées, suffisent pour donner du mouvement aux formes du terrain. Ce sont ces dernières ramifications qui font faire au Dniepr et au Don des coudes à peu près parallèles. Les roches granitiques qui forment les cataractes du Dniepr, près d'Alexandrovsk, appartiennent à cette chaîne[1].

Le Caucase est la plus haute chaîne de l'empire russe, et renferme les cimes les plus élevées de toutes le montagnes de l'Europe. C'est un soulèvement très-étroit, qui se rattache en Asie à la chaîne du Taurus, et qui se prolonge dans la côte sud de la Crimée, jusqu'à la pointe de Kamiesch. D'Anapa sur la mer Noire, à Bakou sur la mer Caspienne, le Caucase a 1,200 kilomètres de longueur. L'épaisseur de la chaîne ne dépasse pas 100 kilomètres. Dans cette étroite bande, que les possessions des Russes enveloppent des deux côtés depuis le commencement de ce siècle, habitent des populations musulmanes, dont l'empire russe croit périodiquement avoir achevé la conquête, mais qui ont jusqu'à présent réussi, au bout de quelques années, à secouer le joug et à recommencer la lutte.

La défense d'une chaîne plus escarpée que les parties les plus montagneuses de la Suisse est facile pour les peuplades qui l'habitent ; et, si la concorde pouvait régner entre les diverses tribus, toujours jalouses les unes des autres, la conquête du Caucase serait impossible à réaliser. La politique de l'empire n'a pas de peine à semer dans la montagne des discordes qui facilitent les opérations militaires. En attendant, la possession plus ou moins fictive du Caucase est pour les Russes l'occasion d'une guerre perpétuelle[2].

Les sommets les plus élevés de la chaîne sont l'Elbrouz, 5,630 mètres, et le Kasbeck, 5,000 mètres environ ; cette dernière montagne domine le défilé qui suit la route de Tiflis.

Le Caucase nous a offert une chaîne abrupte, c'est-à-dire un soulèvement récent ; l'Oural, soulèvement ancien, présente plutôt un simple bombement qu'une véritable chaîne de montagnes. En certains points, le faîte en est peu apparent. Du sud au nord l'Oural a une longueur de 2,000 kilomètres ; c'est un noyau éruptif qui a soulevé les terrains de part et d'autre de sa direction. On y trouve les hauteurs de 1,647 mètres

---

[1] Nous avons remarqué ailleurs (chemins de fer de l'Autriche, *Annales des Mines*, 1866), que les cataractes du Danube, aux portes de Fer, appartiennent aussi au prolongement de la chaîne des Carpathes.

[2] Écrit en 1863. — En 1864, 350,000 Tcherkesses ont abandonné leur pays pour se réfugier sur le territoire turc. L'émigration, volontaire ou forcée, est peut-être le véritable moyen de consolider la conquête du Caucase. De même, depuis l'insurrection de 1863, le gouvernement russe déplace les populations polonaises qu'il envoie coloniser les parties les plus reculées de la Russie.

pour le mont Koujakowski, 1,008 pour le Taganaï, 900 pour le Katchkanar, et 894
pour le Jourma : des hauteurs égales se rencontrent dans la chaîne des Vosges, système qu'on peut regarder comme contemporain de l'Oural.

Le faîte de l'Oural sépare les eaux tributaires de la Petchora, de la Dvina septentrionale et du Volga, de celles qui se jettent dans l'Ob. Le fleuve Oural, qui se rend
dans la Caspienne comme le Volga, contourne l'extrémité méridionale de la chaîne.
Certains gouvernements de la Russie européenne, ceux de Perm et d'Orenbourg, em-
piètent sur la Sibérie, et sont à cheval sur les deux versants. L'importance géographique de l'Oural ne doit pas être jugée d'après ces limites administratives ; les Russes le
considèrent comme la *ceinture* de la Russie d'Europe, et lui en donnent le nom [1].

Le plateau qui s'appuie latéralement sur ces quatre massifs présente vers le N.-O.
un bombement qui a reçu le nom de hauteurs Alaounes [2] ; c'est dans cette région
que se trouvent les monts Valdaï, improprement nommés des montagnes. Nous avons
reconnu là le faîte qui sépare le bassin de la Baltique de ceux de la mer Noire et de
la Caspienne. Vers le S.-E., au contraire, le plateau russe s'abaisse et éprouve une
forte dépression dont les points bas sont occupés par la mer Capienne et le lac d'Aral [3].
La mer Caspienne, qui présente une surface de 1,200 kilomètres du sud au nord
sur 300 kilomètres de large, a un niveau de 25 mètres plus bas que le niveau
de la mer Noire ; la profondeur maximum atteint 140 mètres. La pente des bords,
excepté au pied du Caucase et des rivages de la Perse, est extrêmement douce. C'est
probablement une immense masse d'eau emprisonnée par les soulèvements voisins,
et qui s'est réduite peu à peu jusqu'à ce que l'évaporation de la surface fît équilibre
au tribut des fleuves affluents ; cet équilibre n'est peut-être pas encore tout à fait
réalisé. Les steppes et les déserts qui s'étendent à l'est de la Caspienne jusqu'au lac
Aral sont habités par des peuplades barbares ; sur les bords du lac Aral subsiste
encore un royaume tatar, le khanat de Khiva, qui a seulement une population de
500,000 âmes : faible débris d'une puissance en ruines depuis la chute de Kazan et
d'Astrakhan [4].

[1] *Poïass.*
[2] *Alaounskoïe prostrantsvo.*
[3] *Aral,* Orel, Aigle ; ce nom a été donné à des villages, à des villes, à des rivières, à des familles : *Orel,
Orlovka, Orloff, Orli,* etc.
[4] Le khan de Khiva est aujourd'hui tributaire de la Russie. — Depuis 1861, l'empire russe a fait de nouveaux progrès vers l'Orient, et menace l'indépendance de tous les royaumes boukhares. La chute de ces États
arriérés ne doit inspirer aucun regret. La Russie représente à leur égard une civilisation plus avancée, et d'ailleurs la conquête est pour elle le seul moyen de garantir la sûreté de sa frontière. On peut lire à ce sujet la circulaire du gouvernement russe à ses agents diplomatiques, en date du 21 novembre 1864 (publiée dans l'*Année
Géographique* de M. Vivien de Saint-Martin, 1866, p. 210) ; la Russie montre l'analogie de sa situation sur la

Diverses érosions ont creusé dans le plateau russe les vallées des fleuves qui l'arrosent. La plus remarquable de toutes est celle qui a été produite par le diluvium scandinave, et qui a formé les bassins du lac Ladoga et du lac Onéga. Ce diluvium a répandu dans toutes les directions, à partir du cap Nord, des blocs de granit, dont on retrouve des morceaux jusque près de Paris sur les plateaux qui dominent le cours de la Seine. Les blocs erratiques que l'on voit en Russie, plus voisins de leur point de départ, ont, dans le nord surtout, de grandes dimensions. La limite où a cessé le transport de ces blocs a pu être tracée avec précision pour toute l'Europe[1]. En Russie, cette ligne passe à Rechitsa dans le gouvernement de Pinsk (lat. 52°), à Trolevetz, à Glouchoff (gouvernement de Tchernigoff), remonte au nord jusque près de Kalouga (lat. 54°), puis redescend jusqu'à Voronèje (lat. 51° 30′), laissant ainsi en dehors toute une pointe occupée par Orel et Koursk ; de Voronèje, elle se dirige en ligne droite vers l'Oural, qu'elle atteint à la latitude de 62°. Elle éprouve là un brusque changement de direction qui lui fait gagner la mer en face des îles Kalgoueff, sous la latitude de 69°. Le cercle qu'elle dessine, abstraction faite des inflexions purement locales, a pour centre le cap Nord, point autour duquel s'est opéré le rayonnement du diluvium scandinave.

Les archipels de la Baltique ont gardé du diluvium des traces encore saisissantes. Les pointes septentrionales des îles ont conservé le poli que le courant, dirigé en ce point du nord au sud, a donné à leurs surfaces. « L'usure de la surface des rochers exposés au nord, » dit sir Roderick Murchison, « offre un frappant contraste avec l'état naturel de ces rochers. Si nous n'avions pas personnellement visité la Suède, et traversé le golfe de Bothnie, de Stockholm à Abo, nous n'aurions certainement pas pu nous former une idée de la grandeur et de la constance de ce phénomène. Nous avons passé à travers des centaines de petits îlots, dont aucun ne s'élève à plus de 60 ou 100 pieds au-dessus de la Baltique, et nous avons reconnu que, dans tous, le côté du nord présente une surface usée, arrondie, polie et rayée comme sous l'action d'un ragrément formidable, tandis que les faces tournées vers le sud sont restées abruptes et rugueuses[2]. »

---

frontière de l'Asie centrale, avec celle de la France en Algérie, de l'Angleterre dans l'Inde, de la Hollande dans toutes ses colonies, des États-Unis en Amérique. Voir aussi *Revue des Deux Mondes* du 1er juin 1867, *les Russes en Boukharie*, de M. Guillaume Lejean. — Une collision des Russes et des Anglais sur la frontière de l'Inde, événement qui préoccupait si vivement l'opinion il y a une vingtaine d'années, paraît bien peu probable aujourd'hui.

[1] Voir *Carte géologique*, pl. XXXIX.

[2] Voici la citation plus complète:

Powerful abrasion of the north ends of promontories. We now specially allude to the «stoss Seide» or

Nous mentionnerons ici les divers terrains qui se montrent à la surface du plateau limité aux chaînes de montagnes, et en suivant l'ordre de succession, à partir des plus anciens, et en laissant de côté les terrains azoïques, que l'on voit seulement dans les quatre chaînes et dans leurs ramifications, comme dans les rochers du lit du Dniepr à Alexandrovsk, ou comme dans quelques lambeaux granitiques entre le lac Onéga et la mer Blanche.

I. — TERRAINS PALÉOZOIQUES.

1° Le terrain silurien occupe la côte sud du golfe de Finlande, de l'île de Dago à Saint-Pétersbourg ; à ce terrain appartiennent encore les îles d'Aland, à l'entrée du golfe de Bothnie.

2° Le terrain dévonien part de la mer Blanche sous forme d'une bande étroite, qui traverse le lac Onéga, s'élargit en approchant de Saint-Pétersbourg, et acquiert enfin une grande amplitude ; ce terrain occupe la Livonie et la Courlande, une partie du gouvernement de Saint-Pétersbourg, les gouvernements de Pskoff et de Vitebsk, de Mohilef, de Kalouga, et la moitié de ceux d'Orel et de Voronèje. Cette formation constitue la base des monts Valdaï, qui, du côté du nord-ouest, présentent l'escarpement des terrains carbonifères.

3° Deux grandes masses représentent, en Russie, ces derniers terrains. Celle du nord est à son extrémité septentrionale une bande étroite, qui, s'élargissant, englobe la majeure partie du gouvernement de Novgorod, le gouvernement de Tver, une partie de ceux de Smolensk et de Kalouga, enfin ceux de Moscou, de Vladimir et de Rézan ; dans ces trois derniers, le terrain carbonifère est recouvert immédiatement d'îlots jurassiques. La masse méridionale est à fleur du sol dans le bassin du Donetz, affluent du Don. On peut encore mentionner quelques petites bandes carbonifères parallèles à l'Oural.

4° Le terrain permien est extrêmement développé ; on le trouve dans les gou-

worn side of all the rocks exposed to the north, as contrasted with their natural or ice side (*). Without a personal visit to Sweden and without crossing the Gulf of Bothnia from Stockholm to Abo, we could, indeed, have formed no conception of the grandeur and uniformity of the phænomenon. We there threaded our way through hundreds of small isles, none of them rising to more than 60 or 100 feet above the Baltic sea, and found that the north side of every one exposed a face, worn down, rounded, polished and striated, as if by a stupendous macerating weight, whilst every south face was abrupt and rough. (*Geology*, p. 545.)

(*) *Côté sous le vent*, ou plutôt ici, *côté d'aval*, puisqu'il s'agit d'un courant ; *arrière-bec*.

vernements d'Archangel, de Vologda, de Jaroslaf, de Kostroma, de Nijni-Novgorod, de Viatka, dans le gouvernement de Perm d'où il a tiré son nom, dans ceux de Kazan, d'Orenbourg et de Saratoff. Il n'est pas à découvert en tous les points de cette vaste surface. Sous la latitude moyenne de 60° il est recouvert par une île jurassique qui présente une surface de 750 verstes de long sur 250 de largeur moyenne, orientée du sud-ouest au nord-est.

II. — TERRAINS SECONDAIRES.

La série de ces terrains offre en Russie de nombreuses lacunes.

1° Le trias manque entièrement ; à peine en trouve-t-on quelques lambeaux en Crimée.

2° Nous avons déjà montré le terrain jurassique recouvrant en certains points le terrain carbonifère ou le terrain permien. En Russie, le terrain jurassique est loin d'avoir la richesse et la variété de couches que l'on y reconnaît en France et en Angleterre ; il y est réduit aux formations du Coral-Rag et de l'Oxford-Clay. Outre les îles et îlots déjà mentionnés, dont l'un, la montagne des Moineaux, a sur la vieille capitale des tsars une vue si imposante par les souvenirs qu'elle rappelle[1], on trouve encore le terrain jurassique dans une grande bande qui passe de Simbirsk à Kortcheva par Vladimir, dans une autre bande traversant le gouvernement d'Orenbourg, dans un grand triangle formant le pays des Samoïèdes du gouvernement d'Archangel, enfin dans les contre-forts du Caucase et des montagnes de Crimée.

3° Le terrain crétacé n'est pas plus complet que le terrain jurassique. Il ne renferme que les étages des sables verts, de la craie inférieure et de la craie blanche ; on le trouve entre Saratoff, Voronèje, Koursk, Kharkoff et dans les terres des Cosaques du Don ; on le voit aussi dans le versant septentrional du Caucase. Ce sont les deux principales régions crétacées de l'empire. On doit encore signaler cependant, au sud du Caucase, quelques terrains crétacés qui se prolongent dans la côte nord de l'Asie Mineure ; d'autres se rencontrent en Lithuanie, à Janischki, à Grodno, et dans le district de Byalistock ; une surface un peu plus grande est à découvert en Volhynie, une plus grande encore tourne autour de Briansk, dans les gouvernements d'Orel, de Mohilef

---

[1] 14 septembre 1812.

et de Tchernigoff ; enfin, une bande assez étendue part de Simbirsk, et, traversant le fleuve Oural, se prolonge dans les déserts parcourus par les Kirghises.

III. — TERRAINS TERTIAIRES.

1° Le terrain tertiaire inférieur (Éocène) a reçu, en Russie, un développement fort étendu. Il occupe la côte de la Baltique, à Libau ; il constitue presque toute la Pologne, s'étend sur Vilna, Grodno, Minsk, Mohilef, Tchernigoff, Kief et Poltava. On en trouve quelques taches dans les gouvernements de Voronèje, de Saratoff, de Tamboff, de Penza, et dans les terres des Cosaques du Don ; la presqu'île de Crimée en offre enfin une bande étroite parallèle à la côte méridionale.

2° Le terrain tertiaire moyen (Miocène) occupe le gouvernement de Kherson, la Volhynie et la Podolie, et s'étend au delà des frontières russes dans les Principautés-Danubiennes. Il forme, dans la mer d'Azoff, l'île de Taganrog : on le voit encore dans la Crimée et sur le versant sud du Caucase, enfin, dans le plateau déprimé qui sépare le lac Aral de la Caspienne.

3° Les dépôts anciens de terrain tertiaire supérieur (Pliocène) forment les *hautes steppes* de Novotcherkask, au nord du Caucase, et dessinent une bande qui, partant d'Ekaterinodar, aboutit sur la Caspienne à Bakou. On les retrouve en Crimée dans la presqu'île de Kertch, et sur la mer Noire à Odessa.

Les dépôts modernes occupent une bien plus grande étendue ; ils forment les steppes du midi de la Russie, dont la surface excède 900,000 kilomètres carrés. On les retrouve aussi près de Simbirsk, dans le pays des Kirghises, dans les basses steppes de la Caspienne, et à Pérékop, en Crimée.

Si l'on résume cette nomenclature, on voit que les formations apparentes les plus étendues de la Russie sont les suivantes :

Le terrain dévonien, le terrain carbonifère et le terrain permien, parmi les terrains paléozoïques ;

L'un des étages jurassiques, et le terrain crétacé, parmi les terrains secondaires ;

Le terrain tertiaire inférieur et les dépôts modernes des steppes, parmi les terrains tertiaires.

Le reste manque ou est faiblement représenté. Dans ce qui existe en grand, la pauvreté se manifeste encore : ainsi le terrain tertiaire inférieur, si varié dans le bassin de Paris, n'est représenté en Pologne que par des sables.

Deux coupes géologiques éclairciront la description qui précède.

De Pétersbourg à l'Oural, par Moscou, Nijni-Novgorod et Perm, on trouve :

A Pétersbourg même, le terrain silurien ;

Un peu plus loin, l'escarpement du terrain dévonien, au sommet duquel on rencontre le terrain carbonifère, puis, sans transition, le terrain jurassique. A Tver, la vallée du Volga met à nu le terrain carbonifère, qui se retrouve encore à Moscou, dominé par des coteaux jurassiques. Ces alternances se répètent au delà de Moscou jusqu'à Vladimir, dont les falaises jurassiques dominent la plaine carbonifère qui s'étend à perte de vue vers le sud. A Kovroff on tombe dans le terrain Permien, que l'on ne quitte plus jusqu'à l'Oural.

De Pétersbourg à Varsovie, on passe d'abord du terrain silurien au terrain dévonien, que l'on conserve jusqu'à Dunabourg. Là on entre sans transition dans le terrain crétacé jusqu'à Byalistock, et, au delà, dans le terrain tertiaire inférieur du royaume de Pologne.

La première de ces lignes a plus de 2,000 kilomètres, la seconde plus de 1000. On voit sur quelles longueurs elles restent dans une même formation. Des lignes bien plus courtes, dans l'occident de l'Europe, mettraient en évidence toutes les variétés des couches géologiques.

§ 2. — LES MATÉRIAUX DE CONSTRUCTION.

Les renseignements que nous pouvons donner sur ce sujet sont nécessairement incomplets, car la nomenclature détaillée de tous les matériaux employés sur les 1,700 kilomètres de lignes construites, et l'indication de tous les prix, variables d'un point à l'autre, et variables d'une année à l'autre sur un même point, constitueraient un grand ouvrage. Nous nous bornerons donc à produire de simples aperçus qui suffiront pour montrer que les ressources de la Russie en fait de matériaux de construction sont faibles, et que les prix des matériaux sont élevés. Pour les évaluations des prix en monnaie française, nous avons adopté pour valeur du rouble le taux moyen de 3 fr. 60.

Les carrières de la Finlande fournissent à Pétersbourg d'énormes blocs, que l'on retrouve dans les monuments de la ville. Sans parler des revêtements granitiques des quais et des grandes dalles des trottoirs, on remarque parmi ces beaux blocs de pierre, le rocher de 680 tonnes, sur lequel la statue de Pierre le Grand, par Falconnet, a été posée sous le règne de l'impératrice Catherine II; la colonne de 25^m,60 de hauteur, élevée par Alexandre Ier, en mémoire du rétablissement de la paix en 1815, enfin les colonnes, toutes monolithes, qui soutiennent les quatre frontons et qui entourent extérieurement la base du dôme de Saint-Isaac.

Ces morceaux de choix reviennent à des prix inconnus, nécessairement fort élevés; en général, l'emploi du granit dans les constructions courantes est trop dispendieux pour que la proximité des carrières de Finlande offre des ressources réelles aux habitants de Pétersbourg. Les maisons particulières et les établissements de la couronne sont donc construits en briques, et la surface en est recouverte d'un stuc qui reçoit toutes les moulures que l'architecte veut lui donner, et qui les perd tout aussitôt, sous l'action des intempéries.

Les blocs erratiques du diluvium scandinave sont utilisés pour divers usages. Le granit que l'on trouve dans ces blocs est difficile à tailler, mais il est de belle qualité, et ne subit pas d'altération à l'air. On l'emploie surtout pour les parements exposés aux eaux. Rompu en morceaux de 5 à 6 centimètres, il sert à l'empierrement des chaussées, auxquelles il donne sa couleur sombre; il sert aussi à la fabrication du béton. Le moellon obtenu en coupant les blocs est revenu, sur la ligne de Varsovie, à un prix variable suivant les localités, de 6 fr. 68 à 14 fr. 84 le mètre cube; le prix s'accroît à mesure qu'on s'éloigne de Pétersbourg; sur la ligne de Nijni-Novgorod, il a atteint 16 fr. 70. Le prix du mètre cube de granit cassé pour béton ou pour empierrement a été de 10 francs environ à Dunabourg, et de 15 francs environ à la frontière de Prusse.

Pour les maçonneries de grand appareil, le granit a atteint des prix très-élevés, sur la ligne de Varsovie : 92 francs, 111 francs, et jusqu'à 241 francs le mètre cube. Ce dernier prix se rapporte à Varsovie.

On trouve aux environs de Varsovie une pierre siliceuse, le grès vachok, qui a servi pour les maçonneries de grand appareil, et qui est revenu à 127 fr. 25 le mètre cube. Près de Moscou, on a aussi trouvé des pierres siliceuses, qui, employées en plaques de faible épaisseur, reviennent à 8 fr. 90.

Il serait impossible d'énumérer toutes les carrières qui ont été exploitées pour la construction des ouvrages des lignes, et dont un grand nombre ont été découvertes par les recherches spéciales des agents de la Grande Société. Quelques-unes seulement méritent d'être signalées. La carrière de Poutiloff fournit à Pétersbourg les pierres employées pour construire les socles sur lesquels s'élèvent les murs en briques des maisons ; la pierre est susceptible de recevoir une jolie taille. Elle se présente dans la carrière sous forme de veines d'une faible épaisseur. Les veines rouges et jaunes ont $0^m,155$ de hauteur ; la veine grise n'a que $0^m,145$. Le prix du mètre cube est revenu, à Pétersbourg, à 122 francs. A Ostroff et sur les bords de la Vélikaïa, on trouve un moellon très-résistant, qui s'emploie souvent pour remplir un parement dans un encadrement granitique. Il a été affecté à cet usage dans les culées du pont sur la Dvina, à Dunabourg. Nous pouvons enfin noter les carrières de Kovroff, sur la ligne de Moscou à Nijni-Novgorod, ouvertes par le chemin de fer dans le massif où il s'engage à la sortie du pont de la Kliazma.

Les calcaires produisant la chaux hydraulique font complétement défaut de Moscou à Nijni-Novgorod. On en trouve à Varsovie, mais à un prix très-élevé. La chaux grasse de Pskoff, a été distribuée au nord et au sud, le long de la ligne de Pétersbourg à Dunabourg. Cuite en pierre, elle revient à 37 fr. 10 le mètre cube ; éteinte en pâte, à 24 fr. 49 ; éteinte en poudre, à 30 fr. 40. La chaux hydraulique de Brody a coûté, à Varsovie, 64 fr. 90 à l'état de chaux vive, et 55 fr. 65 à l'état de chaux éteinte en poudre. A la frontière de Prusse, la chaux grasse, prise à l'état de chaux vive, est revenue à 48 francs le mètre cube ; sur la ligne de Moscou à Nijni, le prix a varié de 26 francs à 33 fr. 40.

Les briques que l'on trouve en Russie ne sont pas d'une qualité bien remarquable. Le grand obstacle à la fabrication des briques est dans la proportion du calcaire contenu dans les argiles ; la fabrication n'en est d'ailleurs pas aussi soignée en Russie que dans le nord de l'Allemagne, où l'on trouve de superbes maçonneries de briques qui conservent des arêtes vives comme la pierre de taille, sans exiger aucun enduit extérieur. Les briques russes sont plus volumineuses que les briques prussiennes ; elles ont pour dimensions minimum 6 verchoks de long, 3 de large et $1\,^1/_3$ d'épaisseur, ou $0^m,267$, $0^m,133$ et $0^m,067$. Le prix de briques s'est considérablement élevé depuis que les travaux publics se sont développés dans l'empire russe. Les briques de première qualité, de 3,450 à la sagène cubique, ou de 355 au mètre cube, ce qui donne à la brique un volume à peu près double de celui des briques françaises, sont revenues en moyenne à 65 francs le mille (38 fr. 46 le mille de briques de 600 au mètre cube) ; à la frontière de Prusse, le prix s'est élevé à 93 fr. 60 le mille (55 fr. 36). Les briques de seconde qualité employées pour les remplissages sont revenues dans les mêmes circonstances à 57 et 86 francs par mille.

Nous ne pouvons mieux compléter ces indications sommaires, qu'en citant quelques prix de maçonnerie :

Le mètre cube.

Maçonnerie brute avec pierre de Poutiloff. 24ᶠ,97
    —   avec mortier de ciment, entre Dunabourg et Vilna. de 39ᶠ,33 à 41ᶠ,18
Béton avec pierre granitique. . . . . de 46ᶠ,75 à 50ᶠ,46
    —   calcaire, en Pologne. . . . . de 29ᶠ,68 à 33ᶠ,02
    —   —   ligne de Nijni. . . . . de 18ᶠ,55 à 19ᶠ,29
Maçonnerie de briques (prix extrêmes) . . . . de 34ᶠ,50 à 62ᶠ,23
    —   de pierre de taille (prix le plus élevé) 165ᶠ,24

§ 3. — LES COMBUSTIBLES MINÉRAUX.

Le terrain houiller occupe en Russie, comme on l'a vu plus haut, une grande surface à découvert. L'exploitation des houillères n'a été encore entreprise avec tant soit peu d'activité que dans le bassin du Donetz, point sur lequel elle ne peut cependant prétendre à beaucoup de prospérité, puisqu'il est encore isolé au centre de l'empire, dans une contrée peu peuplée, et sans moyens de transports. Ailleurs, à Moscou, par exemple, le terrain carbonifère n'a présenté jusqu'ici que des houilles incomplètes, impropres aux usages industriels.

Aussi fait-on peu usage de la houille. A Pétersbourg, les usines qui en consomment a tirent d'Angleterre. Les navires anglais qui vont en Russie chercher des matières très-encombrantes, telles que les céréales, le suif, les peaux, les fers, n'ont pas ordinairement de cargaisons aussi volumineuses à l'aller qu'au retour. Ils emploient pour est le charbon anglais, qu'ils vendent aux Russes à assez bas prix. Si la consommation de houille augmentait, c'est-à-dire si l'industrie faisait des progrès, cet apport serait insuffisant, et l'élévation du prix du charbon forcerait les consommateurs à chercher d'autres lieux d'approvisionnements.

En Pologne, c'est aussi de l'étranger, de la Silésie, qu'on fait venir la houille.

Le chemin de fer projeté de Moscou à Théodosie passait à environ 200 verstes du bassin houiller du Donetz. Deux solutions pouvaient être adoptées à l'égard de ce bassin : aller en chercher les produits en construisant un embranchement de 200 verstes de longueur, ou essayer de retrouver dans la profondeur, plus près du tracé de la ligne principale, les couches de charbon qui sur les bords du Donetz paraissent à fleur de terre. Des sondages furent entrepris dès la fin de 1859, pour discuter en connaissance de cause les éléments de la comparaison entre ces deux projets [1].

---

[1] Le gouvernement paraît maintenant avoir décidé en principe la construction d'un embranchement aboutissant aux houillères du Donetz.

On commença les sondages en trois points : l'un, à Péréchtchépino, dans le gouvernement d'Ekaterinoslaf, sur la rive gauche de la rivière Orel, à 150 verstes de Kharkoff, et à 15 verstes du tracé de la ligne de Théodosie ; le second, à Nicolaevka, sur la Béristovaïa, gouvernement de Poltava, à 20 verstes au nord du premier ; le troisième, enfin, à Petrovka, à 20 verstes plus haut sur la même rivière.

Le retrait de la concession de la ligne du Sud vint interrompre ces recherches lorsque le succès devenait probable ; le forage a été, en effet, poussé assez profondément à Péréchtchépino pour rencontrer, sinon la houille, du moins le terrain carbonifère.

Les instruments employés pour le forage ont été ceux de MM. Degousée et Ch. Laurent. On voulait atteindre les profondeurs de 300 mètres. Sur cette hauteur, pensait-on, on pourrait réserver une notable partie du trou de sonde sans le revêtir de tubes ; cet espoir fit adopter un diamètre de $0^m,30$ pour la large colonne. Mais la masse de sable traversée exigeait impérieusement un soutien, et on ne tarda pas à reconnaître la nécessité de tuber le trou de sonde à peu près dans toute son étendue. Du diamètre de $0^m,30$, les tubes employés passent bientôt au diamètre $0^m,26$, puis au diamètre $0^m,24$, enfin au diamètre de $0^m,17$, qui est le dernier employé, et qui aurait peut-être été insuffisant si l'on avait continué l'opération beaucoup plus loin.

mètres.

A Péréchtchépino, le sondage a été interrompu à la profondeur de 259,45
A Nicolaevka. 71,50
Et à Pétrovka 132,49

Les avancements moyens par jour effectif de travail sont :

millimètres.

A Péréchtchépino 591
A Nicolaevka. 720
A Pétrovka. 440

Un accident interrompit le sondage de Nicolaevka, et força de le transporter à Lébiajé, village voisin sur la rivière Béristovaïa ; le travail fut mené, pour ce nouveau trou de sonde, beaucoup plus rapidement que pour les trois premiers ; car l'avancement moyen s'élève à $1^m,160$ par jour de travail. La profondeur atteinte à Lébiajé est $94^m,50$.

L'accident de Nicolaevka se rattache à la principale difficulté rencontrée dans cette entreprise. La sonde a eu à percer une couche de 20 à 30 mètres de puissance, composée d'un sable blanc gris siliceux ; le forage de cette couche a duré quatre mois à Péréchtchépino, et neuf mois à Pétrovka, où elle se rencontre à une plus grande profondeur. La surface supérieure est recouverte d'un lit de concrétions identiques à la Samarode du Koursk (coprolithes); au-dessous est un lit de galets noirs. Cette couche de sable donne en abondance une eau beaucoup plus pure que celle des rivière de ces localités. A Nicolaevka, l'eau fournie par la couche jaillissait avec tant de force, que la colonne fut brisée, et qu'il fallut abandonner le travail. A Lébiajé, on a retrouvé la même couche par 80 mètres de profondeur, mais on ne l'a pas traversée de part en part, l'ordre de suspendre les travaux étant venu alors interrompre les travaux de forage. Cette couche de sable appartient vraisemblablement à l'étage des grès verts, dans le terrain crétacé. La sonde avait pénétré dans le terrain jurassique, caractérisé par les fossiles de l'Oxford-Clay.

Jusqu'au niveau inférieur des couches jurassiques, la stratification des couches traversées par le sondage est horizontale. Les couches que l'on rencontre ensuite ont, au contraire, une inclinaison sur l'horizon qui varie de 24° à 45°. Le sondage de Péréchtchépino, le seul qui ait pénétré dans ce nouveau terrain, a été arrêté à une roche dure que l'on n'a entamée que de 3 centimètres, et dont on n'a pu, par conséquent, reconnaître entièrement la nature. Mais diverses considérations prouvent que la sonde était là entrée dans le terrain houiller. Qu'on se reporte à la description sommaire que nous avons donnée de la géologie de la Russie; on y verra le terrain houiller recouvert immédiatement, en beaucoup de points, par le terrain jurassique. Au Donetz, les premières couches du terrain carbonifère sont des grès schisteux, où se rencontrent des lits de fossiles végétaux en stratification discordante avec les dépôts jurassiques supérieurs. C'est au-dessous de ces grès qu'on trouve la houille. L'analogie des couches traversées à Péréchtchépino avec les grès schisteux du Donetz, la discordance constatée des stratifications, la disparition complète des fossiles jurassiques dont l'abondance, quelques mètres plus haut, était si caractéristique, enfin la présence des empreintes végétales, montrent que le sondage a effectivement entamé le terrain carbonifère, et font présumer que la houille eût été rencontrée si l'on avait pu pousser le travail à la profondeur qu'on s'était proposé d'atteindre.

Les recherches ont donc été interrompues au moment où l'on touchait probablement à un résultat pour un des trous de sonde, celui de Péréchtchépino, et où toutes les difficultés étaient surmontées pour un autre, celui de Pétrovka. Ainsi tronquées, elles ne présentent plus qu'un intérêt géologique, en mettant en évidence la distribution des terrains dans la profondeur, et en indiquant avec certitude les prolongements de coupes géologiques déterminées d'après l'observation de la surface du sol.

Les résultats géologiques de ce travail ont été confirmés par une autorité très-compétente, M. le général Helmersen, du corps impérial des mines de Russie. Nous citerons ici la lettre écrite par le général à l'ingénieur chargé des travaux de Péréchtchépino, en réponse à la communication, faite à l'Institut des mines, à Saint-Pétersbourg, d'échantillons retirés des trous de sonde.

« Saint-Pétersbourg, 16/28 décembre 1861.

« Monsieur, j'ai examiné les échantillons de roches et de fossiles fournis par le sondage que vous avez exécuté dans le gouvernement d'Ekaterinoslaf, près du village de Péréchtchépino, et j'en ai pu conclure, presque sans doute, qu'à la profondeur de 193ᵐ,43 au-dessous de la surface du sol, le sondage a touché le terrain carbonifère, et que la sonde s'est enfoncée de 46 mètres environ dans les couches de ce terrain.

« Le but du sondage serait donc atteint.

« Voici le résultat de l'examen des échantillons :

« 1° Les couches de terre noire, d'argile et de sable perforées jusqu'à la profondeur de 12ᵐ,71 appartiennent au terrain tertiaire.

« 2° En partant de cette profondeur, jusqu'à celle de 126ᵐ,60, toutes les assises paraissent faire partie du terrain crétacé. Cette conclusion est fondée sur deux données :

« *a* Sur la présence de la craie-tuffeau blanche ;

« *b* Sur la présence d'un grès à ciment composé de phosphate de chaux.

« Ce grès, comme on le sait, ne se trouve en Russie que dans l'étage inférieur du terrain crétacé. Il est connu sous le nom de *Samarode* ou *Rogatsch*.

« 3° La présence des couches jurassiques dans le sondage de Péréchtchépino est parfaitement constatée par les échantillons de *Gryphæa dilatata*, espèce très-caractéristique pour l'époque jurassique dans la Russie.

« Les couches de ce terrain vont jusqu'à la profondeur d'environ 192 mètres.

« Toutes les assises de ces trois différents terrains paraissent avoir conservé leur horizontalité primitive, sans avoir subi le moindre dérangement.

4° Mais il n'en est pas de même des grès et des argiles atteints par la sonde à une profondeur de 183 mètres. Les couches de ces grès sont fortement inclinées (45°); il y a donc stratification discordante entre ces grès et les couches des terrains crétacés et jurassiques qui les recouvrent. D'ailleurs ces grès ressemblent, à s'y méprendre, aux échantillons de certains grès du terrain carbonifère du district de Lougane, et contiennent même des bandes de houille.

« Dans ce même terrain vous avez trouvé des géodes de *sphérosidérite* argileux, minerai très-commun dans le terrain carbonifère de Lougane.

« Ces trois caractères pris ensemble paraissent suffisamment prouver que le sondage de Péréchtchépino a été arrêté dans le terrain carbonifère. C'est surtout le caractère des grès et leur forte inclinaison qui soutiennent mon opinion. En effet, toutes les couches carbonifères du sud de la Russie sont plus ou moins redressées et repliées, tandis que les terrains jurassiques et crétacés, même dans le voisinage du terrain carbonifère, sont rarement altérés, et toujours sur un espace très-restreint.

« Agréez......   « G. DE HELMERSEN. »

Avant de quitter les charbons naturels, nous devons dire un mot de la tourbe, que l'on rencontre en Russie, comme dans presque tous les pays pauvres. Le drainage naturel du pays est très-insuffisant, et l'agriculture, concentrée toute entière sur les terrains les plus fertiles et les plus secs, n'a pas encore cherché à disputer les fonds de vallée au travail de décomposition que la nature y opère sans cesse. La tourbe se forme ordinairement dans les fonds que les crues ne nettoient pas chaque année. On en a conclu qu'elle ne pouvait se trouver que dans les parties basses des vallées dont les versants sont perméables. C'est à cette quantité de vallées tourbeuses que l'on doit vraisemblablement attribuer le grand nombre de petites rivières qui ont reçu en Russie l'épithète de *noire :* en russe *tchernaïa,* en tartare, *karaçou.*

Outre la carbonisation lente et constante des végétaux dans les fonds humides, il se produit parfois, dans les régions septentrionales, une combustion spontanée du sol qui s'étend sur d'énormes surfaces. Pendant l'été de 1858, de Pétersbourg à Pskoff, et de Pétersbourg à Tver, dans un rayon de 250 à 300 kilomètres, toute la campagne semblait brûler; de tous côtés on voyait s'élever des colonnes de fumée. Ce vaste incendie, outre les dommages causés aux forêts, amena des accidents très-graves. La petite ville de Louga prit feu et fut presque entièrement consumée. Les traverses du chemin de Moscou, des approvisionnements de bois pour la ville de Pétersbourg, qui se trouvaient rassemblés le long de la ligne de Varsovie, furent carbonisés par l'action de la chaleur. C'est à cette combustion presque générale qu'il faut sans doute attribuer un cruel événement arrivé alors à Pétersbourg, l'explosion de la poudrière d'Okhta, qui fit périr plus de vingt personnes. Telle peut être la conséquence d'un été chaud dans le nord de la Russie. Les végétaux en décomposition donnent naissance à des gaz inflammables : on voit d'abord une petite fumée sortir des broussailles et de l'humus des forêts ; cette fumée s'éclaire çà et là de jets de flammes, et, si la pluie ne coupe pas court à ce commencement d'incendie, la combustion se propage en augmentant toujours d'intensité.

Lorsqu'on parcourt la Russie, on est frappé de la multitude de forêts qui ont souffert des incendies. Une partie de ces sinistres doit être attribuée ou à des imprudences, ou à la malveillance, ou enfin au besoin que l'on peut avoir ressenti de masquer les défrichements irréguliers. Car, en Russie, l'incendie s'applique en grand aux forêts, aux magasins, aux arsenaux, aux ministères ; c'est un moyen commode et fréquemment employé de régulariser une fausse situation, et de redresser une comptabilité infidèle. Sans vouloir réduire l'étendue des ravages produits par les diverses causes que nous venons d'énumérer, il est juste de reconnaître que la combustion spontanée du sol, dans les étés secs, exerce aussi sur les forêts une action destructive, et que la population n'est pas assez nombreuse sur les points attaqués pour lutter contre ce fléau. Dans cette occasion, comme dans beaucoup d'autres, les Russes laissent faire : la fumée, disent-ils, purifie l'atmosphère en détruisant certains miasmes putrides, et d'ailleurs les premières neiges éteindront les feux de l'été.

§ 4. — LES FORÊTS.

On s'imagine volontiers dans l'Occident que la Russie, pays que quelques personnes croient encore neuf, doit recéler des richesses forestières comparables à celles que l'on trouve dans le nouveau monde. Il y a beaucoup à rabattre de cette opinion. Les forêts occupent une notable partie de la surface de la Russie, mais l'exploitation en a été presque partout conduite sans prévoyance, et en dehors de toute idée rationnelle. L'abondance du bois et le bas prix qui en résultait permettaient alors beaucoup d'extravagances auxquelles la rareté du bois ne tardera pas à mettre un terme ; la nécessité de songer à l'aménagement des bois sera reconnue prochainement en Russie, comme elle l'est depuis longtemps en France, par suite des dilapidations des siècles passés.

Les essences les plus répandues dans les bois de la Russie sont les arbres résineux et le bouleau. Il ne faudrait pas juger de tous les sapins du nord de la Russie par les arbres de choix que l'on amène en France sous le nom de sapins de Riga[1]. Ceux qu'on trouve dans les forêts voisines de Pétersbourg sont peu élevés, et manquent à la fois de grâce et de vigueur. Le sapin et le bouleau croissent, il est vrai, jusqu'à des latitudes très-hautes ; mais la latitude de 60° ne contribue pas à leur donner plus de vitalité. Aussi éprouve-t-on toujours une agréable impression, lorsqu'on va de Pétersbourg vers la Prusse, en retrouvant, dans la Lithuanie et la Pologne, des forêts semblables à celles qui font l'ornement, un peu trop rare aujourd'hui, des contrées que nous habitons.

Le bouleau croît jusqu'à la latitude de 69° ; le sapin ne dépasse pas 68°. Pour la Russie, les arbres résineux sont ceux qui offrent les plus grandes ressources. Ils donnent les bois de construction, planches et grosses pièces de charpente ; ils fournissent les traverses de chemins de fer ; ils donnent encore le bois de chauffage généralement adopté pour les poêles et pour les locomotives. Le bouleau a d'autres emplois. Sans valeur comme bois de construction, il est supérieur au sapin par ses propriétés chimiques. Pour le chauffage, c'est un bois de luxe, qui brûle vite et avec une belle flamme, sans projeter d'éclats. Aussi le bouleau est-il très-convenable pour le chauffage des cheminées. Son écorce, riches en matières empyreumatiques, flambe facilement ; la dis-

---

[1] Les sapins de Riga sont en réalité des pins. Mais nous nous conformons à l'usage, en attribuant un même nom au *pin* (pinus) et au *sapin* (abies) ; en russe, *sosna* et *iel*.

tillation en retire une huile avec laquelle on prépare les cuirs ; la souplesse et l'odeur des cuirs de Russie sont dues à cette préparation. La cendre de bouleau donne une lessive dont on extrait la potasse. L'écorce est employée dans les constructions pour envelopper l'about des pièces de charpente engagées dans la maçonnerie. Ce petit matelas suffit pour empêcher l'action de l'humidité sur les bois.

Le bouleau a sur le sapin une autre supériorité, qui le fait préférer dans l'Oural, où l'on consomme chaque année d'énormes quantités de bois pour les traitements métallurgiques. Il croît en quarante années, tandis que, sous le même climat, les conifères ont besoin de soixante ans pour acquérir tout leur développement. La *culture* du bouleau est ainsi beaucoup plus rapide que celle du sapin, et d'un autre côté son pouvoir calorifique est aussi grand.

D'après Rumfort, le sapin donne par sa combustion une quantité de chaleur qui varie de 3,000 à 3,400 calories, suivant qu'il est plus ou moins sec ; il peut donner jusqu'à 5,750 calories s'il est fortement séché à l'air. D'après M. Berthier, le bouleau, dans des conditions moyennes de siccité, donne 3,200 calories. Ces nombres sont comparables. Pour le chauffage des chaudières, le bouleau, qui donne une belle flamme, est supérieur au sapin, mais le prix en est plus élevé, et le sapin est adopté de préférence pour cette raison d'économie.

L'abondance des bouleaux en Russie est indiquée à la seule inspection d'une carte, par le grand nombre de villages et de cours d'eau, portant les noms de *Bérésovka, Bérésaïsk, Berésina...*, tous dérivés de *Béreza*, bouleau.

Les surfaces occupées par les forêts de la Russie sont très-inégalement réparties dans les limites de l'empire. Le sud est entièrement déshérité de bois, sauf dans les versants du Caucase, où se trouvent les plus belles essences, mais dans des situations qui en rendent l'exploitation très-difficile et qui rappellent à beaucoup d'égards les forêts de la Corse. Les terres noires ont peu de bois, les steppes n'en ont pas du tout. Les grandes ressources forestières de la Russie sont maintenant reléguées dans le Nord. On y trouve vers le 65me degré une zone encore inexploitée, habitée par des peuples nomades qui vivent du produit de leur chasse. Quelques populations agricoles entament cette zone par le sud, et y font vivre du bétail. Plus au midi, les forêts occupent non plus la totalité, mais la moitié de la surface du sol ; c'est la proportion pour Pétersbourg, les provinces Baltiques, et les plateaux qui s'étendent entre Pétersbourg et Moscou. La proportion se réduit au tiers dans les régions marécageuses de Vitebsk, Mohilef, Minsk, Grodno, Vilna, Kovno, les plus pauvres peut-être de tout l'empire. En moyenne, les forêts occupent 36 pour 100 de la surface de la Russie d'Europe c'est-à-dire 180,000,000 de dessiatines, ou 196,000,000 d'hectares. Si l'on compare cette surface à celles qu'occupent les forêts de la France, on voit que la Russie en possède une étendue vingt-trois fois plus grande ; et, si l'on prend la proportion en tenant compte des surfaces respectives des deux pays, la Russie en a encore un peu plus du double.

L'emploi du bois pour la construction des maisons est général dans les parties de la Russie qui ont quelques ressources forestières. Il est maintenant interdit dans les capitales, pour lesquelles on craint les incendies, et il est soumis à diverses restrictions dans les autres villes. Mais la brique et la pierre ont encore beaucoup à gagner pour se substituer au bois. D'après un document officiel cité par M. de Tegoborski, les 733 villes de la Russie d'Europe renfermaient, en 1840, 497,578 maisons, dont 59,370 en briques ou en pierre, et 438,208 en bois[1]. Le rapport du premier nombre au second est de 12 à 88. Dans les gouvernements du Sud, où le bois fait défaut, et notamment à Kertch et à Odessa, les maisons sont toutes construites en pierre[2].

L'habitude de manier le bois a fait du Russe un charpentier très-habile, malgré l'insuffisance de ses outils. La hache est son instrument de prédilection : le *plotnik* s'en sert avec une adresse merveilleuse. Il ne faut cependant pas lui demander des assemblages très-soignés, ni surtout une construction très-propre. Il fait usage du bois en grume plutôt que du bois équarri, et emploie la hache pour des opérations où l'on emploierait avec plus de succès la scie et le rabot[3].

Le bois de chauffage se vend en Russie en tas qui rappellent la corde française. L'unité à 1 sagène de haut, 1 sagène de long, et 10 verchoks de longueur de bûche ; ce qui représente un volume un peu supérieur à 2 stères. Les séries de prix pour les bois de construction sont établies dans un grand détail. Le prix de l'unité de volume varie avec les dimensions, et, par une complication bien gratuite, il est d'usage de mesurer en sagènes les longueurs, en verchocks les dimensions transver-

---

[1] Les murs des maisons de bois sont construits avec des poutres superposées, dans le genre des *log-houses* de l'Amérique du Nord. L'*izba*, ou chaumière russe, du jardin de l'exposition universelle de 1867, donnait une idée, un peu trop avantageuse peut-être, de ce mode de construction.

[2] La statistique indique un accroissement de la population urbaine depuis 1840. En 1866, on comptait 775 villes, ainsi distribuées comme population :

Pétersbourg	540,000	36 villes	de 20 à 30,000
Moscou	352,000	91 —	de 10 à 20,000
Odessa	119,000	207 —	de 5 à 10,000
11 villes	de 50 à 100,000	414 —	au-dessous de 5,000
13 —	de 30 à 50,000		

Population urbaine totale de la Russie d'Europe (non compris la Pologne ni la Finlande), 6,874,000.

[3] Le rabot est cependant connu en Russie depuis bien longtemps. La famille *Stroganoff* a emprunté son nom à cet outil, en mémoire du supplice d'un de ses ancêtres qui fut pris et raboté par les Tartares.

sales, en pouces, enfin, les épaisseurs quand il s'agit de madriers. Il est toujours assez difficile de déduire de ces prix divers un prix moyen applicable à toutes les pièces de charpente d'une construction donnée. Voici du reste quelques limites : pour la gare de Moscou, le prix du mètre cube de sapin rouge en grume a varié de 29 fr. 70 à 40 fr. 80, d'après les dimensions ; pour la gare de Varsovie, de 15 fr. 60 à 18 fr. 60 ; entre Vilna et la frontière de Prusse, l'entrepreneur a accepté un prix moyen de 22 fr. 26.

VI

L'AGRICULTURE RUSSE.

§ 1er. — CIRCONSCRIPTIONS AGRICOLES. — CLASSEMENT DES GOUVERNEMENTS.
MAIN-D'ŒUVRE.

Il n'entre pas dans le plan de cet ouvrage de faire une étude complète de l'agriculture de la Russie. Nous nous contenterons de quelques aperçus qui d'ailleurs ne peuvent paraître déplacés lorsqu'il s'agit des chemins de fer russes. C'est en effet sur les produits agricoles que l'on comptait, en 1857, pour alimenter les chemins de fer qui furent alors concédés[1]. Des quatre grandes lignes projetées, les deux lignes retirées de la concession en 1861 avaient particulièrement le caractère de lignes agricoles, et l'ajournement qu'elles ont subi laisse dans son état d'infériorité l'agriculture des régions les mieux douées de l'empire ; car, en Russie, le progrès agricole est tout entier dans le progrès des voies de communication.

Jusqu'à présent l'agriculture russe a suffi tant bien que mal aux besoins du pays ; elle produit dans les bonnes années un excédant disponible pour l'exportation. Des difficultés de toute espèce, au premier rang desquelles il faut placer l'absence des moyens de transport, retardent le déplacement de ces excédants de production ; aussi il n'est pas rare de voir des différences de prix effrayantes d'un point à l'autre de la

---

[1] « Ainsi, moyennant une voie ferrée continue à travers vingt-six gouvernements, se trouveront reliés : trois capitales, nos principaux fleuves navigables, les centres de nos excédants agricoles et deux ports accessibles presque toute l'année sur la mer Noire et la mer Baltique ; l'exportation sera facilitée, les transports et l'approvisionnement intérieurs seront assurés. (Oukase du 26 janvier 1857.)

Russie ; ici l'abondance, là la disette. Quand par hasard la neige tarde à couvrir le sol, les villes du nord sont exposées à manquer du nécessaire. On comprend que, dans ces conditions, la culture ait le caractère exclusivement pastoral, et que son premier objet, et presque son unique objet, soit de nourrir la population qui s'y livre : ce produit est presque entièrement consommé par le producteur. S'il y a excès de production, cet excès est exposé à pourrir sur place avant d'avoir trouvé un emploi utile. De là le peu d'augmentation dans la richesse agricole. Le cultivateur ne cherche pas à stimuler les puissances productives du sol. Le système presque exclusivement adopté est celui de l'assolement de trois ans, qui laisse *reposer* la terre. L'agriculture russe ne produit en moyenne que quatre fois la quantité de grains semée.

Voici comment on évaluait, il y a une dizaine d'années, la production et la consommation moyennes de la Russie en céréales. Ce calcul ne comprend pas dans la Russie les états annexes de la Pologne et de la Finlande, ce qui réduit la population de l'empire à 55,000,000 d'habitants.

hectolitres.

Récolte moyenne annuelle en céréales de toute espèce : environ. . . . 500,000,000

Cette quantité se répartit comme il suit :

Consommation intérieure, à raison de 6 hectolitres par habitant, moyenne qui comprend les rations des chevaux et du bétail. 530,000,000
Semences, le quart de la récolte. 125,000,000
Reste, en partie employé à la distillation, en partie exporté, en partie pourrissant sur place 45,000,000

Total. 500,000,000

Pour mettre à la disposition des consommateurs les 330,000,000 hectolitres absorbés chaque année par la population de l'empire, il faut une répartition intérieure qui exige des transports lointains, difficiles et coûteux. On partage en trois classes, à égard à ces transports, les gouvernements de la Russie : ceux qui fournissent plus de grains que leur consommation n'en réclame, ceux qui en fournissent autant, et ceux qui en fournissent moins. La première classe comprend vingt-six gouvernements, parmi lesquels on remarque ceux dont les terres sont les plus fertiles, et aussi ceux qui, avec une fertilité moyenne, ont un petit nombre d'habitants. La seconde classe comprend seulement sept gouvernements. La troisième classe en comprend seize, parmi lesquels on remarque Arkhangel et Astrakhan, deux types de stérilité aux deux extrémités de la Russie d'Europe, et aussi certains gouvernements, celui de Moscou par exemple, qui, sans être stériles, ont relativement une nombreuse population[1].

En général, le Nord doit être nourri par le Midi, et la production du Midi est suffisante en quantité pour donner largement au nord ce qui lui manque. L'agriculture russe n'a donc besoin, quant à présent, que de moyens économiques de transports, et elle n'en est pas encore à adopter les procédés de culture perfectionnée de l'Angleterre et de la Belgique.

Il est cependant un point pour lequel l'agriculture russe s'est approchée de l'agriculture anglaise : on trouve avantageux d'employer les machines agricoles en Russie, comme en Angleterre et comme dans les districts agricoles les plus avancés de la France, parce que la population rurale est faible et clair-semée, et que la rareté de la main-d'œuvre en a surélevé la valeur, quoique cette rareté ne puisse encore être attribuée à la concurrence de l'industrie. Les machines anglaises se sont ainsi introduites dans l'empire russe, où elles sont admises en franchise de tous droits, et elles y rendent les plus grands services ; le seul obstacle à leur succès général est la délicatesse des mécanismes, et, par suite, l'impossibilité où l'on sera longtemps encore de leur faire subir, dans les campagnes de l'intérieur, les réparations qui deviennent nécessaires après un emploi tant soit peu prolongé.

On serait disposé à croire que dans un pays pauvre, tel que la Russie, la main-d'œuvre ne doit pas être chère. Les chiffres suivants donneront une idée de son prix à deux époques différentes, et montreront l'influence des grands travaux sur ce prix. Ces chiffres, qui résultent d'une série d'observations recueillies par l'administration de la Grande Société, ont été transformés en monnaie française en tenant compte de la baisse de la valeur du rouble entre les deux époques considérées.

[1] 1re *classe*. — Kharkoff, Kherson, pays des Cosaques du Don, Ekaterinoslaf, Kazan, Kief, Kovno, Koursk, Livonie, Nijni-Novgorod, Orel, Orenbourg, Penza, Perm, Podolie, Poltava, Rézan, Saratoff, Simbirsk, Tamboff, Tauride, Tchernigoff, Toula, Viatka, Volhynie, Voronèje.

2e *classe*. — Bessarabie, Esthonie, Grodno, Courlande, Smolensk, Stravropol, Vologda.

3e *classe*. — Arkhangel, Astrakhan, Jaroslaf, Kalouga, Kostroma, Minsk, Mohilef, Moscou, Novgorod, Olonetz, Pskoff, Saint-Pétersbourg, Tver, Vilna, Vitebsk, Vladimir. (Tégoborski, *Forces productives*.)

PROFESSIONS.	PRIX MOYEN DE LA JOURNÉE		AUGMENTATION DU PRIX DE LA MAIN-D'ŒUVRE.
	En 1856 (Le rouble étant à 4 fr).	**En 1860** (Le rouble étant à 3 fr. 60).	
	fr.	fr.	p. 100.
Terrassiers.	1,92	2,45	27
Maçons	2,76	4,10	49
Tailleurs de pierre.	2.68	4,10	53
Charpentiers	2,64	3,24	23
Voituriers (pour une voiture à un cheval). .	5,80	6,42	61

En 1856, avant l'ouverture des grands chantiers, la main-d'œuvre était donc à peu près au même prix en Russie et en France : elle a augmenté en quatre ans dans une proportion qui varie, suivant les professions, du quart à la moitié de sa valeur.

Mais la valeur de la main-d'œuvre n'est pas tout entière dans le prix de la journée ; il faut comparer à ce prix la quantité de travail produite. Ici se manifeste l'influence du servage, dont la conséquence universelle est de réduire plus ou moins l'activité et la puissance de production de l'individu. L'organisation rurale, par ses effets moraux comme par ses règlements, a été une des grandes difficultés des travaux publics de la Russie.

L'entrepreneur loue aux seigneurs, moyennant un prix convenu, des ouvriers pour toute la saison d'été, du 1er mai au 1er novembre. Il paye sur-le-champ, pour arrhes de cet engagement, la moitié du prix convenu. Pour effectuer ce premier payement, il faut qu'il emprunte le capital nécessaire, ou qu'il trouve des cautions qui lui permettent de solliciter des avances de fonds. L'entrepreneur est tenu de nourrir pendant toute la saison les ouvriers qu'il a loués, de les faire soigner s'ils sont malades, de leur donner les gants et la chaussure, de les loger, et enfin de leur assurer le bain russe une fois par semaine. Pour satisfaire à toutes ces obligations, il doit approvisionner pendant l'hiver, en profitant du traînage, la viande, les légumes et le *kvass* destinés à la nourriture de ses ouvriers ; il doit leur bâtir des baraques, et créer des villages à proximité de ses chantiers. En un mot, avant le commencement des travaux, un entrepreneur dépense à peu près la moitié du montant de l'entreprise.

Le calcul du prix de la main-d'œuvre des ouvriers en location devient, dans ces conditions, une opération de comptabilité très-complexe. Au prix de la location pour la saison il faut ajouter le prix des fournitures pour gants et chaussure ; le total doit être augmenté d'un dixième pour tenir compte des gratifications à accorder aux ouvriers qui travaillent bien, des frais de police, et des pertes résultant d'accidents ou de désertion. Viennent ensuite les frais de nourriture et de baraquement; la nourriture monte à environ 20 kopeks par homme et par jour, dépense qui s'applique aux cent quatre-vingt-quatre jours de la saison d'été. Le baraquement est évalué, en moyenne, à 3 roubles par homme pour toute la saison. Ces deux objets de dépense montent ensemble à environ 40 roubles par ouvrier. Il faut enfin ajouter les frais d'outils variables suivant les professions. Or, sur les cent quatre-vingt-quatre jours, durée réelle de l'engagement, le nombre maximum de jours où le travail de l'ouvrier est exigible est seulement cent trente-cinq [1]; et, en moyenne, ce nombre se réduit à cent vingt pour tenir compte des maladies et des jours de mauvais temps, si le travail doit s'effectuer en plein air.

Dans ces conditions, le mètre cube de terrassement est revenu en 1860 sur les lignes de la Grande Société, à 1 fr. 40 environ; mais il faut observer que, suivant l'habitude du pays, tous les transports de terres se font à la brouette jusqu'à une distance de transport de 100 sagènes ou 213 mètres, de sorte que, si la distance de transport est supérieure à cette limite, on retrousse les déblais en cavalier, et on fait les remblais par emprunt; ce qui revient à compter séparément les volumes des déblais et les volumes des remblais toutes les fois que l'échange des uns contre les autres suppose un transport de plus de 100 sagènes, d'où résulte une quantité double de terrassements [2].

Mais revenons à l'agriculture.

La Russie d'Europe a été divisée, au point de vue agricole, en huit zones, dont les trois plus septentrionales sont soustraites, par leur climat, à toute exploitation rurale. Ces trois zones sont la zone glaciale, la zone des marais, et la zone forestière. La première ne produit absolument rien. La seconde, couverte de mousses et de bruyères dans tous les points que les marécages n'ont pas envahis, est le pays des

---

[1] L'Église russe a un grand nombre de fêtes chômées. Il faut y ajouter quelques fêtes de la famille impériale pour lesquelles le chômage est autorisé. Ces usages protégent le travailleur serf et nuisent au travailleur libre.

[2] Les meilleurs terrassiers de la Russie sont ceux des gouvernements de Smolensk, de Mohilef et de Minsk. — Sur les chantiers, on se sert de brouettes dont la construction est très-défectueuse. Les *manches* sont écartés démesurément aux poignées que l'ouvrier doit tenir. A l'autre extrémité de l'appareil, le corps même de la brouette porte sur une roue pleine, en fer, de très-petit diamètre et de faible épaisseur. La convergence exagérée des manches a pour effet de réduire la longueur de l'essieu de cette petite roue. Cette disposition bizarre, qui fatigue le rouleur en augmentant inutilement la tension développée dans ses bras, présente un avantage réel dans un pays où le vol du fer et des métaux est passé dans les habitudes. L'ouvrier abandonne sa brouette chaque soir en quittant le chantier, mais il a soin d'emporter la petite roue métallique avec lui; autrement, il est probable que le lendemain il ne la retrouverait plus. Une grande roue serait beaucoup plus incommode à emporter chaque soir et à rapporter chaque matin.

rennes, des bêtes à fourrure et des oiseaux à duvet épais, les cygnes et les oies sauvages. La troisième zone est, comme nous l'avons déjà dit, habitée, dans son épaisseur, par des peuples nomades, chasseurs d'écureuils, et, sur sa lisière méridionale, par des populations sédentaires qui font vivre leurs bestiaux dans ses herbages. Ces trois zones nous font atteindre la latitude de 65°, limite extrême de l'agriculture.

Les cinq zones qui restent sont caractérisées chacune par une production spéciale.

La plus au nord est la zone de l'orge, celle de toutes les céréales qui s'accommode le mieux aux climats septentrionaux. Il paraît même qu'en Norwége l'orge dépasse le 70ᵉ degré de latitude. Malgré cette vigueur exceptionnelle, la culture dans la zone de l'orge ne donne pas encore un produit suffisant pour nourrir la population, très-peu condensée du reste, qui habite ces climats rigoureux. Le bétail est sa vraie richesse, complétée par la chasse, la pêche et l'exploitation des forêts.

A la latitude de 63°, commence la zone du seigle et du lin, la plus large de tout l'empire ; elle s'étend, au sud, jusqu'au parallèle de 51°[1].

La zone du froment est comprise entre les parallèles de 51° et de 48° ; c'est, par ses terres noires, la portion la plus fertile de toute la Russie. Le froment y est accompagné des fruits de jardin, qui ne dépassent guère le 51ᵉ degré. La pomme fait exception ; elle réussit encore jusqu'à 58°.

La zone du maïs et de la vigne s'étend du 48ᵉ au 45ᵉ degré, région occupée en grande partie par les steppes.

Enfin, la huitième et dernière zone, qui comprend la côte sud de la Crimée et le versant méridional du Caucase, appartient entièrement au climat du Midi ; on y trouve l'olivier, le vers à soie et la canne à sucre, et la physionomie des rivages de la Méditerranée.

Cette division par des cercles de latitude est sujette à de graves objections ; elle est fondée plutôt sur la considération des cultures possibles que sur celle des cultures réelles, et elle réunit sous une même dénomination des points très-divers pour le climat et pour la constitution géologique, et dont les valeurs agricoles sont loin d'être égales. La division suivante, due à M. Arsénieff et citée, comme la première, par M. de Tégoborski[2], indique une répartition plus vraie des productions du sol entre les parties de l'Empire.

---

[1] Le lin est encore une plante qui peut vivre dans l'extrême Nord. Des émigrés français en portèrent la culture en Islande, après la révocation de l'édit de Nantes.

[2] *Forces productives de la Russie*, t. I.

DIVISION DE LA RUSSIE D'EUROPE EN HUIT RÉGIONS, D'APRÈS M. ARSÉNIEFF.

NUMÉRO ET NOM DES RÉGIONS.	LIMITES CORRESPONDANTES.	SURFACE.	TRAITS CARACTÉRISTIQUES.	OBSERVATIONS.
I. Région du Nord.	Limitée au sud par une ligne droite joignant le fond du golfe de Finlande à l'extrémité nord de l'Oural.	kil. car. 1,740,700	Forêts.	Le tiers de la Russie d'Europe (la Finlande y comprise).
II. Région des hauteurs Alaounes . .	Gouvernements de Saint-Pétersbourg, de Novgorod, de Tver, de Smolensk et de Pskoff	343,130	La moitié en forêts. Peu fertile.	
III. Région de la Baltique	Livonie, Courlande, Esthonie. .	94,900	La moitié en forêts. 7 $\frac{1}{2}$ p. 100 en terres de labour. Peu fertile . .	
IV. Région basse . .	Gouvernements de Vitebsk, de Mohilef, de Minsk, de Grodno, de Vilna, de Kovno.	304,590	Marais . . . . . $\frac{2}{9}$ Forêts . . . . . $\frac{1}{3}$ Terres arables . $\frac{1}{3}$ Prairies. . . . $\frac{1}{9}$	Une des plus pauvres régions pour les qualités du sol.
V. Région des Carpathes.	Ukraine et petite Russie, gouvernements de Kief, de Volhynie, de Podolie, de Tchernigoff, de Poltava et de Kharkoff.	322,700	Terre noire. . . .	Une des plus fertiles régions et des plus favorisées . .
VI. Région des steppes.	Gouvernements de Bessarabie, de Kherson, d'Ekaterinoslaf, de Tauride, de Stavropol, de Saratoff, d'Astrakhan, pays des Cosaques du Don.	975,940	Steppe, sans eau ni arbres.	Peu de population.
VII. Région centrale.	Gouvernements de Jaroslaf, de Kostroma, de Vladimir, de Nijni-Novgorod, de Penza, de Tamboff, de Voronèje, de Koursk, d'Orel, de Kalouga, de Moscou, de Toula, de Rézan.	612,500	Sol en partie fertile et généralement propre aux céréales	La vraie Russie.
VIII. Région de l'Oural	Gouvernements de Simbirsk, de de Kazan, de Viatka, de Perm et d'Orenbourg.	913,670		
SURFFACE TOTALE.		5,308,130		La Russie avec la Finlande, sans y joindre le royaume de Pologne.

La division de M. Arsénieff donne les vraies circonscriptions agricoles de la Russie.
L'immensité des surfaces qu'elle attribue à chaque région s'explique par l'uniformité

géologique que l'on observe sur de si vastes étendues. Bien qu'elle ne comprenne pas plus de régions que la division par zones n'en admettait elle-même, elle sépare certaines circonscriptions distinctes qui, dans cette dernière classification, se trouvaient confondues, notamment les steppes et les terres noires, les régions les plus remarquables du domaine agricole de la Russie.

La terre noire[1] est un sol d'une admirable fertilité, qui contient en composition tous les principes nécessaires à la culture des céréales. D'après M. Payen, la terre noire a une composition qui la rapproche beaucoup du sol de la Limagne d'Auvergne, et du sol des environs de Paris, particulièrement dans les fermes de Stains et de Morville[2]. La Russie contient donc sur une surface de 320,000 kilomètres carrés, égale à plus de la moitié de la surface de la France, un sol modèle dont la surface entière de la France contient çà et là quelques rares échantillons.

Nous rapporterons les résultats de l'analyse faite par M. Payen. 100 de terre noire donnent en poids 6,95 de matières organiques et 93,05 de sels minéraux.

Les sels minéraux traités par l'acide chlorhydrique bouillant se partagent en deux groupes : la portion dissoute a un poids de 13,67, réparti comme il suit :

Alumine	5,04
Oxyde de fer	5,62
Chaux	0,82
Magnésie	0,98
Chlorures alcalins	1,21
	13,67

La portion insoluble, pesant 79,38, se décompose de la manière suivante :

Silice	71,56
Alumine	6,36
Magnésie	0,24
Chaux	traces.
Pertes	1,22
	79,38

La matière organique contient une grande dose de produits azotés : 1 kilogramme de terre noire donne un volume d'azote de 2 litres,3, ce qui en poids correspond à peu près à la proportion de 3 pour 1,000.

Les steppes, comme nous l'avons vu, appartiennent à deux périodes différentes du même étage géologique : les unes aux dépôts anciens du terrain tertiaire supérieur, les autres aux dépôts modernes. Ce sont dans l'un et l'autre cas des plaines

[1] *Tchernoziem.*
[2] Murchison, t. I, p. 559 et 560.

d'une horizontalité parfaite, perméables, et où il n'y a par conséquent d'autre eau que celle des fleuves et des rivières. On distingue, au point de vue de la mise en valeur, les steppes à herbages, où l'agriculture se réduit uniquement à élever des troupeaux de moutons, les steppes à bruyères, où l'on rencontre encore quelques pâtis, et enfin les steppes sablonneuses ou pierreuses, qui ont la stérilité de nos landes. L'absence de l'eau, du bois et des matériaux de construction a jusqu'à présent empêché les populations de s'étendre sur les parties productives de cette région des steppes, qui, formant comme un désert entre la mer et les terres noires, nuit, par l'obstacle qu'elle oppose aux exportations de céréales, à la prospérité des provinces les plus fertiles de la Russie.

Nous terminerons cet examen général en empruntant à M. de Tégoborski quelques données sur l'étendue et la répartition des cultures.

Le tableau suivant indique les étendues proportionnelles du sol cultivé, des prairies, des forêts, pour la Russie, la France, l'Autriche et la Prusse.

| | ÉTENDUE EN CENTIÈMES DE LA SURFACE TOTALE. | | | |
	RUSSIE.	FRANCE.	AUTRICHE.	PRUSSE.
Sol cultivé.	18	49,4	34,3	44,3
Prairies.	12	11,0	9,1	13,1
Forêts	36	16,6	30,6	21,8
Pâturages.	10	17,5	10,7	15,6
Sol improductif	24	5,5	15,3	5,2
Totaux.	100	100,0	100,0	100,0

La prédominance des forêts et du sol improductif est un caractère commun à l'agriculture russe et à l'agriculture autrichienne ; la prédominance du sol cultivé existe, au contraire, pour la Prusse et la France.

Les gouvernements de la Russie ont été rangés, au point de vue agricole, suivant cinq classements différents :

1° Le premier est établi d'après la fertilité du sol indépendamment de toute mise en valeur.

Onze gouvernements ont un sol très-fertile ; ces gouvernements sont situés sur une bande qui part de la Bessarabie et de la Podolie à l'ouest, pour aboutir à l'est sur le Volga, de Kazan à Saratoff, en passant par Koursk et Voronèje.

Treize gouvernements ont un sol en grande partie fertile ; douze d'entre eux sont épartis au nord et au sud de la bande précédente ; au sud, la steppe, du gouvernement de Kherson à Orenbourg, au nord, la petite Russie (Kief et Tchernigoff) et les gouvernements de Toula, de Rézan et d'Orel. Le gouvernement de Viatka, plus septentrional, complète le nombre de treize.

Six gouvernements ont un sol assez fertile. Ils sont partagés en trois groupes : d'une part Mohilef, Minsk, Grodno, Kovno, avec le royaume de Pologne ; de l'autre, Perm et Nijni-Novgorod.

Onze gouvernements ont un sol médiocre : les provinces Baltiques, les gouvernements qui entourent Moscou, enfin, Smolensk, Vitebsk et Vilna.

Les neuf gouvernements qui restent, en y comprenant la Finlande, sont d'une culture ingrate ou impossible : tels sont les gouvernements de Pskoff, de Novgorod, de Pétersbourg, de Tver, d'Olonetz, de Vologda et d'Arkhangel, et le gouvernement d'Astrakhan, formant un groupe à part à l'autre extrémité de la Russie d'Europe.

2° Le second classement range les gouvernements d'après l'étendue proportionelle du sol cultivé : nous n'en donnerons ici qu'un extrait, comprenant les premiers gouvernements et les derniers.

GOUVERNEMENTS.	ÉTENDUE PROPORTIONNELLE DU SOL CULTIVÉ.	GOUVERNEMENTS.	ÉTENDUE PROPORTIONNELLE DU SOL CULTIVÉ.
Toula	71,6	Orenbourg	12,1
Tchernigoff	63,4	Novgorod	11,7
Podolie	62,6	Saint-Pétersbourg	11,2
Koursk	60,7	Livonie	9,7
Orel	55,5	Perm	8,5
Kovno	54.0	Stavropol	5,6
Kief	51,1	Olonetz	2,6
Voronèje	49,3	Vologda	2,3
Le royaume de Pologne pris pour un gouvernement	47,1	Grand-duché de Finlande	1,5
		Astrakhan	1,0
Rézan	46,6	Arkhangel	0,1

Parmi les gouvernements qui tiennent la tête de ce tableau, on en voit qui ne sont pas rangés parmi les plus fertiles : Toula, par exemple, le premier pour l'étendue du sol cultivé, est loin de tenir le premier rang dans le premier classement.

3° Le troisième classement est relatif à l'étendue des prairies. La moyenne générale de l'étendue proportionnelle est 12 ; le gouvernement de Voronèje est au premier rang pour cet objet : sa moyenne est 39,4 ; cette forte proportion de prairies y a amené le cantonnement d'une grande partie de la cavalerie de l'armée. Le dernier gouvernement, pour les prairies, comme pour le sol cultivé, est Arkhangel, dont la moyenne est 0,02.

4° La plus grande étendue proportionnelle de forêts se trouve dans le gouvernement de Vologda (94,1 pour 100), et la plus petite dans les deux gouvernements d'Astrakhan et de Stavropol (0,8 pour 100).

5° Quand on classe les gouvernements d'après l'étendue relative du sol improductif qu'ils contiennent, on trouve au premier rang le gouvernement d'Astrakhan (92 pour 100), et au dernier, le gouvernement de Viatka (1 pour 100).

Une étude sur l'agriculture russe appelle comme complément nécessaire l'examen du servage, question à la fois historique et économique, à laquelle nous consacrons le paragraphe suivant.

§ 2. — LE SERVAGE[1].

La dynastie de Rurick finit en 1598 avec le tsar Féodor II. Elle avait occupé le trône pendant 736 ans, et donné quarante-neuf souverains à la Russie. Aux derniers de ces princes appartient la gloire d'avoir reconquis l'indépendance nationale : Dmitri Donskoï avait, en 1380, ébranlé la domination tatare par une victoire demeurée célèbre ; son troisième successeur, Ivan III, chasse définitivement les Tatars en 1481, mérite le surnom de grand, et reste dans les souvenirs populaires comme le libérateur de la patrie. En 1533 commence un autre grand règne, celui d'Ivan IV *le Terrible* : il change son titre de grand-duc en celui de tsar et crée l'autocratie. Son fils, Féodor II, qui lui succède en 1584, disparaît en 1598. La couronne est usurpée par Boris Godounoff, beau-frère du dernier tsar et assassin de l'héritier légitime Dmitri. La Russie entre alors dans une période d'anarchie et de désordres qui facilite pour un moment l'occupation polonaise, et qui se termine quinze ans plus tard par l'avénement des Romanoff.

C'est ce dernier tsar de la famille de Rurick, Féodor, qui attacha en 1593 les paysans à la glèbe, pour empêcher une émigration vers laquelle ils se sentaient vivement entraînés depuis que le tsar Ivan IV avait fait la conquête des royaumes tatars de Kazan et d'Astrakhan. Les provinces actuelles de Kazan, de Simbirsk et de Saratoff

---

[1] La question du servage a été étudiée par un grand nombre de publicistes. Sans les citer tous, nous renverrons aux écrits de Tégoborski, de Storch, de M. de Haxthausen, et aux articles de M. Wolowski, dans la *Revue des Deux Mondes* (année 1858).

sont au nombre des plus fertiles de toute la Russie. Une émigration dans ces contrées aurait déplacé vers l'est le centre de la population russe. Or, déjà à cette époque, la tendance du gouvernement à s'étendre du côté de la Baltique est manifeste. Ivan le Grand avait réuni Tver à la Moscovie (1485); son successeur, Vassili III, y réunit encore Pskoff (1510). C'était ouvrir les voies à la création de Pétersbourg et à l'œuvre de Pierre le Grand. Le servage, en maintenant provisoirement à Moscou le centre de l'empire, a ainsi contribué, par un moyen très-indirect, à faire de la Russie une puissance européenne.

L'origine officielle du servage est le décret de 1593. Les historiens ne cherchent pas à expliquer comment le gouvernement a réussi à attacher le paysan à la terre, entreprise dont le succès eût été rigoureusement impossible, si elle avait eu simplement pour effet de faire passer tout un peuple de la liberté à la servitude[1].

Mais le mot de servage ne doit pas nous tromper. Le servage russe n'a point d'analogie, en principe, avec le servage tel que la conquête l'a constitué dans l'occident de l'Europe pendant tout le moyen âge. A l'époque du décret de Féodor, le peuple russe, délivré des Tatars, était un peuple libre, jouissant d'un gouvernement national. La mesure prise par le souverain ne causa point de révoltes populaires, et l'histoire montre même indirectement qu'elle n'excita pas dans les masses de sentiments hostiles au pouvoir. Autrement la chute de la dynastie de Rurick, l'usurpation de quatre souverains révolutionnaires, la guerre avec la Pologne, l'interrègne et l'avénement d'une nouvelle famille régnante, auraient été autant d'occasions pour le peuple de recouvrer sa liberté et d'obtenir pour ses droits une consécration légale. Tous ces événements se sont accomplis sans qu'aucun effort ait été tenté pour détruire le servage, et ce n'est que vers 1663, c'est-à-dire soixante-dix ans après le décret de Féodor, qu'on aperçoit un soulèvement où il soit question de liberté.

Nous pensons donc qu'on se tromperait grossièrement si, comme le veut une certaine école moderne, l'on cherchait à expliquer par une simple mesure législative la créa-

---

[1] En réalité, l'origine du servage remonte, en Russie, à une époque bien antérieure au décret de 1593. Le code de Jaroslaf, document du onzième siècle, constate l'esclavage d'une partie de la population. Le servage des paysans de la couronne date de la domination Mogole. Néanmoins, on peut regarder comme démontré que, jusqu'à la fin du seizième siècle, les paysans russes jouissaient de la liberté civile, et pouvaient passer d'une terre à l'autre, en changeant de seigneur : la fête de Saint-Georges était l'époque de ces changements de résidence. Le décret de 1593 créa le servage en attachant le paysan à la terre d'une manière définitive. Karamzine le présente comme une sorte de règlement de police. Toutes les mesures législatives prises dans les deux siècles qui suivirent semblent avoir eu pour objet d'aggraver le sort du paysan. Le premier recensement, sous l'empereur Pierre Ier, en 1721, créa le cadastre par tête; Catherine II étendit le servage à la petite Russie. Ce n'est que sous le règne de Paul que l'on voit paraître dans les lois russes des dispositions protectrices pour les serfs. Alexandre Ier, grand partisan de l'émancipation, créa la classe des *cultivateurs libres* (1803), et affranchit les serfs des provinces Baltiques.

17

tion du servage chez les paysans russes. Les causes du succès de cette création sont plus hautes et plus morales. L'autocratie n'était pas alors aussi absolue qu'elle le devint depuis sous les règnes du tsar Féodor III et surtout de l'empereur Pierre le Grand, son frère, et si le décret de 1593 fut accepté de Russes, c'est qu'il répondait à l'un des penchants les plus manifestes du caractère national.

La véritable origine du servage en Russie est le socialisme, la théorie du droit au travail, le goût du Russe pour les organisations sociales qui suppriment toute responsabilité chez l'individu. L'institution du servage est comme le complément de l'institution de l'autocratie. Par l'une, la nation se dépouille au profit d'un chef de toute liberté politique et de toute initiative ; par l'autre, le paysan attaché à la terre devient, non pas un esclave, mais pour ainsi dire un *fonctionnaire laboureur*[1].

Le servage est en effet le seul résultat logique de la théorie du droit au travail : car à tout droit correspond un devoir. Celui qui possède le droit d'exiger du travail et un salaire subit en même temps l'obligation d'exécuter, sans l'avoir choisi, le travail qu'un maître lui désigne. Appliquez ce contrat à la culture de la terre, et la société ne comprendra plus que deux classes de personnes : les propriétaires d'un côté, de l'autre les paysans devenus serfs[2].

Pour n'avoir pas eu en Russie une origine violente[3], le servage n'en est pas moins une erreur morale et une erreur économique, dont les conséquences ont mis plus de temps à se révéler dans ce pays peu peuplé et à peine exploité, qu'elles ne le feraient dans nos campagnes populeuses. Telle est l'explication de la longanimité du peuple russe. Il s'est plaint plutôt des abus du servage que du servage en lui-même, et, s'il n'était pas dans la nature des institutions vicieuses de s'altérer de plus en plus en vieillissant, il est probable que les paysans n'auraient jamais manifesté le besoin de détruire cette organisation toute artificielle. Leurs soulèvements n'indiquent pas de tendances bien libérales. En 1663, Stenka Razine se met à la tête du peuple révolté,

[1] Si le gouvernement russe au seizième siècle avait supprimé les seigneurs entre les paysans et lui, la Russie aurait vu dès cette époque l'application complète des systèmes socialistes qui ont été mis en avant de nos jours. L'aristocratie n'a jamais eu en Russie une grande influence politique ; mais c'est elle, néanmoins, qui a maintenu dans les lois de l'empire le principe de propriété, négation de toutes les théories socialistes, communistes et despotiques, et seule base certaine d'un avenir libéral.

[2] Voici un autre exemple des conséquences d'un faux principe. Il a été admis longtemps en Russie que tout noble doit servir l'État. La loi n'a fait que consacrer une opinion universellement reçue en punissant de la perte de la noblesse le noble qui se refuserait à un service public. Il a fallu revenir sur une mesure aussi imprudente : car l'administration, exigeant le service de tous les nobles, s'engageait du même coup à leur trouver à tous un emploi, et créait pour chacun une sorte de droit au travail. Toutes les chancelleries se trouvaient ainsi transformées en véritables ateliers nationaux.

[3] M. de Tégoborski, en faisant ressortir les caractères du servage russe (*Forces productives*, t. 1, p. 331), observe qu'un des grands avantages de l'organisation rurale est qu'elle préserve la Russie des entraînements socialistes ou communistes. Singulier préservatif, qui réalise le mal qu'il a la prétention d'empêcher !

auquel il promet l'affranchissement; après quelques succès, il est pris et exécuté à Moscou. C'est à la cherté excessive de la vie à cette époque qu'il faut attribuer l'entreprise hasardée de Stenka, contemporaine à peu près de la grande émeute de Moscou. La liberté ne joue là qu'un rôle secondaire. Cent ans après, Pougatchef, un autre Cosaque, se fait passer pour Pierre III, ce malheureux empereur que sa femme, la grande Catherine, avait fait assassiner; de 1773 à 1775, il entraîne à sa suite les paysans de plusieurs provinces, séduits par sa ressemblance avec l'ancien empereur; il remporte des victoires, puis il est trahi, livré et mis à mort. Tout rentre ensuite dans une paix profonde. Ces mouvements, à de si grands intervalles, ne montrent pas que le servage ait beaucoup pesé sur les paysans; ils n'ont rien du caractère irrésistible que prend bien vite une question de principe lorsqu'une nation entière se lève pour la soutenir. L'étude du servage, dans sa portée régulière, et abstraction faite des abus qui ont pu s'y introduire en certains temps et sur certains points, montrera en effet que le servage n'est pas l'esclavage, et que le paysan russe n'a pas connu le joug contre lequel nos paysans du moyen âge se sont tant de fois révoltés.

L'organisation du servage, réduite à ce qu'elle a d'essentiel, reconnaît au paysan certains droits en même temps qu'elle l'astreint à certains devoirs.

Le paysan doit cultiver la terre du seigneur; le seigneur doit préserver le paysan de l'indigence. Le paysan doit au seigneur un certain travail; mais la corvée n'est pas d'une durée indéfinie, trois jours par semaine sont réservés au paysan, et le seigneur est tenu de lui abandonner trois dessiatines de terre en usufruit[1].

A cela ne se borne pas l'organisation du servage. Outre le rapport de hiérarchie qui soumet le paysan au seigneur comme le sujet au souverain, il y a encore le rapport d'association des paysans entre eux, et c'est peut-être là le point le plus intéressant dans les institutions rurales de la Russie. Sur les terres du seigneur s'élève un village, composé de maisons de bois entourées chacune d'un jardin. C'est là qu'habitent les paysans et leurs familles, et c'est ce village qui forme la véritable unité morale de la population de l'empire. Ici les principes communistes sont appliqués dans toute leur portée. La totalité des terres cultivables est dévolue à la commune, qui en fait à des époques déterminées le partage entre chaque famille de paysans.

L'administration des intérêts communaux et la police de la commune ont certainement appartenu primitivement à la commune même. Les principes électifs, chose étrange dans un pays de gouvernement absolu, ont toujours été appliqués en Russie à tous les degrés de l'échelle sociale, dans les régiments et dans les campagnes

---

[1] Oukase de l'empereur Paul Ier (1797). — Nous prévenons ici que les chiffres que nous citons n'ont pas une valeur absolue, et peuvent être modifiés, d'après les usages locaux, d'un point à l'autre de l'empire.

comme dans les assemblées de la noblesse. Cependant les progrès nécessaires du pouvoir central ont peu à peu réduit les attributions des communes en matière de police, et on ne les retrouvait plus, ces dernières années, que dans quelques parties de la Russie, et parmi les paysans de la couronne. Chez tous les paysans indistinctement, nous trouvons du moins le besoin d'autorité et de hiérarchie. Dès qu'ils sont réunis en grand nombre quelque part, l'élection désigne un chef dont l'autorité n'est jamais méconnue, et même en dehors de la commune, sur les chantiers des travaux publics, les paysans exercent sur eux-mêmes, par la voie de ces chefs électifs, une police de détail qui les soumet dans certains cas à des châtiments corporels.

On voit que le paysan, à l'état de servage, est encore partie intégrante de la société russe : la loi n'en fait pas un esclave, et ne le range pas, comme on l'a dit, au niveau du bétail. Le paysan est membre de la grande famille nationale, et l'empereur est regardé par lui comme un père. Ses droits sont fixés par la loi et par l'usage. Il a la jouissance de sa cabane, de son champ ; il peut posséder des valeurs mobilières[1]. Il ne peut pas posséder d'immeubles parce qu'autrefois il n'y avait pas d'immeubles sans paysans, et que la possession des paysans était un privilége de noblesse. Enfin la loi ne le maintient pas indéfiniment dans le servage, et elle lui indique les moyens d'acquérir sa liberté provisoire ou définitive.

Ici pourtant la loi présente des lacunes bien regrettables.

Le paysan qui veut quitter son village doit au seigneur, en échange de son travail, une redevance annuelle, l'*obrok*, moyennant laquelle il peut aller où il lui plaît, et exercer un métier quelconque. Si cette redevance, loyer de la liberté, était fixée par la loi, on verrait là une mesure émancipatrice très-bienfaisante. Malheureusement la fixation de ce loyer a été laissée au débat du seigneur et du paysan, comme si leurs situations respectives étaient égales, ce qui donne au seigneur la faculté d'élever ses prétentions à un taux qui peut rendre la liberté inaccessible au serf. Qu'un paysan soit doué d'un talent particulier, ou qu'il possède quelque aptitude exceptionnelle dont la liberté seule puisse le faire profiter, le propriétaire sera maître d'exiger de lui les plus onéreux sacrifices. En dépit de ce défaut de la loi, qu'il eût été facile de faire disparaître, l'établissement de l'obrok a rendu de grands services à la cause de la liberté, et a permis à des paysans intelligents d'arriver à une fortune indépendante et à une complète émancipation.

Une loi de 1842 reconnaît aussi au paysan la faculté d'acheter sa liberté pour

---

[1] Quelques exemples de serfs entièrement dépouillés par leurs seigneurs ont été cités comme une preuve du contraire. Ces exemples prouveraient seulement le peu de garanties que présente la justice russe. Mais l'aptitude du serf à posséder des valeurs mobilières est formellement consacrée par la loi puisqu'elle lui reconnaît le droit d'acheter sa liberté.

toujours. Ici encore la loi n'a pas été assez loin, et a négligé de fixer un maximum, ce qui serait équitable en pareille matière. La rançon du paysan doit être fixée à prix débattu, et par suite le propriétaire, qui connaît la fortune du paysan, est libre de s'en approprier une large part, pour peu que le paysan tienne a être affranchi. Mais le paysan russe est très-rusé. Il a soin de dissimuler ce qu'il possède, et, si son seigneur est dans une situation obérée, comme il arrive à bien des seigneurs, le marché, habilement conduit, peut réussir sans qu'il en coûte trop cher à l'acheteur. Certains paysans, enrichis dans le commerce, se sont rendus libres de cette manière, et on en cite même qui ont acheté la liberté de tout leur village. L'insuffisance de la loi, qui ne met aucune barrière à la cupidité des seigneurs, n'a pas permis toutefois qu'elle ait les grands résultats qu'on aurait pu raisonnablement en attendre.

La plus grande des servitudes du paysan, et surtout de la femme serve, est le service personnel du seigneur quand celui-ci le réclame. Cette domesticité entraîne, en fait plutôt qu'en principe, les abus les plus révoltants.

C'est parmi les paysans que se recrute principalement l'armée. A chaque levée, le seigneur est tenu de fournir un nombre d'hommes proportionnel à la population de ses propriétés. Il désigne les hommes qui doivent devenir soldats. L'avenir pour ceux-là est complétement changé par cette désignation. Ils partent du village, emmenant avec eux leurs familles au régiment. Le service peut durer vingt-deux années[1]. Au bout de ce temps, le soldat est libre. Il ne retourne plus au village, et se trouve dans un très-grand embarras, parce que, le plus souvent, il ne sait comment gagner sa vie. Aussi le vieux soldat est-il presque le seul mendiant que l'on trouve dans la Russie ; il est comme perdu en dehors de la hiérarchie sociale, où sa place n'est plus marquée. On s'accorde à regarder le soldat libéré du service comme l'élément révolutionnaire du pays.

Le paysan attaché à la terre suit généralement la terre dans les mains par lesquelles elle passe successivement. Si par exception un seigneur achète des paysans pour les faire passer d'une terre sur une autre, il doit démontrer que cette terre a l'étendue légale qui correspond à sa nouvelle population[2].

En résumé, le paysan serf est protégé par la loi tant qu'il reste comme agriculteur

---

[1] Après la guerre de Crimée, le recrutement a été suspendu pendant six années. Quand on l'a repris en 1862, après la réforme du servage, il a fallu changer le système de conscription. On sait combien la nouvelle loi a rencontré de résistances en Pologne. — Le nouveau système prend 4 hommes sur 1,000. La durée du service est réduite à quinze ans, dont douze années dans l'armée active et trois dans la réserve. — L'armée russe, organisée sur ces bases se composerait de 1,440,000 hommes.

[2] L'étendue d'une terre ne donne pas la mesure de sa fertilité, et, en définitive, le document fourni par l'acheteur de paysans pouvait être au fond sans valeur. On en trouve un exemple dans l'admirable roman de

sur les terres du seigneur ; il est sans protection suffisante quand il quitte la terre pour exercer une industrie, ou quand il débat les conditions de son rachat ; il est libéré par le service militaire. Ce n'est que par exception qu'il a affaire à l'administration publique : détail qu'il est essentiel de mentionner.

Le servage exerce une grande influence sur le caractère du paysan. La dissimulation, qualité que le Russe de toute classe possède à un haut degré[1], n'est nulle part aussi développée que chez les serfs. Dès que le paysan a tant soit peu d'intelligence, sa vie jusqu'à l'affranchissement n'est qu'une perpétuelle diplomatie. Le Russe est silencieux, il garde facilement un secret. On peut vivre des années à côté de lui sans apercevoir la trace de ses véritables pensées, et pour cette raison, la Russie, comme tout l'Orient, est remplie de sociétés secrètes.

Le servage est de même un encouragement pour la paresse. Le paysan est garanti de la misère[2], et son travail activement mené profiterait plus souvent à son seigneur qu'à lui-même. Les paysans à l'obrok retrouvent au contraire dans leur demi-liberté une activité dont quelques-uns savent tirer parti.

Lorsque le droit au travail est reconnu pour tous, et que la crainte de la misère ne vient pas stimuler le courage de chacun, les châtiments corporels deviennent une nécessité sociale : celui qui a sa ration assurée doit être puni s'il ne l'achète pas

Gogol, *les Ames mortes*. Le héros de ce roman, Tchitchikoff, achète à vil prix des terrains vagues qui ont l'étendue légale correspondante à une population déterminée. Il se fait céder ensuite, par divers propriétaires, les paysans morts sur leurs domaines depuis le dernier recensement, et pour lesquels ils auraient à payer l'impôt jusqu'au recensement suivant, parce que c'est seulement à l'époque des recensements, c'est-à-dire tous les dix ans, que se fait la radiation des paysans décédés. Jusque-là, le paysan est censé vivre. Tchitchikoff se trouve donc, moyennant une somme insignifiante, possesseur d'une nombreuse population de paysans, tous décédés, il est vrai, mais ayant tous pour quelques années une existence officielle sur les terres incultes dont il a fait l'acquisition préalable. Il engage alors ses paysans à la Banque, et reçoit de l'argent comptant en échange d'une hypothèque prise sur des valeurs tout à fait imaginaires.

[1] Il y a longtemps que les Russes ont cette réputation d'hommes rusés et trompeurs. On peut consulter à ce sujet la relation d'un voyage fait de 1633 à 1638, en Moscovie et en Perse, par les ambassadeurs du duc Frédéric de Holstein (*Relation du voyage en Moscovie, Tartarie et Perse* d'Adam Olearius, traduit de l'allemand par Wicquefort, Paris, 1659). Cette ambassade avait été envoyée par le duc de Holstein en Perse, pour nouer des rapports commerciaux entre les deux pays, et elle devait s'arrêter à Moscou pour obtenir du tsar Michel Féodorovitch l'autorisation de traverser ses États. Le tsar, après plusieurs audiences où la cour de Moscou déploya tout son cérémonial, accorda l'autorisation demandée, mais « à la charge que les ambassadeurs retourneraient en Holstein, et lui apporteraient la ratification du traité » (t. 1er, p. 43). — C'est à leur second passage en Moscovie que les ambassadeurs tracent le portrait des Moscovites de la manière suivante : (nous ne citons que les notes marginales de l'ouvrage). Livre III, p. 145 : « Les Moscovites ne manquent point d'esprit ; » — p. 146, « sont défiants et menteurs ; » — p. 148, « sont indiscrets; » — p. 149, « n'ont point de civilité; » — p. 150, « sont querelleurs, insolents en paroles ; » — p. 151, « ils n'ont point d'étude, ni d'honnêteté. Ils sont yurognes; » — p. 155, « yurognerie des femmes. Ils sont nés pour la servitude. »

Ce portrait n'est pas flatté. Si Adam Olearius retournait en Moscovie à notre époque, il constaterait quelques progrès dans le caractère national ; il ne trouverait pas beaucoup plus de franchise.

[2] Les vrais misérables de la Russie sont les petits employés des administrations publiques.

par son travail[1]. Malgré ce correctif qui tient peu de compte de la dignité de l'individu, le jeu pur et simple de la liberté et de la responsabilité humaines conserve sur toutes les organisations socialistes une supériorité bien évidente. Le travail non libre produit peu ; les campagnes exploitées par les serfs restent stationnaires, tandis que les villes, berceau de la bourgeoisie naissante, s'enrichissent et entrent dans la voie des progrès[2].

On comptait, en 1859, 23,000,000 serfs en Russie ; ils étaient très-inégalement répartis entre les différents gouvernements. Le gouvernement de Kief était celui qui en comprenait le plus grand nombre, 1,121,000 ; ensuite venait le gouvernement de Podolie, 1,041,000. Il y en avait 621,000 dans le gouvernement de Moscou, et seulement 260,000 dans le gouvernement de Pétersbourg. Le caractère tout agricole du servage se manifeste dans ces inégalités de distribution.

Dans ce total de 23,000,000, on ne compte pas les paysans de la couronne, affranchis depuis plusieurs années. Leur affranchissement en masse ne les a pas rendus plus heureux ; on dit même que, de tous les paysans, les anciens serfs de la couronne sont les plus misérables, et voici la raison de cette situation exceptionnellement malheureuse. Les paysans de la couronne ont à débattre une foule d'intérêts avec l'administration russe, tandis que les autres paysans traitent avec elle par l'intermédiaire du seigneur. Or, l'administration est, en Russie, le plus terrible des fléaux[3]. Cette triste remarque fait pressentir que l'émancipation générale des paysans, la grande révolution tentée par l'empereur Alexandre, n'aura pas sur-le-champ les heureux effets qu'on voudrait pouvoir en espérer, et que le paysan russe, délivré du seigneur et de son intendant, retrouvera peut-être un maître plus dur et plus absolu dans les employés de la couronne.

Il est temps que nous abordions l'examen de cette œuvre d'émancipation générale, dont la pensée, sinon le succès immédiat, fera l'honneur du règne actuel. On dit que l'empereur Nicolas avait déjà résolu en principe de donner la liberté aux paysans.

---

[1] *Le chevalier.* — C'est le traité que vous avez fait avec vos chevaux. — *Le marquis.* — Est-ce qu'il y a un traité de fait entre moi et mes chevaux ? — *Le chevalier.* — Oui, sans doute,... ce traité est très-ancien... Le cheval dit à l'homme : « vous me briderez, vous m'attellerez, vous me fouetterez, je vous servirai patiemment, mais vous me nourrirez. » (Galiani, *Dialogue sur le commerce des bleds.* Dialogue VIII.)

[2] C'est sans doute, là comme ailleurs, cette classe moyenne de bourgeois et de marchands qui, en s'étendant peu à peu, moralisera et régénérera le pays.

[3] Tégoborski et Haxthausen citent deux villages dont les paysans sont revenus volontairement à la possession commune et au partage annuel des terres entre les divers foyers, après avoir essayé du régime de la propriété personnelle et héréditaire. Les procédés vexatoires de l'administration publique ne seraient-ils pas la vraie cause de cette préférence des paysans pour la propriété collective? — De même il arrive souvent que les négociants d'une ville commerçante repoussent le projet d'une amélioration qui pourrait leur être très-utile, parce que l'adoption du projet aurait pour première conséquence l'établissement d'une nouvelle taxe, et que peut-être on en resterait là.

Quoi qu'il en soit, son intention resta à peu près stérile pendant tout son règne [1]. Elle fut reprise par son successeur, et malgré une opposition très-ardente de tous les intérêts menacés ou compromis, elle aboutit le 19 février 1861, pour le sixième anniversaire de l'avénement d'Alexandre II, à la publication du fameux manifeste qui renferme les principes de la révolution à accomplir. Ce manifeste est écrit dans un esprit très-modéré ; il présente aux paysans l'émancipation comme une concession librement consentie par la noblesse, ce qui n'est pas tout à fait vrai, et, prudemment, il leur parle plus des devoirs que la liberté impose que des droits qu'elle accorde en retour [2]. La lecture en a été faite dans toutes les églises de Russie le premier dimanche du carême de 1861 [3]. Le manifeste avait alors seize jours de date, mais on avait craint de notifier au peuple son émancipation pendant les plaisirs de la *semaine folle*. L'effet apparent sur ce peuple dissimulé a été complétement nul en dehors des démonstrations préparées. L'effet réel a été très-profond, mais très-complexe, et il est peut-être encore assez difficile de l'apprécier avec exactitude.

Les règlements publiés avec le manifeste formaient déjà un gros volume, qui depuis a dû grossir encore. On ne pouvait en effet régler en peu de mots une question qui présente autant de cas particuliers qu'il y a de districts dans le pays. La loi russe d'ailleurs est généralement rédigée d'une manière prolixe, et, ce qui n'ajoute pas à la clarté de la rédaction, chaque alinéa est surchargé d'une multitude d'exceptions et de remarques. Nous ne pouvons que résumer ici l'esprit des mesures d'émancipation. Il nous suffira pour cela d'indiquer que le paysan devient dans un certain délai propriétaire de la maison qu'il occupe et du jardin qui l'entoure, que le seigneur reste propriétaire de la terre, et qu'au rapport forcé de serf à maître, la loi substitue un rapport facultatif de fermier à propriétaire.

Ces mesures, à coup sûr très-raisonnables, ont excité un vif mécontentement chez les serfs et chez les seigneurs.

Le seigneur se trouve avoir des terres sans être sûr de trouver un fermier qui les mette en valeur. La population du village peut en effet porter ailleurs le travail de ses bras, et c'est pour maintenir les populations sur les terres qu'elles voulaient déserter, que le servage a été institué en 1593. Rien ne prouve donc que l'assiette

[1] Non-seulement Nicolas, tout en voulant l'émancipation, recula devant l'application du principe, mais il étendit le servage du côté des provinces polonaises.

[2] On a surtout remarqué le dernier alinéa :

« Et maintenant, peuple pieux et fidèle, fais sur ton front le signe sacré de la croix, et joins tes prières aux « Nôtres pour appeler la bénédiction du Très-Haut sur ton premier travail libre, gage assuré de ton bien-être « personnel ainsi que de la prospérité publique. »

[3] 5/17 mars 1861. — (*Voir* note V).

ctuelle de la population soit la plus naturelle, et que le paysan russe, qui aime passionnément à se déplacer [1], n'abandonne les parties maigres, où il a été parqué jusqu'ici, pour vivre à moins de frais sur un sol plus généreux. Les propriétaires assez heureux pour louer leurs terres craignent, d'un autre côté, que l'ancien serf ne sache faire payer à l'ancien seigneur les excès de pouvoir que celui-ci a pu s'être permis sur sa bourse ou sur sa personne. Les seigneurs tombent, pour ainsi dire, à la merci des paysans : car la concurrence entre les paysans existe peu en Russie à cause des immenses étendues de terres à exploiter, et une coalition générale des paysans pourrait, au besoin, faire baisser notablement les fermages. Enfin, les idées d'émancipation ne peuvent s'introduire chez les paysans, sans que tous ceux qui, à tort ou à raison, se plaignent de leurs maîtres, ne cherchent sur-le-champ les moyens d'en tirer vengeance : et le maître est exposé à payer, non-seulement pour ses méfaits personnels, mais encore pour ceux de l'intendant, personnage subalterne qu'on retrouve partout en Russie, parasite peu estimable en général, et détesté de ses inférieurs. Certains propriétaires, pressentant tous ces dangers, ne se sont plus trouvés en sûreté dans leurs terres après la publication des règlements. Une véritable émigration s'est opérée des campagnes vers les grandes villes, et de la Russie vers l'étranger. La terre a perdu en une année sur certains points les neuf dixièmes de sa valeur : c'est le coup de grâce pour la noblesse, déjà en grande partie ruinée par ses habitudes de dissipation.

Le paysan n'est pas non plus satisfait de la réforme faite à son profit. Il s'attendait à mieux, et la déception a été générale dans les campagnes lorsqu'on a vu à quoi se réduisait la transformation depuis si longtemps préparée.

Des désordres éclatèrent dans certains gouvernements. A Kazan, on vit paraître un *voyant* qui excita les paysans à la révolte. Le peuple russe, sur qui les traditions de la Bible ont encore beaucoup d'action, est disposé à se laisser prendre à de telles impostures. Le voyant attaqua le manifeste lu dans les églises comme une pièce fausse, une altération du vrai manifeste impérial supprimé par la noblesse [2]. Les paysans crurent ce nouveau prophète, et il fallut les mettre à la raison à coups de fusil. Pour

---

[1] Les déplacements continuels des Russes ont amené entre les différentes parties du pays des rapports tellement constants, qu'il n'y a dans toute la Russie ni un patois, ni même un accent particulier à une localité. La langue de la petite Russie diffère cependant du russe de Moscou : mais la petite Russie a été longtemps une province polonaise.

[2] Une telle altération n'avait rien d'invraisemblable. Les courtisans de l'empereur ont fait faire pendant quelque temps, à l'usage de sa Majesté, une contrefaçon du journal révolutionnaire *la Cloche* (*Kolokol*), qui se publie en russe à Londres, et qui est envoyé au souverain de la Russie. — De faux manifestes ont été répandus dans les campagnes, à l'époque de l'émancipation, par les partis hostiles au gouvernement.

comprendre le désappointement du paysan, il faut savoir que, dans sa pensée, il était possesseur de la terre, et que son seigneur était seulement pour lui une sorte de souverain intermédiaire, auquel il était tenu de fournir un impôt en nature ou en travail. Le règlement qui réduit la propriété du paysan à sa cabane et à son jardin, et qui attribue au maître la presque totalité du sol, est d'après ces idées un vol fait au paysan, qui trouve dur de payer pour avoir le droit de cultiver des terres dont il s'attribuait d'avance la propriété pleine et entière.

L'émancipation, telle que le gouvernement l'opère, ne laisse pas dans l'indigence la masse des paysans détachés du sol. L'émancipation, telle que la voulaient ceux-ci, en aurait fait de grands propriétaires. Leurs prétentions se résument en un seul mot : la terre aux paysans et pour rien.

La dépréciation générale des propriétés réalisera en partie ce programme révolutionnaire. Le paysan finira par avoir la terre pour peu de chose, et le seigneur par se ruiner entièrement. L'empire russe aura fait par l'émancipation un grand pas vers les doctrines démocratiques, contre lesquelles un faible reste d'aristocratie avait jusqu'à présent lutté.

Les conséquences économiques de l'émancipation ne peuvent être que très-heureuses, une fois les premiers désordres passés : c'est la première mesure réellement efficace pour la mise en valeur du pays. La réforme ne s'accomplira pas cependant sans toucher sur certains écueils. La production russe suffit, comme nous l'avons vu, aux besoins du moment ; plus économiquement conduite par le travail libre, elle ne devra pas, si l'exportation fait défaut, occuper le même nombre de bras pour fournir les mêmes quantités de produits. Une fraction de la population rurale se rejettera donc vers les diverses industries, et là elle rencontrera de nouveaux obstacles, des règlements, des monopoles, un travail qui n'est pas entièrement libre. La liberté n'était nulle part dans la Russie d'autrefois ; si on la met dans l'agriculture, il faut la mettre partout en même temps.

L'ajournement des voies de communication, et entre autres de la ligne de Moscou à la mer Noire, était une faute grave dans de telles circonstances. Toute facilité à l'exportation des céréales augmenterait les produits de l'agriculture et lui permettrait de nourrir un plus grand nombre d'individus ; d'un autre côté, un immense chantier de 1,400 verstes de longueur aurait présenté de bien précieuses ressources aux populations dans les crises qu'elles pouvaient avoir à traverser.

La distraction du travail faisant ainsi défaut, l'insurrection de la Pologne est venue, en un sens, donner au gouvernement un secours utile pour ses réformes in-

.érieures. Elle a resserré contre un ennemi commun le lien qui unit les diverses
classes, et l'élan patriotique qu'elle a provoqué a permis de gagner du temps pour la
solution de beaucoup de questions difficiles.

Mais le plus grand écueil de la réforme du servage est l'administration inintelligente,
formaliste et corrompue qui est chargée de l'accomplir et de la défendre. Le paysan
perd en même temps par l'émancipation la protection du seigneur et la sauvegarde de
l'association communale. Peut-être regrettera-t-il un jour son premier état. Ici encore
la réforme n'est pas complète, et demande à tout pénétrer.

Le servage était la base d'une pyramide sociale dont l'empereur occupe encore
le sommet, et dont une administration très-fortement centralisée tient les hauteurs
moyennes. En Russie, l'administration n'est pas un corps constitué à côté pour
ainsi dire de la nation, pour lui rendre des services nettement définis ; c'est un
corps placé au-dessus de la nation avec le droit omnipotent de l'infaillibilité,
émanation nécessaire du pouvoir absolu du souverain. L'administration fait valoir
à son profit contre les individus les prérogatives de la couronne. La liberté est
incompatible avec cette erreur de principes. Il faut, puisque le servage est dé-
ruit, que l'autocratie disparaisse ou se transforme, que l'empereur soit le chef
de l'administration et non le maître du pays, que le droit individuel ait d'autres
garanties que le bon plaisir du monarque. L'histoire est sur ce point d'accord
avec la logique. Ce n'est pas par une circonstance fortuite que le servage se soit
définitivement constitué dans le même siècle que l'autocratie : on ne peut briser
le lien moral qui unit ces deux institutions. L'émancipation du paysan entraî-
nera dans un avenir plus ou moins éloigné l'émancipation politique de la nation : la couronne aura ainsi posé elle-même le principe qui doit la transformer
un jour. D'ici là, l'histoire de la Russie sera probablement signalée par bien des
désordres : car de toutes les réformes, celle qui consiste à introduire dans une
administration le sens moral qui lui fait défaut est peut-être la plus difficile à
mener jusqu'au bout, parce que les agents de la réforme sont les premiers inté-
ressés à la faire échouer. Il y a un second obstacle, tout politique, aux progrès de
la Russie dans la voie où elle est entrée. L'empire est formé d'une agglomération
de peuples différents de caractères et d'origines, et ayant des tendances opposées.
Le même sceptre est étendu sur des Russes, des Polonais, des Allemands, des
Boukhares : l'autocratie est regardée, peut-être avec raison, comme le seul procédé
de gouvernement qui puisse maintenir l'unité mensongère de l'empire. Si donc
la nécessité des réformes doit être de mieux en mieux sentie, le gouvernement
ne pourra ou n'osera satisfaire aux légitimes besoins du peuple ; la continua-

tion du désordre dans l'empire russe ne manque pas ainsi d'une grande probabilité.

Ce chapitre a été écrit en 1863. Nous nous empressons de constater ici les améliorations réalisées depuis lors.

L'émancipation a entièrement réussi. On n'est pas encore sorti de la période de transition ; mais on peut regarder comme certain que vers 1872, tous les paysans seront libres, et que l'État sera remboursé par leurs redevances annuelles des avances qu'il leur a faites.

Les anciens propriétaires ont éprouvé pour la plupart des pertes considérables ; ceux-là seulement n'ont pas souffert qui, pressentant l'urgence de la réforme, n'ont pas attendu le manifeste de 1861 pour passer des contrats avec leurs paysans, traités par eux comme des métayers ou des fermiers libres.

Depuis 1861, on a continué, comme nous l'avons dit déjà, à publier chaque année le budget général de l'empire. Ce n'est pas là un signe politique sans valeur. Cette pièce est fidèle, et accuse franchement les déficits.

La justice se rendait autrefois à huis clos et sur mémoire ; elle est publique aujourd'hui, et se rend sur plaidoyer oral.

On constate en même temps plus d'honnêteté dans les administrations publiques. Malheureusement ce progrès si désirable n'a pas atteint toutes les branches de l'administration, et nous pourrions en citer pour lesquelles le progrès paraît s'être produit en sens contraire.

Les administrations locales ont été organisées sur une large base, de sorte qu'au point de vue administratif, la représentation des intérêts est assez complète.

Au point de vue politique, il n'y a rien de changé. L'autocratie est toujours absolue, et l'héritier de la couronne, à l'époque de sa majorité, jure encore de la maintenir.

VII

OPÉRATIONS FINANCIÈRES. — LE ROUBLE.

§ 1ᵉʳ. — OPÉRATIONS FINANCIÈRES.

La garantie d'intérêt à 5 pour 100, stipulée dans l'acte de concession de 1857, portait pour la ligne de Varsovie sur un capital de 85,000,000 roubles, pour l'embranchement vers la frontière de Prusse, sur une somme de 69,000 roubles par verste, enfin sur une somme de 62,500 roubles par verste pour les trois autres lignes du réseau. En appliquant ces nombres aux longueurs des lignes entreprises, on reconnaît que la garantie d'intérêt devait se calculer d'après les sommes suivantes :

	Roubles.
Ligne de Varsovie.	85,000,000
Embranchement de cette ligne vers la Prusse	11,109,000
Ligne de Moscou à Nijni-Novgorod.	25,500,000
Total.	121,609,000

Nous verrons plus loin que cette estimation première a été dépassée.

Le capital de la Grande Société, limité par les statuts de 1857 à 275,000,000 roubles, ou, au pair, à 1,100,000,000 francs, devait être formé au moyen de l'émission successive d'actions et d'obligations. Les actions devaient avoir une valeur nominale de 125 roubles. Les statuts ne définissaient pas la valeur nominale à donner aux obligations; ils établissaient seulement ce principe que le capital des obligations pourrait atteindre, mais non dépasser, le capital souscrit par les actionnaires. La première émission était fixée à 600,000 actions, représentant un capital de 75,000,000 roubles ou de 300,000,000 francs.

La valeur nominale des actions de la Grande Société était exprimée non-seulement en roubles, mais encore en francs, en livres sterling, en florins de Hollande, et en thalers de Prusse. L'action de 125 roubles à Pétersbourg était censée valoir 500 francs à Paris, 20 livres sterling à Londres, 134 thalers à Berlin, et 236 florins à Amsterdam. Les coupons des actions devaient être payables dans chacune de ces places au change résultant des rapports admis par les statuts, et nonobstant les variations du change effectif.

L'émission de 1857 réussit assez bien à Pétersbourg, mais elle échoua complétement à Londres, où l'entreprise des chemins russes était l'objet d'appréhensions politiques assez vives. La Russie et la Hollande donnèrent en entier le capital qu'on leur demandait; les autres parts de la souscription furent fournies par les fondateurs et leur clientèle ordinaire, sans souscription publique.

Le premier appel était des trois dixièmes du capital nominal souscrit; il mit entre les mains de la Compagnie une somme de 22,500,000 roubles, soit 90,000,000 francs. Dans les trois derniers mois de 1857, la Compagnie offrit aux actionnaires la faculté de se libérer entièrement par anticipation. Cette mesure amena la libération de 134,685 titres. Suspendue pendant toute l'année 1858, elle fut reprise en 1859 et dura jusqu'aux appels qui rendirent la libération obligatoire. Jusqu'en 1860, la libération facultative eut un plein succès : au 31 décembre 1859, le nombre des actions volontairement libérées s'élevait à 337,713 , ou à plus de la moitié du nombre total des titres émis.

L'émission des obligations fut commencée le 1er septembre 1858 pour les capitaux russes seulement. L'obligation étant de 500 roubles, devait rapporter 4 1/2 p. 100 d'intérêt, et était remboursable sans prime. Malgré ces conditions, bien inférieures à celles que l'on faisait à la même époque aux obligations des chemins français, le capital réuni par cette voie monta à 35 millions de roubles, représentés par 70,000 titres. Plus de la moitié de cette somme appartenait à divers établissements de bienfaisance.

L'intention de la Compagnie était de rassembler au moyen de ses obligations un capital de 75,000,000 de roubles, égal au montant du capital nominal des actions émises. Les statuts, comme nous l'avons dit, lui en reconnaissaient le droit, et il n'est pas douteux que cette émission n'ait réussi à ce moment. D'une part en effet, la demande d'obbligations fut à peu près décuple du nombre de titres offerts au public;

de l'autre, les établissements publics, et notamment le Saint-Synode, voulurent prêter à la Compagnie des capitaux que le gouvernement ne lui permit pas d'accepter. Le gouvernement limita en effet à 35 millions le montant de l'émission projetée, sous prétexte que c'était à cette somme que s'élevait alors le capital réellement versé par les actionnaires. Cette interprétation étroite des statuts, on le verra tout à l'heure, eut des résultats également onéreux pour la Société et pour l'État. L'intervention du pouvoir dans les affaires de la Société réduisit ainsi son capital effectif à 110,000,000 roubles, quand elle aurait pu, à des conditions extrêmement favorables, le porter à 150 millions.

Les conséquences de cette faute ne se manifestèrent cependant pas immédiatement. La situation financière de la Grande Société était très-solide, l'avenir paraissait assuré; les actions faisaient une petite prime à la bourse de Pétersbourg, et les capitaux disponibles du pays cherchaient volontiers ce placement, où ils trouvaient à peu près 5 pour 100 de revenu, tandis que l'intérêt dans les banques, longtemps fixé à 4 pour 100, venait d'être réduit à 3. Mais la prospérité de la Compagnie, compromise par la restriction que le gouvernement avait arbitrairement apportée au rassemblement de son capital, devait souffrir encore des mesures qu'il essaya, à partir de l'année 1859, dans l'intérêt prétendu de finances de l'empire.

Après avoir inutilement tenté en 1859 un emprunt étranger que les événements politiques survenus cette année rendirent impraticable, le gouvernement convertit, le 1er septembre, les fonds déposés par les particuliers dans les banques en billets de banque de l'État, rapportant 5 pour 100 d'intérêt annuel. C'était immobiliser tout d'un coup 300,000,000 roubles. L'emprunt étranger, suspendu en 1859, fut repris en 1860, et réussit cette fois, sous la condition que les intérêts fussent payés chaque année en espèces sonnantes. Commencé en 1860 par une somme de 12,000,000 roubles, l'emprunt doit être continué d'année en année jusqu'à ce qu'il ait fourni 100,000,000.

Les nouveaux titres émis par le gouvernement enlevèrent aux actions de la Grande Société la supériorité qu'elles avaient jusque-là conservée par rapport aux autres valeurs. Elles tombèrent à Pétersbourg au-dessous du pair. A Paris, la baisse du change les mettait encore à 10 pour 100 au-dessous du cours nominal de Pétersbourg. Cette dépréciation rendait impossible une émission d'actions nouvelles, et dès lors l'achèvement du réseau projeté en 1857 devenait impossible si les conditions de l'entreprise n'étaient pas améliorées.

Et non-seulement l'exécution des lignes nouvelles devenait par là très-problématique; l'achèvement des trois lignes entreprises allait nécessiter aussi la création de nouvelles ressources. Les dépenses de la Compagnie s'étaient élevées au-dessus des prévisions, par suite du renchérissement général des matériaux et de la main-d'œuvre, et par suite de la baisse du change, qui créait pour la Société une charge de plus en plus lourde. L'administration publique de son côté ne cessa pas, jusqu'au jour où les nouveaux statuts vinrent modifier les situations relatives, d'accroître par tous les moyens en son pouvoir les dépenses de la Société. Il suffirait, pour s'en convaincre, de lire les dépêches ministérielles rédigées pendant cette première période. Quelques-unes de ces décisions, il est vrai, n'ont pas été maintenues ; mais elles n'en montrent pas moins l'esprit qui les a toutes dictées. A Dunabourg, le ministre voulait faire construire à la Compagnie un pont pour route à côté du pont du chemin de fer [1]; à Moscou, nous l'avons vu remettre en question la traversée de la ville déjà exécutée; sur la ligne de Varsovie, il prétendit faire poser sur-le-champ les deux voies, parce que tel était le projet du gouvernent, tandis que l'acte de concession n'exigeait la pose de la seconde voie que si le produit brut dépasse 9,000 roubles par verste ; le ministre voulait encore faire payer à la Compagnie les droits d'entrée sur les fers de ses ponts métalliques, disposition contraire à l'esprit, sinon à la lettre, de l'acte de concession. Sur ces deux derniers points une décision impériale réforma la décision ministérielle. Mais, sur bien d'autres, la Compagnie fut forcée de subir les plus onéreuses exigences; pour ne citer que les principales, le tunnel de Kovno, travail inutile ; l'exagération des dimensions dans tous les ouvrages ; le remplacement immédiat de ponts provisoires en charpente qui auraient pu durer dix ans et au delà ; la réclamation faite par le gouvernement à la Société du remboursement de dépenses faites par lui sur la ligne de Varsovie, quand, en toute équité, ces dépenses eussent dû être comprises dans la dette de 18,000,000 roubles de la Société envers l'État...

La Compagnie présenta au gouvernement, en 1860, ses observations sur la situation de l'entreprise : pour relever le cours de ses actions, elle proposait d'acheter le chemin Nicolas. La vente de ce chemin eût fait entrer au trésor public un capital que la Compagnie se fût procuré au moyen d'un emprunt, et les produits de l'exploitation, accrus entre les mains d'une société industrielle, auraient assuré aux actions de la Société un dividende qui en aurait fait remonter le cours. Le gouvernement ou, pour mieux dire, l'empereur, fit un bon accueil à ces propositions : on nomma même une commission pour en faire l'étude. Mais on n'alla pas plus loin : la combinaison projetée ne devait pas aboutir. L'administration russe tenait trop à son chemin Nicolas pour

---

[1] La Compagnie a obtenu l'autorisation de réunir sur le même tablier la voie de terre et les voies ferrées. Mais elle a contribué aux dépenses des travaux militaires de la forteresse de Dunabourg.

ouloir le livrer à aucun prix [1]. La Compagnie comprit bien vite qu'il serait impossible e s'entendre avec la commission ; elle se tourna d'un autre côté.

Pour faire face à ses besoins d'argent, elle appela, en novembre 1860, 25 roubles ur les actions non libérées, puis, au mois de février 1861, 62',50 kopeks pour solde es versements. Les souscriptions étrangères profitèrent d'une réduction proportionnée la baisse du change. A l'exception des titres, pour lesquels les actionnaires ne purent ire ces deux versements coup sur coup, la Compagnie avait réuni la totalité de son apital, 110,000,000 roubles.

On avait voulu, en 1861, émettre de nouvelles obligations pour retarder l'appel du olde à verser par les actionnaires. Mais la situation du crédit public était bien trans- ormée depuis 1858, et l'erreur du gouvernement parut alors dans tout son jour. Au ieu de trouver à emprunter à 4 $^{1}/_{2}$, sans prime au remboursement, la Compagnie e peut qu'essayer un emprunt, en négociant un certain nombre de titres, de 125 oubles de valeur nominale, à un taux variable de 99 à 101 roubles, et rapportant 5 oubles d'intérêt annuel. Il eût fallu même abaisser le taux de l'émission pour assurer

[1] Depuis, on a annoncé, à plusieurs reprises, l'aliénation du chemin Nicolas : en 1864 d'abord, en 1867 en uite. Voici ce qu'on lit dans une correspondance russe du *Moniteur universel* d'avril 1867 :

« Les chemins de fer et leur développement continuent à être l'objet de la plus sérieuse attention de la part u gouvernement, qui comprend que les voies ferrées doivent nécessairement changer la face de notre empire t le faire entrer plus avant dans le grand mouvement européen. Pendant les six années qui viennent de s'écou- er, l'État a dépensé environ cent vingt millions de roubles en argent pour les chemins de fer, soit en subven- ions, garantie d'intérêts, frais de construction et autres priviléges, et dans le budget de 1867 une somme de ent millions de francs leur est consacrée. On calcule qu'une somme sensiblement plus élevée sera encore indis- ensable durant plusieurs années, et, en présence de ces dépenses, il n'est donc pas surprenant qu'il soit ques- ion d'aliéner le chemin de fer Nicolas à une compagnie privée.

« L'exemple de l'Angleterre, de la France et d'autres pays prouve que, si dans certains cas il est bon qu'un ouvernement participe à la construction d'une ligne, il est aussi d'une bonne administration qu'à un moment onné il cesse d'en être propriétaire et la cède à l'industrie particulière. Il ne paraît d'ailleurs pas douteux que État ne pousse les nouveaux tracés dans les directions les plus favorables, de manière à relier la Baltique à la ner Noire, à la mer Caspienne, en même temps que les lignes courant de l'est à l'ouest nous mettront en rapport vec toute l'Europe occidentale et permettront à nos produits d'arriver sur tous les marchés. »

Et dans *le Monde* :

« La Russie se prépare aux événements en se créant des ressources extraordinaires. Après avoir vendu ses ossessions américaines, elle négocie maintenant la vente de ses lignes ferrées. M. Abasa, en qualité de com- nissaire du gouvernement, est chargé de traiter de la cession de la ligne Nicolas avec le comte Strogonow, repré- entant la compagnie générale des chemins de fer russes, au prix de 90 millions. »

Quatre-vingt-dix millions de roubles équivalent, au cours de 3 fr. 35, à 30,550,000 francs, ce qui fait environ 502,600 fr. par verste ; cette évaluation paraît bien exagérée. Il ne faut pas oublier que la voie du chemin Nicolas st à refaire ; que le remplacement des ponts américains par des ouvrages plus durables est devenu extrême- nent urgent, et qu'enfin les gares de marchandises sont encore à créer aux principales stations de la ligne. — On depuis annoncé la vente du chemin de fer Nicolas : mais cette nouvelle n'est pas encore exacte ; ce qui est rai, c'est que le gouvernement russe vient de faire un nouvel emprunt étranger en engageant la garantie du chemin Nicolas. Il faudra bien en arriver à le vendre, car entre les mains de l'État, ce chemin de fer ne rapporte ien.

le succès d'un souscription publique. C'était déprécier d'autant plus les actions, et rendre d'autant plus urgente la nécessité d'obtenir du gouvernement de nouveaux priviléges indispensables pour l'achèvement du réseau.

La Compagnie adressa en conséquence au gouvernement un mémoire où de nouvelles propositions étaient formulées. Elle lui demandait : 1° pour relever le cours de ses actions, une garantie de 4 pour 100 d'intérêt sur le capital réellement dépensé pour la construction des lignes entreprises, estimé à la somme de 138,000,000 roubles, et de plus une subvention payable chaque année, pendant trente ans, à partir de la mise en exploitation de cette partie du réseau ; 2° pour entreprendre la ligne de Moscou à Théodosie, une garantie d'intérêt de 5 pour 100 sur le capital de construction calculé à 95,000 roubles par verste, au lieu de 62,500, avec une subvention annuelle payable pendant les trente premières années de l'exploitation. La Compagnie proposait enfin d'ajourner à 1864 la détermination des mesures à prendre pour l'exécution de la ligne transversale[1].

Ces conditions, dont on aurait pu fixer les détails d'un commun accord, n'avaient rien d'onéreux pour les finances publiques, et elles avaient du moins pour résultat de permettre l'attaque immédiate des travaux de la ligne du Sud. Le gouvernement en jugea tout différemment ; malgré l'opposition de quelques-uns des membres du conseil de l'empire, les propositions de la Compagnie furent déclarées exorbitantes, et rejetées sans examen. Puis le gouvernement lança un contre-projet, en réalité bien plus onéreux pour l'État que le projet de la Compagnie : après discussion des détails, ce contre-projet est devenu l'acte connu sous le nom des *Nouveaux statuts du 3 novembre 1861.*

En voici l'analyse sommaire, du moins en ce qu'ils renferment de plus spécial :

1° La Compagnie est exonérée de ses engagements relatifs aux lignes de Moscou à Théodosie et d'Orel à Libau. Les dépenses faites sur ces lignes viennent en déduction des 18,000,000 roubles dus par la Compagnie à l'État pour la ligne de Varsovie, et tous les travaux exécutés, tous les projets rédigés ou préparés sont transmis par la Compagnie à la couronne.

2° Le capital social de la Compagnie est définitivement fixé au nombre de titres émis jusqu'à la date des nouveaux statuts, savoir :

	Roubles.
600,000 actions, représentant une somme de	75,000,000
70,000 obligations de l'émission de 1858	35,000,000
18,877 obligations de la seconde émission	2,359,625
Total	112,359,625

[1] *Voir* note III.

3° L'État garantit sur-le-champ les intérêts de ce capital, savoir, 6^r,25^k par action, 22^r,50^k par obligation de l'émission de 1858, et 5^r par obligation de la seconde émission ; la somme annuelle qu'il garantit pour le service de ces intérêts monte à 5,419,385 roubles. Il garantit en outre le remboursement de tous les titres, dans les conditions stipulées au moment de la souscription ; enfin ces payements doivent être effectués au change fixe des anciens statuts, c'est-à-dire sur le pied de 4 francs ou de 3 shillings 2 pence $\frac{4}{10}$ par rouble.

4° Pour achever les lignes entreprises sans recourir à la création de nouveaux titres, la Compagnie recevra de l'État des avances de fonds jusqu'à concurrence d'une somme de 28,000,000 de roubles.

Telles sont les mesures financières qui résument les nouveaux statuts. L'État prend pour lui toutes les mauvaises chances que les actionnaires pourraient courir ; il donne au capital social le caractère des emprunts du gouvernement ; que la Compagnie achève ou non les lignes entreprises, qu'elle les exploite ou non, que l'exploitation soit conduite avec économie ou avec extravagance, les actionnaires n'ont plus à s'en inquiéter. Le gouvernement refuse de garantir à la Société un subvention annuelle pour assurer l'exécution de la ligne de Moscou à Théodosie ; mais il lui accorde une subvention en capital de 28,000,000 de roubles, en la tenant quitte de toute construction de ligne nouvelle.

L'article 30 des nouveaux statuts indique les motifs qui ont dirigé le gouvernement dans cette négociation singulière. On y voit que le conseil d'administration doit être formé de quatorze membres, dont dix seront nommés par les actionnaires et les quatre autres par le gouvernement. Ces quatre délégués ont le droit d'évoquer la plupart des affaires, qui sont alors traitées par l'administration supérieure ; pour qui connaît les traditions de l'administration russe, il est clair que ces quatre membres dominent entièrement le conseil et ne lui laissent aucune liberté d'action. De là la retraite immédiate d'un grand nombre des membres de l'ancien conseil : peu de personnes se soucient de jouer le rôle secondaire d'administrateur dans une affaire où les intérêts des actionnaires ne sont plus en question, et où la direction effective n'émane plus du conseil lui-même. Du caractère international qu'elle avait primitivement, la Grande Société n'a conservé qu'un trait : l'obligation de payer ses coupons à l'étranger, et ce sont les finances publiques qui supportent les pertes de change.

Cet engagement extérieur est pour les actionnaires russes une précieuse garantie. Le gouvernement russe tient avant tout à maintenir l'opinion qu'on a de son crédit à l'étranger, et c'est parce que la Grande Société était une institution internationale qu'il s'est vu forcé de réparer les pertes causées par ses exigences[1]. Tel est le bienfait d'une institution européenne ; ce bienfait n'a pas été tout d'abord apprécié en Russie avec une entière justice. Les journalistes russes, qui, en 1859 et 1860, dans un accès de jalousie patriotique, ont attaqué la Grande Société avec tant de violence, et lui ont reproché de n'être pas exclusivement nationale, ont pu reconnaître depuis, si toutefois ils sont actionnaires, chose déjà douteuse alors, que si leur gouvernement paternel n'avait eu affaire qu'à eux seuls, il n'aurait pas eu besoin de tant de générosité pour détruire leur indépendance.

§ 2. — LE ROUBLE.

Nous voulons donner dans ce paragraphe une histoire abrégée du rouble : voici tout d'abord comment elle est résumée par un de nos amis, sujet russe, à qui nous empruntons la plupart des détails qu'on va lire. « L'histoire du rouble, dit-il, est celle d'un coquin qui, depuis son apparition dans le monde, trompe, vole, fait deux fois banqueroute, entraîne d'honnêtes gens dans la misère, s'amende enfin pour quelque temps, puis disparaît comme s'il avait honte de son passé, et laisse à sa place un fondé de pouvoir, le billet de crédit, encore plus mauvais sujet que lui-même. » On pourra reconnaître, en parcourant ce paragraphe, que ce jugement n'est pas trop sévère.

Le mot *rouble* vient du verbe *roubit*, couper à la hache ; il désignait autrefois de petits lingots d'argent qu'on coupait en morceaux pour effectuer le payement d'un poids déterminé de métal. Les collections d'antiquités russes contiennent de tels lingots.

Ce n'était pas là une monnaie. Quelques historiens prétendent que les Russes ont eu de véritables monnaies dès l'origine de leur histoire, et qu'ils les ont conservées jusqu'à l'époque de l'invasion tatare. Ils étaient alors en relation assez intime avec l'empire grec, et on aurait tort de juger de leur état social à ces époques anciennes par la barbarie où les replongèrent un peu plus tard l'invasion tatare, l'invasion mogole, et enfin la décadence et la chute definitive de l'empire d'Orient. Toute monnaie effective disparut pendant l'occupation étrangère. Plus tard on commença à se servir de petites pièces d'argent sans titre régulier, et ce n'est qu'au milieu du dix-

---

[1] « La Russie est une grande façade, » mot très-vrai de M. Alexandre Dumas.

septième siècle qu'on voit le rouble, jusque-là monnaie de compte, prendre la forme d'une pièce destinée à la circulation.

Les erreurs économiques qui avaient cours alors dans l'Europe s'introduisirent dans les conseils du gouvernement moscovite. La richesse d'un État étant mesurée par la quantité de métaux précieux qu'il possède, le gouvernement croit enrichir le pays en attirant en Russie l'or et l'argent de l'étranger. Il emprunte ensuite aux plus mauvais jours du moyen âge le procédé de l'altération des monnaies, encore pratiqué en France à plusieurs reprises dans les temps modernes, et s'imagine qu'il crée des capitaux en attribuant à des pièces d'un titre insuffisant un valeur nominale arbitraire.

Tout un règlement est mis en vigueur par le tsar Alexis pour accaparer le plus d'argent possible. On met des droits énormes sur les importations de l'occident de l'Europe ; en même temps on essaye de proscrire l'emploi des pièces métalliques dans le commerce avec l'Asie. Les négociants russes sont tenus de payer, autant qu'ils le pourront, les marchandises asiatiques par des produits russes, et de n'employer le numéraire qu'à la dernière extrémité : on espère avec de l'habileté empêcher l'argent de passer dans les mains des Orientaux, qui en ont été de tout temps si avides. Le gouvernement ne s'arrête pas à cette première mesure. Il déclare certains produits marchandises de la couronne : les particuliers ne peuvent les vendre qu'à la couronne même, qui, devenue le premier négociant du pays, se charge de les revendre aux étrangers.

Il est à peu près inutile de dire que ces mesures n'enrichirent point la Moscovie. Elles ne suffirent pas non plus pour créer un système monétaire régulier. Les exportations des produits russes faisaient entrer dans le pays des pièces étrangères, et notamment des écus du nord de l'Allemagne. Au lieu de les refondre, le gouvernement se contenta d'abord de les faire refrapper après les avoir coupées en morceaux. L'écu allemand coupé en quatre recevait une nouvelle empreinte et devenait monnaie russe. L'empreinte fut plus tard remplacée par un simple poinçonnage. Cette méthode expéditive eut pour effet de lancer dans la circulation des pièces de toute forme, de tout poids, de tout titre, auxquelles le poinçon de l'État donnait des valeurs arbitraires, et qui par suite étaient pour le commerce la source d'un épouvantable désordre. Le gouvernement pensait d'abord s'enrichir au milieu de ce chaos. Il ne cédait aux étrangers ses marchandises que contre des écus au poids légal : 14 écus de Lübeck devaient peser 1 livre russe, et étaient reçus par le trésor à raison de 2 pour 1 rouble ; puis le gouvernement leur assignait une valeur double de la valeur d'acquisition, croyant doubler par là ses recettes.

C'était renouveler en quelque sorte une faute déjà commise au commencement de ce règne. Le tsar Alexis, pressé d'accroître ses ressources de numéraire, avait fait frapper en 1655 des pièces de cuivre, à une valeur nominale égale à celle des pièces d'argent de même poids. Aussitôt l'argent et l'or disparurent de la circulation, et les prix s'élevèrent d'une manière démesurée dans tout le pays. Cette émission désordonnée de cuivre est la principale cause de la grande émeute de 1663 à Moscou. Le gouvernement, ramené par l'émeute à des idées un peu plus saines, retire les pièces de cuivre de la circulation, mais il réussit encore à frauder le public dans cette opération. La pièce d'un rouble en cuivre, qui valait alors 2 kopeks en argent, n'est reçue par le trésor que pour 1 kopek. C'était une banqueroute de moitié.

Le successeur d'Alexis, Féodor, un peu plus honnête, ne surfit pas à partir de 1680 la valeur de l'écu de Lübeck, qui conserva son prix d'entrée en Russie, 50 kopeks. Mais deux circonstances empêchèrent ce retour à la vérité d'avoir une complète efficacité. Le gouvernement continuait toujours à fabriquer de la fausse monnaie d'appoint, ce qui suffisait pour chasser de la circulation la monnaie au titre exact, et les étrangers, une fois renseignés sur les désordres des monnaies russes, commençaient à frapper, pour le commerce extérieur de la Russie, des pièces fausses, qui recevaient, à leur entrée, la consécration légale du poinçon du gouvernement.

L'empereur Pierre Ier, si grand à tant d'égards, n'était pas un grand économiste. On lui doit cependant quelques réformes utiles en matière de finances et de monnaie. Il semble avoir compris que la valeur des pièces dépend de leur poids et de leur titre, plutôt que de la légende qui y est inscrite ; notion qui ne l'a pas empêché d'altérer les monnaies, ainsi que nous le verrons plus bas, quand il crut trouver dans cette opération quelques ressources passagères pour le trésor. Il se contenta d'abord, comme ses prédécesseurs, de refrapper ses roubles sur les écus de l'étranger. Il fit ensuite couler et frapper des pièces entièrement russes. L'empreinte des roubles de son temps est formée de quatre п, initiale du nom du souverain : le paysan russe a interprété ces quatre lettres par une phrase qui place le grand empereur fort haut dans son affection: *Pierre premier ordonne de boire.* Ces quatre п se retrouvent sur les monnaies des trois Pierre et de l'empereur Paul ; sur celles-ci, ils figurent une croix où l'on peut sans doute voir une trace du caractère mystique du monarque. A partir du règne d'Alexandre Ier, la monnaie russe ne porte plus le nom de l'empereur régnant: quelques kopeks de cuivre en reçoivent seuls l'initiale. Mais les pièces d'argent ou d'or n'ont d'autre empreinte que celle des armes de l'empire, avec l'indication de la valeur de la pièce, ainsi que du poids de métal fin qu'elle contient ou qu'elle devrait contenir. Cette théorie impersonnelle a été formulée pour la première fois par l'empereur Alexandre Ier. « Cette monnaie n'est pas à moi, elle est à mon peuple, » répondit-il au ministre qui, à son avénement, lui présentait un modèle de rouble à son effigie : idée que Joseph de Maistre trouve révolutionnaire et qualifie d'*inconcevable* [1].

Pierre le Grand fit deux réformes très-utiles aux rapports commerciaux de la Russie avec l'Europe, l'une en plaçant l'origine de l'année au 1er janvier [2], et en introduisant dans le calendrier russe les mois usités chez toutes les nations chrétiennes [3] ; l'autre en substituant, dans les actes officiels, l'ère chrétienne à l'ère de la création du monde, qui ajoute à chaque date une somme de 5508 années. Malheureusement Pierre se borna à adopter le calendrier que les peuples du Nord, Anglais et Suédois, possédaient encore de son temps, c'est-à-dire le calendrier Julien [4]. Les Anglais s'obstinèrent jusqu'en 1752, en haine du Pape, à repousser la réforme grégorienne ; et, quand tout le reste de l'Europe se fut rangé au *nouveau style*, l'empereur Pierre Ier n'existait plus pour imposer au clergé russe une seconde réforme que l'Église orthodoxe ajourne de tout son pouvoir.

Pierre le Grand se laissa entraîner à trois reprises à l'altération des monnaies : en 1704, en 1711, en 1718. Le rouble, qui, sous le tsar Féodor, contenait 11 zolotniks et 40 dolis d'argent pur (48^{gr},7), fut réduit en 1704 à 5 zolotniks 67 dolis (24^{gr},3), puis à 4 zolotniks 83 dolis (20^{gr},75) en 1718. Pierre rentra encore dans les errements d'Alexis en fabriquant des masses de monnaies de cuivre à un taux nominal exagéré. Les guerres étaient le prétexte de ces opérations désastreuses. Le poud de cuivre se vendait à cette époque en Russie de 5 à 6 roubles d'argent. Le gouvernement créa successivement de la monnaie de cuivre, en comptant le poud de métal à 12^r,80 (1704), puis à 15^r,40, puis à 20 roubles, enfin à 40. Le renchérissement général qui suivait chaque abaissement des monnaies amenait le gouvernement à s'enfoncer plus avant dans l'abîme.

L'impératrice Catherine Ire, tout en relevant un peu le titre des monnaies d'argent, continua l'émission du cuivre au cours de 40 roubles le poud, et eut l'enfantillage d'ordonner aux détenteurs des monnaies de cuivre plus anciennes de rapporter ces

---

[1] *Correspondance diplomatique de 1811 à 1817*, par M. Albert Blanc, t. Ier, p. 27. Nous avons trouvé dans ces lettres plusieurs renseignements sur la question qui nous occupe ici.

[2] « Le 1er septembre (1634) les Moscovites célébrèrent le jour de leur nouvel an : d'autant que n'ayant point d'autre époque que celle de la création du monde, qu'ils croient avoir été fait en automne, ils commencent l'année avec le mois de septembre, et ils comptaient alors 7142 ans : suivant l'opinion des Grecs et de l'Église d'Orient, qui comptent 5508 ans depuis la création du monde jusqu'à la naissance de Jésus-Christ. » (Oléarius, *Voyage en Moscovie*, t. Ier, p. 34.)

[3] Les Polonais ont conservé les noms slaves des mois. Les Russes ont adopté les noms latins légèrement altérés.

[4] Les puissances protestantes de l'Allemagne s'étaient exécutées sur la réforme du calendrier dès 1700.

monnaies au trésor pour les échanger, rouble pour rouble, contre la monnaie nouvelle, d'une valeur intrinsèque moindre. Il est clair que l'ordre de l'impératrice ne fut jamais exécuté, et que le cuivre relativement plus riche des émissions antérieures, sortit de la circulation sans rentrer dans les caisses de l'État.

L'impératrice Anne améliora la monnaie d'argent sans cesser la fabrication des monnaies de cuivre. L'impératrice Élisabeth, comprenant enfin que cette masse de cuivre faisait disparaître toute la monnaie d'argent et entretenait la cherté universelle, voulut retirer tous ces cuivres, ou les transformer seulement en monnaie d'appoint. Le gouvernement ne pouvait rembourser toute cette petite monnaie en une autre monnaie réelle ; il la démonétisa peu à peu, ne l'acceptant en payement des impôts que pour une valeur réduite d'année en année. Les erreurs du gouvernement étaient ainsi mises à la charge des particuliers. Mais les réformes tentées par Élisabeth ne devaient pas soulager le trésor. Une quatrième impératrice, Catherine II, dont le règne est, pour l'éclat extérieur, l'égal de celui de Pierre le Grand, allait en effet porter à la situation financière de la Russie un coup dont elle devait longtemps se ressentir, et dont elle ne s'est pas encore relevée.

Une seule mesure intelligente est due à Catherine II en matière de finances : elle régla le cours légal de la monnaie d'or, en prenant le nombre 15 pour rapport des valeurs de l'or et de l'argent à poids égal.

Les variations possibles de ce rapport ont fait penser à certains économistes qu'il y avait lieu de n'accorder de valeur monétaire qu'à l'un seulement de ces deux métaux. C'est pousser trop loin l'obéissance aux principes. Si l'on observe que l'or et l'argent ont des usages parfaitement identiques, et que la baisse de la valeur de l'un entraîne nécessairement une baisse pour la valeur de l'autre, on reconnaîtra que les variations du rapport de leurs valeurs simultanées doivent toujours rester assez petites, et le danger de voir l'un des deux diminuer sensiblement de prix, sans que l'autre l'accompagne dans cette baisse, ne paraîtra plus aussi réel. On a vu en effet le rapport de l'or à l'argent, fixé à $15\frac{1}{2}$ en France, à la fin du dernier siècle, tomber seulement à $15\,^1/_5$, après que la multiplication des espèces en or eut profondément altéré la proportion primitive entre les quantités de l'un et de l'autre de ces métaux[1]. Un rapport fixe entre l'or et l'argent facilite au contraire singulièrement les relations commerciales. Catherine fixa pour ce rapport le nombre 15 ; Nicolas l'a relevé à $15\,^9/_{20}$, un peu au-dessous du rapport légal des monnaies françaises.

Mais Catherine altéra le cours des monnaies d'argent en revenant sur les amé-

----

[1] Dupuit, *La liberté commerciale*, p. 55.

liorations décrétées par l'impératrice Anne. Outre cette première faute, elle reprit une idée émise sous le règne d'Élisabeth, et qui consistait à substituer à la lourde monnaie de cuivre, taxée arbitrairement par l'État, la monnaie plus maniable de l'assignat en papier, sur laquelle le gouvernement écrit ce qu'il veut, qui coûte peu de chose, et qui permet à l'État de croire qu'il possède toutes les sommes dont il a besoin.

L'émission des premiers assignats se fit en 1768, et s'annonça avec une certaine timidité. L'assignat se présentait au public comme devant remplacer la monnaie de cuivre. Deux banques furent créées : l'une à Pétersbourg, l'autre à Moscou. Les particuliers étaient invités à y déposer leur cuivre, en échange duquel les banques leur donneraient des assignats pour la valeur déposée. L'échange inverse du billet contre du métal devait d'ailleurs être toujours possible. Ces mesures plurent au public, et, en un instant, il y eut en circulation 1 million de roubles en monnaie de papier. Enhardi par ce premier succès, le gouvernement augmente graduellement la quantité d'assignats à échanger, puis il se laisse séduire par les facilités que lui présente son crédit, et émet du papier sans garantie métallique. Un moment, l'impératrice s'émeut des conséquences possibles de cette innovation; elle limite, en 1774, à 20 millions de roubles le total des assignats qui pourront être mis en circulation dans l'empire. Mais, sous un gouvernement absolu, des impressions de cette nature ne tardent guère à s'effacer. On voit bientôt, en 1785, la quantité d'assignats atteindre la somme de 50 millions. Jusque-là le cours de la monnaie de papier se soutenait assez bien pour encourager le gouvernement dans ses opérations les plus audacieuses : le papier ne perdait pas plus de 2 à 3 pour 100. En 1786, la création de 50 millions de roubles en nouveaux assignats, qui ne doivent plus être échangeables, est le signal d'une dépréciation qui croîtra désormais d'année en année, et qui s'accélérera encore dans les dernières années du grand règne par l'émission de plus de 57 millions en papier. Le rouble assignat s'échangeait, en 1786, contre 98 kopeks en argent; il tombe, en 1791, à 81 kopeks 1/3; en 1795, à 71, enfin à 68 1/2 à l'avénement de l'empereur Paul. Il ne s'arrêtera pas à ce niveau.

Le gouvernement recueillait dès lors le fruit de ses opérations : les impôts rentraient en assignats, et les prix s'étaient élevés de toute la valeur perdue par la nouvelle monnaie courante.

Pour subvenir à d'impérieuses nécessités auxquelles ne suffisaient ni les taxes ni les revenus de la couronne, on a encore recours à la création de nouveaux assignats, sauf à les déprécier de plus en plus. Aussi la quantité de papier en circulation s'accroît avec une vitesse de plus en plus grande. Elle montait à 158 millions à la mort de

Catherine ; en 1800, elle dépasse 212 millions, et elle atteint 578 millions en 1810, deux ans avant la guerre ruineuse que la Russie allait avoir à soutenir. Alexandre Ier avait annoncé, à cette époque, l'intention de travailler à l'extinction de la dette de l'État représentée par cette masse de titres. Il fut forcé de l'augmenter, au contraire, pour se mettre en état de résister à Napoléon. La dépréciation du rouble suivit la ruine des provinces ravagées et l'interruption de tout commerce. En 1803, le rouble se négociait à 3^r,30 ; il tombe à 0^r,90 en 1816. Le ducat russe, pièce sonnante de 3 roubles d'argent, ne s'échange plus en 1815 que contre 13 roubles en assignats.

Tout l'argent disparaissait. Le cuivre avait déjà depuis longtemps disparu. Les monnaies d'appoint en cuivre, conservées par l'impératrice Élisabeth, étaient encore fabriquées sous le règne d'Alexandre sur le pied de 16 roubles par poud de cuivre. Or le prix du cuivre subit une augmentation notable, en Russie, de 1802 à 1806, et atteignit bientôt 18^r,40^k le poud. Toute la monnaie de cuivre devint aussitôt marchandise et fut exportée, et il n'y eut bientôt plus, en Russie, qu'une monnaie usuelle, l'assignat de la Couronne, avec ses contrefaçons. Le gouvernement accepta cette situation, et reconnut pour monnaie réelle l'assignat qui n'avait pas encore reçu de la loi ce caractère. Tous les comptes durent être établis en roubles-assignats. Les dettes stipulées en roubles-argent furent déclarées payables en roubles-assignats au cours du jour du payement.

Depuis Catherine II, le gouvernement russe avait contracté à différentes reprises des emprunts étrangers, dont les intérêts devaient être payés en monnaie de bon aloi. Aussi, sauf une légère tolérance, n'eut-il plus recours à l'altération des monnaies qu'il faisait frapper pour ces payements extérieurs. Il jugea toutefois nécessaire par deux fois de réduire le titre des petites monnaies d'appoint qui restaient encore en circulation : de 1810 à 1813, on frappa de la monnaie d'argent au titre de 72[1], tandis que les roubles d'argent conservaient le titre légal de 83 1/3. Abandonnée lors de l'émigration presque complète du métal, cette mesure n'a été remise en vigueur qu'en 1860, après des transformations diverses de la situation financière de l'empire. Les pièces de 5, 10, 15 et 20 kopeks reçoivent le titre de 72, inférieur de 15 pour 100 au titre qui correspond à leur valeur nominale. Le titre des pièces d'or, 88, qui équivaut au titre de 11/12 de la monnaie d'or anglaise, a été maintenu jusqu'à nos jours ; le rapport des valeurs de l'or et de l'argent fut seulement changé en 1839 et porté, comme on l'a vu plus haut, de 15 à 15 $^9/_{20}$.

Le cours variable du rouble-assignat entraînait des difficultés très-graves dans les

---

[1] Le titre des monnaies s'exprime en Russie en 96mes du poids total des pièces, ou en dolis de métal fin pour un zolotnik d'alliage. Les titres russes de 72, 83$\frac{1}{3}$, et 88 correspondent aux titres français 750,868,916$\frac{2}{3}$.

payements journaliers. Personne ne pouvait savoir quelle valeur exacte une pièce de monnaie ou un billet aurait le lendemain sur le marché. Telle pièce qu'on acceptait au taux de 40 kopeks assignat dans les magasins n'était reçue que pour 36 kopeks par les caisses publiques. Le gouvernement voulut enfin faire cesser ce désordre.

La richesse publique avait fait quelques progrès dans les premières années du règne de Nicolas; les exportations augmentaient d'année en année, les mines d'or et d'argent de l'Oural commençaient à donner des produits, et, à la faveur de cette amélioration générale, on espéra sortir honorablement des embarras que les cuivres de Pierre le Grand et les assignats de Catherine II avaient accumulés autour des finances nationales. Le gouvernement de Nicolas commença par détruire un certain nombre d'assignats : il parvint de cette manière à réduire à 600 millions la dette de 836 millions que lui avait transmise Alexandre. Après cette première préparation, commence la série des réformes du ministre Cancrine. En 1839, un manifeste impérial, « pour mettre un terme à ces oscillations qui détruisent l'unité et le bon ordre du système monétaire, et occasionnent des pertes et des difficultés de toute espèce à toutes les classes de l'empire, » retire aux assignats la qualification de monnaie réelle, pour leur conserver seulement la qualité de signe de monnaie, et fixe la valeur du rouble-papier par rapport au rouble-argent, qui redevient la monnaie véritable du pays. Le manifeste décrète que 3 roubles 1/2 en assignats vaudront 1 rouble-argent. Les emprunts avaient fait entrer au trésor quelques espèces métalliques : le manifeste autorise en conséquence l'échange des assignats contre du numéraire, mais seulement jusqu'à concurrence de 100 roubles-argent pour une même personne.

Il y a deux points à considérer dans cette mesure : 1° le remboursement de l'assignat est autorisé, sans que le gouvernement l'admette comme obligatoire pour lui ; 2° le cours du rouble-assignat est fixé au cours moyen du moment, et tout agio est sévèrement interdit. Le manifeste de 1839 ne disait pas autre chose, et n'eut en réalité d'autre résultat que de préparer à des transformations plus radicales. En attendant, le gouvernement avait l'imprudence de créer une caisse de dépôt pour l'or et l'argent ; cette caisse devait émettre des billets en échange des valeurs déposées. C'était ainsi, on l'a vu tout à l'heure, qu'avaient commencé les assignats sous Catherine II. Le gouvernement détruisait d'une main ce qu'il faisait de l'autre, et la succession de l'assignat n'était pas encore ouverte que la caisse de dépôt de 1839 était déjà grosse des billets de crédit.

Le manifeste du 1er juin 1843 posa bientôt les bases d'une réforme qu'on a crue un moment définitive.

Ce nouveau document constate que la masse des assignats en circulation s'élevait alors à 595,776,310 roubles, qui, au taux légal de 3 roubles 1/2 assignat pour 1 rouble-argent, équivalent à 170,221,802 roubles 85 kopecks 5/7. Le gouvernement se reconnaît débiteur de cette somme envers la nation ; il annonce qu'il va retirer et détruire tous les assignats, et qu'il les remplacera par des *billets de crédit* représentant des roubles-argent. Jusque-là, c'était substituer un papier à un autre. Mais le nouveau papier, d'après le manifeste, est garanti par les propriétés de l'État, et sera toujours échangeable à bureau ouvert contre du numéraire ; c'est un billet de banque. Pour assurer le remboursement des billets de crédit, il est établi au bureau d'expédition un fonds métallique égal au sixième de la somme émise en papier[1]. Les futures émissions de billets seront consolidées rouble pour rouble dans le fonds de réserve, de sorte que la proportion du sixième n'est qu'une limite inférieure et doit s'élever avec le temps.

La substitution des billets de crédit aux assignats fut achevée dans tout l'empire en 1848.

La réforme de 1843 eut d'abord d'heureuses conséquences, parce que le billet de crédit était garanti par l'État, parce que les développements du commerce accroissaient de jour en jour la prospérité générale, parce qu'enfin la confiance du peuple russe dans son gouvernement, augmentée par l'opinion un peu exagérée que l'Europe se faisait de son habileté et de sa force, limitait les remboursements métalliques à un petit nombre de billets, ce qui suffisait pour soutenir le cours de tous les autres sans épuiser la réserve.

L'échange au pair des billets de crédit contre des espèces dura ainsi jusqu'à la guerre d'Orient. Quand elle éclata, il fallut dépasser la limite fixée pour le rapport entre la réserve et le montant des billets émis. L'équilibre peu stable où l'on avait pu se maintenir jusque-là fut brusquement rompu. D'abord on suspendit les remboursements métalliques ; après la guerre, on les limita à 60 impériales ou 309 roubles par personne se rendant à l'étranger ; on supprima même, en 1860, ce petit appoint. La confiance du public dans le billet de crédit avait subi un amoindrissement sensible[2]. La quantité de billets en circulation montait alors à 680 millions de roubles, l'encaisse métallique *officielle* étant seulement de 96 millions. Aussi, quoique les lois·

---

[1] Voici la rédaction adoptée pour le billet de crédit :

« Sur la présentation de ce billet, il sera payé sur-le-champ par les diverses caisses d'expédition des billets de crédit,.... roubles en monnaie d'argent ou d'or. »

[2] Après la guerre, on voulut essayer les remboursements à bureau ouvert comme ils se pratiquaient auparavant ; mais il fallut bien vite revenir sur cette décision imprudente. Des masses de personnes se précipitaient au guichet pour réclamer l'échange. Le désordre de la foule vint heureusement en aide au trésor. On suspendit de nouveau les remboursements par mesure de police, et un convoi accompagné de troupes reconduisit à la forteresse des caisses qui étaient censées contenir les richesses métalliques de l'État.

défendissent tout agio sur l'or et l'argent, on ne pouvait, en 1862, se procurer de pièces en échange de billets de crédit qu'en payant une prime de 8 à 10 pour 100. Le change sur Paris, tombé à 3^f,75 en 1857, descend à 3^f,30 en 1859, remonte entre 3^f,50 et 3^f,60 en 1861, et se trouve encore aux environs de ce taux à la fin de 1863, à la suite des remboursements à prix réduit que le gouvernement opère à l'aide de ses emprunts en Angleterre et en Hollande [1].

La Russie en est ainsi à sa troisième liquidation : sous Alexis, le retrait du cuivre, sous Nicolas, la création du rouble-argent, qui réduit dans la proportion de 100 à 29 la dette nominale de l'État ; enfin, maintenant, le remboursement au-dessous du pair des billets de crédit. Mais la plus grande difficulté sera d'opérer le remboursement jusqu'au bout, et de chasser définitivement ce papier qui a une si déplorable histoire.

Si les métaux précieux étaient autrefois plus rares dans la Russie que dans le reste de l'Europe, le gouvernement devait accepter avec franchise cette situation particulière qui portait en elle-même son correctif ; car la rareté de l'argent entraîne le bon marché relatif des produits, et a pour conséquence les achats de l'étranger et les importations de numéraire. Les mesures prises par le gouvernement ont au contraire augmenté le mal qu'elles voulaient combattre : les métaux précieux se sont cachés devant le papier et le cuivre, ou bien ont quitté le pays, les prix nominaux se sont élevés, la richesse publique n'en a pas été augmentée d'un kopek, mais la monnaie a perdu tout caractère de fixité, et un négociant russe a pu chaque année voir ses inventaires s'améliorer et son capital décroître.

La baisse du change sur l'étranger, très-préjudiciable, sans doute, à certains intérêts, tendait aussi à modifier ce qu'il y a d'anormal dans cet état économique. Un change bas augmente la puissance de la monnaie étrangère, et favorise les exportations. Là encore il fallait simplement laisser faire. Le gouvernement n'était pas convaincu de cette vérité. Au lieu de consacrer à des travaux utiles ce papier, tout déprécié qu'il fût, et de faciliter par là l'exportation qui est la fortune du commerce du pays, il a entrepris de relever artificiellement le change. Voici ce qui a été imaginé à cet effet en 1857, et renouvelé depuis à plusieurs reprises. Le ministère des finances envoie sur les places étrangères des pièces d'or russes qu'il fait ensuite revenir à Pétersbourg par une opération de banque, dont il traite les conditions avec lui-même. Ce voyage d'impériales à l'étranger accompagné d'un marché fictif à la Bourse peut-il

---

[1] Depuis cette époque, le cours du rouble a été relevé fictivement à 4 fr. en 1864 ; il est retombé tout aussitôt à 3 fr. 20, puis, en 1866, à 3 fr. ; la guerre entre la Prusse, et l'Autriche l'a fait descendre jusqu'à 2 fr. 60. Il est à environ 3 fr. 40 au moment où nous écrivons (janvier 1868).

influer sur le cours du rouble? Il n'en résulte jamais qu'une oscillation passagère, et les cours, relevés un instant par cette opération imaginaire, retombent bien vite à leur premier et véritable niveau sous la masse des remises provoquées dans tout le commerce par cette hausse inattendue.

Les emprunts du gouvernement ont aussi pour objet de relever le change. Il consolide dans les banques les capitaux qui y sont déposés en billets de crédit (1er septembre 1859); ces capitaux sont reconnus comme dette de l'État. Pour titres de cette dette, le gouvernement émet des billets de banque portant un intérêt jour par jour à 5 pour 100 par an. Par là il remplace un papier par un autre sans qu'on voie en quoi la fortune publique y trouve son avantage. Puis commence la série des emprunts à l'intérieur et à l'étranger: à l'intérieur, pour retirer les billets de crédit; à l'étranger pour appeler à soi des espèces sonnantes; les intérêts de tous ces emprunts doivent être servis en or ou en argent. On croit jeter par là petit à petit dans la circulation des espèces métalliques : il est probable qu'on n'y réussira pas. Les sommes payées en espèces par le gouvernement n'entrent pas dans la circulation, elle sont soigneusement enfouies ou passent immédiatement à l'étranger. De plus, les emprunts intérieurs créent des titres dont le public ne tarde pas à se servir à l'égal des billets de crédit contre lesquels ils ont été échangés, de sorte que la quantité de papier reste toujours la même, tandis que la circulation métallique demeure toujours nulle.

Pour sortir de ce mauvais pas, il n'y a en réalité que deux méthodes. La première consiste à employer le plus utilement possible les valeurs dont on dispose, à accroître la richesse générale, qui pourra un jour rendre bien légère la dette actuellement si lourde pour l'État. Dans cette voie le gouvernement ne peut tout faire, si la nation ne le seconde pas. L'affranchissement des serfs amènera sans doute dans le caractère national, une transformation dont les finances publiques ne tarderaient pas à ressentir l'heureuse influence.

L'autre méthode, révolutionnaire, serait appropriée à la situation qui est révolutionnaire aussi. Elle consisterait à supprimer les billets de crédit, et à décréter que dorénavant tous les payements se feront en espèces. Cette mesure assez brutale ferait voir le jour à toutes les monnaies tenues en réserve par les particuliers, et rien ne dit que ce n'est pas ainsi que doit finir la comédie jouée depuis deux cents ans par la Russie devant l'Europe, et par laquelle une nation pauvre et insouciante a réussi à faire croire qu'elle possédait d'énormes richesses, et qu'elle méritait un crédit illimité.

VIII

NIJNI-NOVGOROD. — L'INDUSTRIE DU FER.

§ 1er. — NIJNI-NOVGOROD.

Si l'on jette les yeux sur une carte de la Russie d'Europe, on aperçoit au centre même de l'Empire une ville qui jouit d'une admirable position géographique. Nijni-Novgorod est située au confluent du Volga et de l'Oka, en un point qui possède de faciles relations avec les extrémités de la Russie, grâce aux cours d'eau qui viennent s'y réunir, et qui s'étendent tout autour à d'énormes distances dans quatre directions principales. Le Volga, pris avec les systèmes de navigation qui le prolongent vers l'amont, met ce point en rapport avec Pétersbourg ; la portion inférieure de son cours conduit à la mer Caspienne, au Caucase et à la Perse ; l'Oka rattache Nijni au centre de la Russie ; la Kama enfin relie l'Oural au Volga, et forme comme l'amorce naturelle du chemin de la Sibérie et de l'Asie centrale. Nijni-Novgorod se trouve ainsi, dans l'immense empire russe, un intermédiaire presque forcé entre l'Est et l'Ouest comme entre le Nord et le Midi : d'un côté la Sibérie, la Chine, la Perse, de l'autre tout le rayon de Moscou et tout le bassin de la Baltique ; d'un côté, l'Europe septentrionale, de l'autre l'Asie. Point remarquable où deux mondes si différents viennent se rattacher l'un à l'autre.

La position topographique de Nijni-Novgorod n'est pas moins digne de fixer l'attention[1]. On y voit d'abord une ville russe, et sur-le-champ on reconnaît le goût particulier qui a dirigé à peu près partout les peuples slaves dans le choix de

[1] *Voy.* Planche LI.

l'emplacement de leurs cités. Ils les ont fondées presque toujours à la rencontre
de deux rivières, ou tout au moins de deux vallées : Moscou et Koursk, en Russie,
Prague, en Bohême, villes slaves, en sont des exemples frappants. Si l'on ne retrouve
pas la vérification de ce principe dans la topographie de Pétersbourg, bâtie d'autorité en dehors des traditions nationales, on en voit l'application complète dahs
Nijni-Novgorod, la *Nouvelle Ville* du treizième siècle[1], construite à la rencontre des
deux principales rivières de la Russie. Ces anciennes villes ont encore un autre caractère. Sur une hauteur dominant les différents quartiers est placée une enceinte ou
forteresse, le kremlin[2] des villes russes, destinée à protéger ou à menacer la ville
suivant les circonstances. Dans le kremlin sont les églises saintes, le trésor, les
palais. On en voit un à Nijni, sur le saillant du bastion naturel qui sépare les
deux rivières. Cette annexe indispensable des villes slaves a pu être reproduite,
moins le relief du terrain, à Saint-Pétersbourg; la capitale possède, non un kremlin,
mais une forteresse moderne, qui renferme une église consacrée aux patrons de la
ville, saint Pierre et saint Paul. Outre cette église, outre les prisons et la caserne,
et quelques souvenirs lugubres, on trouve encore dans la forteresse de Pétersbourg la réserve métallique sur laquelle repose le crédit du gouvernement. Le
kremlin de Nijni, bien plus remarquable que la forteresse au point de vue pitto-
resque, et plus intéressant comme monument, ne renferme pas de semblables
richesses, et probablement ne sera plus appelé à exercer d'influence sur les destinées de l'Empire : les Tatars ne menacent plus Nijni comme au temps de la puissance de Kazan, et la frontière a depuis cinq siècles reculé vers l'Orient de plus de
mille de verstes.

Les rives droites du Volga et de l'Oka forment chacune un escarpement très-élevé,
dont les talus, là où ils ne sont pas trop roides, sont occupés par certaines parties
de la ville; plusieurs ravins creusés dans ces talus font communiquer, par des

---

[1] *Novgorod*, nouvelle ville; — *gorod*, ville, paraît avoir une origine commune avec l'allemand *garten* et le
latin *hortus, jardin*, et a dû signifier d'abord un enclos. On le retrouve encore dans *grad* (*Belgrade*, ville ou
plutôt forteresse blanche; *Tsargrad*, ville du roi, Constantinople). — *Nijni*, inférieur, par opposition à *Novgo-
rod-Véliki*, l'ancienne république du lac Ilmen.

[2] *Kreml*. Le kremlin de Moscou est plus célèbre que celui des autres villes, mais toutes les anciennes villes
russes ont un kremlin. Le *Hradschin* de Prague est un véritable kremlin dans cette ville slave. — Lorsque les
Polonais étaient maîtres de Moscou et qu'un Vladislas était devenu tsar de Moscovie, c'est un marchand de Nijni-
Norgovod, *Minine*, qui donna le signal de l'expulsion des étrangers. Sa statue est dans le kremlin de Nijni. Un
groupe représentant Minine et le prince Pojarski se trouve également sur la place du Kremlin de Moscou, entre
la *ville* et l'enceinte intérieure.

Kreml n'aurait-il pas une certaine parenté avec le mot celtique *Cromlech*, cercle de pierre? Ce ne serait pas la
seule analogie de celtique et du russe. Exemple, la racine *Gor* a à la fois, dans les deux langues, le sens de *montagne* ou *d'élévation* et de *chaleur intense*.

routes à grande pente, la partie basse avec la partie haute. Tout Nijni est sur la rive droite du Volga. La ville proprement dite est concentrée à droite de l'Oka, la foire est tout entière à gauche. L'Oka forme le port de la ville, et contient pendant la foire des centaines de bateaux.

La foire de Nijni se tient tous les ans dans un terrain submersible, couvert à chaque printemps par les crues : elle occupe un espace immense. La chaussée de Moscou traverse le périmètre qui lui est affecté, et se maintient au-dessus des plus hautes eaux jusqu'aux abords du pont de l'Oka. En arrivant en face de Nijni, elle passe près du grand village de *Kounavina*, désert pendant la plus grande partie de l'année, très-peuplé, au contraire, et fort mal habité pendant la foire[1] : c'est près de ce village qu'a été placée la station du chemin de fer. On projette de prolonger la voie dans le champ de foire, et sur les rives des deux fleuves. Le siége principal de la foire est situé à gauche de la chaussée en venant de Moscou : en avant, le bâtiment de l'administration, faisant corps avec le *gostinii-dvor*[2] ; par derrière les files de magasins, inondés à chaque printemps, et quelques mois après remplis de marchandises. Un jardin sépare en deux groupes égaux les diverses lignes de boutiques. A l'extrémité, on trouve, à angle droit sur les autres, la ligne chinoise, qui tire son nom des formes données dans cette ligne aux toitures des magasins. Derrière la ligne chinoise, enfin, la cathédrale russe. Un large fossé de ceinture isole sur trois côtés l'espace que nous venons de parcourir ; d'autres constructions de destinations diverses s'élèvent en dehors de ce fossé. D'un côté, on aperçoit une église arménienne : elle a pour pendant à l'autre extrémité de la ligne chinoise, une mosquée, bâtie sur un tertre, orientée suivant la coutume musulmane, et surmontée de ce même croissant qui, à quelques pas de là, se voit renversé sous la croix de la cathédrale orthodoxe. Les restaurants et les théâtres, comme les bâtiments religieux, sont venus se grouper le long du canal d'enceinte[5].

A Nijni, chaque branche de commerce a sa place spéciale. La rive droite du Volga est le grand dépôt des thés de la Chine ; un peu plus bas est le débarcadère des bateaux à vapeur du Volga et de la Kama. La quincaillerie, les produits chimiques, les vins, vinaigres et alcools, etc., sont localisés chacun dans un péri-

---

[1] C'est le rendez-vous général des filles publiques accourues à la foire de Nijni de tous les points de l'Empire russe.

[2] Gostinii-dvor, cour des étrangers, bazar où tout le commerce des villes russes était autrefois concentré.

[5] Sous les principales allées du champ de foire, s'étendent les souterrains bâtis sous le règne de Nicolas, et renfermant les célèbres latrines publiques nettoyées par les eaux de l'Oka. — En 1864, un incendie a détruit tout un quartier de maisons de bois situées en dehors du canal d'enceinte. Ces maisons ont été reconstruites.

mètre défini. Une île de l'Oka est réservée aux fers et aux cuivres de l'Oural. Enfin des boutiques construites aux abords du pont de bateaux reçoivent le petit commerce des gouvernements voisins; cette région, toujours encombrée de monde, est proprement la *bourse* des négociants de la foire. C'est là que se font les grands marchés.

L'affluence de cent mille personnes venues de toutes distances et de toutes directions fait chaque année de Nijni une véritable frontière entre le *monde russe*, monde à part dans l'Europe, et le monde de l'Asie centrale, qui en est si différent. On y trouve des peuples nouveaux, on y entend des langues sans parenté avec les langues européennes[1]. Des types tatars et mogols se rencontrent en foule à côté des figures slaves. C'est le Tatar qui domine parmi les Orientaux qu'on trouve à la foire. Il est rare que des Chinois viennent y apporter les échantillons d'un troisième monde bien distinct des deux premiers. Les Asiatiques du Midi sont eux-mêmes peu nombreux; on voit cependant à Nijni des Persans, des Arméniens, et quelquefois des Turcs. En résumé, les portions intelligentes des peuples musulmans ne sont que faiblement représentées, et la race étrangère que l'Européen voit à Nijni est très-probablement la plus pauvre parmi celles qui occupent l'ancien continent; du moins, c'est celle qui a eu pour spécialité jusqu'ici de détruire ce que les autres races ont créé. Il n'en est que plus curieux de voir les produits des industries modernes exposés aux regards des hommes les plus arriérés de l'univers.

On trouve à Nijni les produits industriels des gouvernements voisins et particulièrement la coutellerie du village de Pavlovo, et les ustensiles de cuivre jaune de Toula. La foire comprend un marché pour les céréales, et des magasins de fruits du Midi; la ville de Kief y envoie ses confitures. Le marché des fourrures présente toutes les pelleteries de la Sibérie, et de plus les peaux de moutons *pas-nés*, que l'on nomme en France *Astrakhan*. Comme objets de curiosité, l'Oural expédie à Nijni ses pierres dures taillées à la poussière de diamant; les Persans amènent avec eux leurs tapis brodés, leurs étoffes, leurs armes, et réservent soigneusement jusqu'à la fin de la foire leurs talismans et leurs turquoises : négociants rusés avec lesquels il est difficile de mener jusqu'au bout une opération commerciale, et qui soupçonnent tout acheteur d'être aussi trompeur qu'eux-mêmes.

Tout au bout de la foire, nous trouvons, le long du Volga, dans des baraques soigneusement garanties contre les intempéries, le dépôt des thés de la Chine,

---

[1] La langue russe a emprunté au tartare plusieurs mots, tels que : *saraï*, remise; *tcherdak*, grenier; *karaoul*, corps de garde; mais ce sont là des importations étrangères. Le russe est une langue de la même famille que le latin, le grec et l'allemand, et se rapproche plus du sanskrit que les autres langues européennes.

l'une des plus importantes branches du commerce des Russes avec l'Asie. Le thé est apporté à Nijni par les Sibériens qui l'ont acheté des Chinois. L'échange du thé sur la frontière de Chine se fait presque exclusivement contre des métaux précieux. Les Russes n'ont pas pu éluder, comme l'ordonnait le tsar Alexis, l'emploi du numéraire dans leur commerce avec les Asiatiques. Autrefois du moins, ils fournissaient aux Chinois les fourrures de la Sibérie; mais ce commerce a cessé depuis les premières années de ce siècle, et c'est en argent que se soldent aujourd'hui les acquisitions de la Russie dans l'extrême Orient[1]. On peut se demander où les acheteurs trouvent l'argent qu'ils emploient dans ce commerce.

L'usage du thé s'est introduit en Russie vers la fin du dix-septième siècle[2]; on a commencé, là comme en France, par regarder cette nouvelle infusion comme une préparation pharmaceutique. Bientôt on la rechercha pour son goût autant que pour ses effets, et elle est aujourd'hui d'un usage universel. Le thé que l'on trouve en Russie est généralement supérieur à celui qui vient directement de Chine en France ou en Angleterre; il provient cependant du même arbre, mais plusieurs circonstances contribuent à lui donner un parfum plus distingué. Celui qui vient par mer dans l'Europe occidentale est tiré de Canton, et est recueilli dans le midi de la Chine; le thé de caravane, qui pénètre en Russie, est au contraire tiré du Nord; les époques où l'on cueille l'arbuste ne sont pas les mêmes dans ces divers lieux de production; et un climat plus doux peut suffire d'ailleurs pour développer quelques principes âcres particuliers dans le thé le plus méridional. Enfin le thé de caravane, qu'on emballe dans des caisses vernies doublées de lames de plomb et enveloppées de peaux, passe deux ou trois ans soustrait à toute influence atmosphérique pendant l'immense voyage à petites journées qu'il fait avant d'atteindre Nijni-Novgorod, et, surtout dans les qualités supérieures, il s'améliore en vieillissant. Le thé qu'on embarque à Canton est moins soigneusement emballé, et passe plusieurs mois exposé aux exhalaisons d'une cale de navire, qui le détériorent plus encore que ne peuvent le faire les vapeurs de l'Océan.

Un thé très-fin et des fourrures de prix forment une grande partie du luxe du marchand russe. Il faut y ajouter des pièces d'argenterie ou de cuivre : les métaux, quels qu'ils soient, sont très-estimés du peuple russe, et, neuf fois sur dix, forment le sujet de ses conversations.

---

[1] Tegoborski, *Forces productives*, t. IV, p. 585.

[2] En 1674, d'après Orloff, *Genre de vie des Russes depuis 1594 jusqu'en 1689*, recueil des *Conteurs Russes*, Paris, Gosselin, 1833. Cet article renferme un tableau de la civilisation russe au dix-septième siècle.

C'est dans l'île de l'Oka que se tient le marché des fers ; on y voit en général des fers bruts, des fers en barre, des feuilles de tôle, quelques cornières, mais rarement des fers plus compliqués, tels que des fers à T ; on y trouve aussi du cuivre brut, et c'est à peu près tout. Les quantités sont parfois considérables, mais il y a peu de variété dans les produits.

Nijni-Novgorod n'est pas seulement un lieu où s'échangent les produits russes et européens avec les produits asiatiques ; c'est encore pour l'empire russe l'entrepôt de l'industrie du fer, principalement de celle qui a son siége dans l'Oural.

L'Oural produit presque tout le fer que l'on emploie en Russie : les établissements métallurgiques n'y sont pas très-anciens.

Les premières tentatives d'exploitation des richesses métalliques recélées dans cette grande chaîne de montagnes remontent seulement au commencement du dix-septième siècle ; elles n'ont pendant un siècle donné aucun résultat. En 1628, eut lieu la découverte d'une mine de fer sur les bords de la rivière Nitsa, à l'est de l'Oural. On y fonda une usine qui fut en activité jusqu'en 1637, et qui tomba alors pour ne plus se relever. Tel fut le sort de la plupart des établissements créés dans le dix-septième siècle, soit dans l'Oural, soit dans le centre de la Russie ; ce n'est que sous le règne de Pierre le Grand que commença pour les usines une exploitation réellement productive. On peut faire dater l'ère de la métallurgie russe de l'année 1702, où un forgeron dont le nom est aujourd'hui célèbre, Nikita Demidoff, prit la direction d'une usine que l'État lui avait vendue.

Ce Nikita Demidoff était fils d'un paysan, Démide, fils de Grégoire, Antoufief, qui avait quitté son village vers 1650 et s'était établi à Toula. Le père et le fils travaillaient dans la fabrique d'armes du gouvernement. En 1696, le tsar Pierre Ier, passant par Toula pour aller de Moscou à Voronèje, remarqua le forgeron Nikita pour son apparence de force et sa belle taille, et manifesta l'intention bien arrêtée de l'enrôler dans son régiment de Préobrajensk. A ce moment, le vieux Démide était mort, et Nikita, une fois devenu soldat, eût laissé sa mère sans ressources. Pierre ne se laissait guère attendrir par des considérations de cette nature, et tout ce que Nikita put obtenir du tsar, ce fut un délai d'un mois, au bout duquel il serait enrôlé s'il ne parvenait à fabriquer pendant ce temps trois cents hallebardes sur un modèle étranger qui lui fut remis, et que les forgerons du pays déclaraient impossible à imiter. Les efforts de Nikita produisirent dans ce mois trois cents hallebardes d'une fabrication encore supérieure à celle du modèle qu'il était seulement tenu de reproduire. Nikita ne devint pas soldat, et la faveur du tsar lui fut acquise de ce moment. A son retour de Voronèje, Pierre alla le voir chez lui, et lui donna mille encouragements; il fut surpris, dit-on, de trouver du vin étranger sur la table du forgeron[1]. Bientôt après, nous voyons Nikita et son fils Hyacinthe à la tête d'une fabrique à Toula, et dans une situation déjà florissante.

Un oukase du 2 janvier 1701 concéda à Nikita une forêt du gouvernement de Toula, pour qu'il y fît des recherches de minerai de fer. Les arbres de la forêt devaient fournir le combustible nécessaire au traitement du minerai qu'on aurait trouvé. Au moment où les recherches allaient commencer, le gouvernement retira ou réduisit du moins la concession, parce que la forêt contenait des arbres de grande dimension, qu'il tenait à réserver pour la construction des navires; cette restriction aux droits de Nikita mettait celui-ci en position de solliciter quelques dédommagements, et c'est dans l'Oural qu'il les chercha. De nouvelles usines à fer y avaient été établies depuis peu d'années. En 1698, le gouvernement avait fondé l'usine Névianne, qui commençait à donner quelques produits. Nikita et Hyacinthe allèrent à Moscou, et demandèrent au tsar en personne, à titre d'indemnité, la permission d'acheter cette usine, offrant d'en rembourser le prix en cinq ans. Pierre y consentit; le 4 mars 1702, un oukase ordonna la vente de l'usine et concéda de plus aux acheteurs le droit d'exploiter toutes les mines qu'ils pourraient découvrir sur les bords de la rivière Taguile. De ce moment, le nom de *Demidoff*, fils de Démide, remplaça pour Nikita et ses descendants le nom de famille Antoufief. Diverses mesures, qui aujourd'hui paraissent bien tyranniques, donnèrent petit à petit aux Demidoff un pouvoir extraordinaire. Le gouvernement les investit de quelques-unes de ses prérogatives. Comme on ne pouvait compter sur le zèle et l'émulation d'ouvriers relégués dans les solitudes de l'Oural, les Demidoff reçurent le droit de les punir corporellement; trois villages peu éloignés des mines furent rendus corvéables des usines. Enfin, chose encore plus importante pour les concessionnaires, on les déclara indépendants des autorités locales, et les usines de Sibérie, isolées dans les circonscriptions administratives, relevèrent directement du Prikase de Sibérie, siégeant à Moscou sous l'œil du tsar; plus tard, elles correspondirent sans intermédiaire avec le collège des mines transporté de Moscou à Pétersbourg. La fortune des Demidoff était déjà assez grande pour leur assurer de nombreux protecteurs. Le succès de l'entreprise, d'ailleurs, justifiait la confiance du souverain. Nikita paya en deux ans, au lieu de cinq, le prix de l'acquisition de l'usine Névianne. Il monta bientôt après l'usine d'Alapaief, puis il présida à l'organisation des mines d'Ekaterinebourg; enfin il créa

---

[1] Le vin était alors défendu aux Russes. (V. *Lettres persanes*, LI. Nargum à Usbeck.) — Le tabac leur fut également interdit pendant longtemps.

dans l'Oural l'exploitation des mines de cuivre et des mines d'argent. Le 21 septembre 1720, le gouvernement lui conféra le titre de gentilhomme, que Nikita ne voulut jamais porter. Il mourut en 1725, laissant trois fils qui, l'année suivante, reçurent la noblesse ; deux d'entre eux avaient hérité de la simplicité de leur père, et l'aîné seul fit usage des titres que le gouvernement leur avait accordés à tous trois.

Telle est l'origine de cette famille, pour laquelle la faveur du souverain a complété largement l'œuvre accomplie par l'intelligence et l'activité de son fondateur. « Les « droits concédés aux Demidoff par l'empereur Pierre étaient sans doute un hom- « mage rendu au travail ; mais en les leur accordant, on consacrait un autre principe, « savoir, que l'empereur est la source d'où doivent découler les récompenses des « ouvriers habiles et intelligents[1]. » Erreur économique fréquente dans les pays de gouvernement absolu, et dont les conséquences n'ont pas tardé à se manifester en Russie.

L'industrie du fer s'y trouve en effet dans une infériorité manifeste à l'égard de l'industrie étrangère. Malgré une exploitation déjà vieille de cent soixante ans, il y a encore presque tout à créer dans l'Oural. Les mines n'ont pas encore de bons chemins pour amener le minerai ou pour aller chercher le combustible. Le gaspillage des forêts a réduit des ressources que l'on croyait inépuisables. Enfin toutes les exploitations de l'Oural ont reposé jusqu'ici sur des priviléges tyranniques pesant lourdement sur les ouvriers. Quelles améliorations peut-on espérer dans des conditions semblables ? L'art métallurgique dans l'Oural a été condamné dès le premier jour à végéter dans la routine, ou à ne recevoir qu'à la longue les perfectionnements réalisés ailleurs.

Quelques usines de Sibérie sont dans une position particulièrement défavorable : elles ne trouvent plus aujourd'hui de combustible qu'à 100 verstes de distance. L'emploi du bouleau, autrefois négligé pour les usages métallurgiques, a pourtant sensiblement augmenté depuis une trentaine d'années les ressources forestières de l'Oural.

Jusqu'ici la main-d'œuvre, si elle n'est pas très-productive, n'a pas été très-chère. Voici du reste comment, d'après Tegoborski[2], s'établissait à Nijni-Taguilsk, à l'usine des Demidoff, le prix de revient du poud de fonte brute : il s'agit du groupe d'usines qui se trouvent placées dans les meilleures conditions d'exploitation, pour le minerai comme pour le combustible :

<hr>

[1] Tylor, Rapport sur l'exposition universelle de Paris en 1855 (anglais).
[2] *Forces productives*, t. III, p. 192.

Kopeks assignat.

Frais d'extraction et de fusion.	45 ³/₄
Impôts	12
Frais généraux.	18
Intérêt et bénéfice.	9 ¹/₄
Total	85

ou, au prix de 3 1/2 roubles-assignat pour 1 rouble-argent, 24 kopeks 2/7 le poud. (Au pair, 0ᶠ,06 le kilogramme.)

Ce faible prix de revient s'explique par le bas prix de la main-d'œuvre. Dans les communes de l'Oural, l'usine payait, en 1851, 0ᶠ,20 environ la journée d'un ouvrier ; elle devait entretenir les bâtiments de la commune, l'église, l'école, l'hôpital, et nourrir non-seulement les ouvriers actifs, mais encore toute leur famille. Si l'on répartit ces excès de dépense entre tous les travailleurs actifs, la journée réelle de travail monte à 0ᶠ,49 : les impôts restent en dehors de ce calcul.

Ces conditions semblent favorables à l'industrie du fer. Mais si, sur place, les prix de revient sont peu élevés, les distances à parcourir pour atteindre le lieu d'emploi sont tellement grandes, que le prix demandé au consommateur est en bien des cas inabordable, et le débouché des usines en est singulièrement réduit.

Quand l'expédition des fers de l'Oural atteint la Kama, elle n'a plus devant elle jusqu'à Nijni, et de là à Pétersbourg, qu'une navigation facile et sans danger. Mais, avant d'atteindre les grandes rivières, elle doit suivre sur 400 verstes l'un des affluents de la Kama, la Tchoussovaïa, rivière rapide et dangereuse, où il ne se passe pas d'années sans sinistres. Le point d'embarquement des produits des usines de Nijni-Taguilsk et de Nijni-Salda, qui appartiennent encore aux Demidoff, est placé sur la Tchoussovaïa à 56 verstes de l'une de ces usines, et à 102 verstes de l'autre ; les 25 verstes à partir du port appartiennent au versant occidental de l'Oural ; le reste du trajet fait partie du versant oriental ou sibérien. Les usines d'Alapaïef, qui appartiennent maintenant aux héritiers Jakovlef, sont encore à 78 verstes plus à l'est que Nijni-Salda, et le port où les produits de ces usines sont embarqués sur la Tchoussovaïa étant au contraire à 10 verstes plus bas que celui des usines Demidoff, il y a en tout 190 verstes de route de terre à parcourir entre l'usine et le point où elle trouve un moyen économique de transport. Ajoutons que les 78 verstes comprises entre Salda et Alapaïef ont formé longtemps et forment peut-être encore une mauvaise route praticable seulement pendant l'hiver, et que la route entre Taguilsk et la Tchoussovaïa renferme de même quelques parties dans un état très-imparfait d'entretien. On voit que pour l'industrie du fer comme pour l'agriculture, le premier progrès à réaliser en Russie est le perfectionnement des voies de communication ; un chemin de fer entre les usines et la Tchoussovaïa ne serait peut-être pas difficile à construire, et il rendrait d'immenses services[1]. Jusqu'à ce qu'on ait créé ce chemin de fer, les usines d'Alapaïef auront à expédier chaque année leurs produits pendant l'hiver sur des traîneaux à un cheval, portant chacun 600 à 650 kilogrammes au plus, environ le poids de trois rails. On juge quel nombre de chevaux doit occuper l'expédition de la moindre fourniture. Cette lacune comblée, il y aurait encore à améliorer la navigation de la Tchoussovaïa, puis enfin à abréger la durée des voyages. On pressent, d'après ces détails, que le prix des fers fabriqués dans l'Oural, si petit qu'il soit à la sortie de l'usine, peut devenir énorme à Moscou ou à Pétersbourg.

Parmi les principaux produits des usines de Russie, on remarque en première ligne les feuilles de tôle destinées à couvrir les édifices du pays. Les fers des usines des Jakovlef, fort estimés pour leur ténacité, sont exportés jusqu'aux États-Unis, où ils servent à la fabrication de divers outils, notamment de harpons pour la pêche de la baleine. D'autres usines préparent un fer particulièrement propre à la fabrication de l'acier, et exporté de Russie en Angleterre. C'est aux environs d'Ekaterinebourg qu'on trouve les deux gisements d'oxyde de fer les plus renommés pour cette préparation. On attribue du reste en partie la supériorité de l'acier qui a cette provenance aux quantités de charbon de bois qu'on emploie pour le traitement du minerai. On admet en général, que les mines d'Alapaïef, qui fournissent les meilleures tôles, ne donnent pas de fer propre à recevoir l'aciération, et qu'au contraire, on trouve ce fer particulier dans les mines plus voisines du faîte de l'Oural.

La production des usines russes se borne donc à des objets peu variés ; pour les usages communs, on ne trouve point d'avantage, dans les parties les plus industrielles de la Russie, à préférer le fer russe au fer étranger. Malgré un droit d'entrée qui varie, suivant les objets, de 50 kopeks à 1 rouble le poud[2], le fer anglais revient à Pétersbourg à un prix moindre que le fer russe. Le moindre prix du fer étranger existe encore, pour les objets qui payent un petit droit, à Moscou et à Nijni-Novgorod. Mais le prix n'est pas la seule considération à faire entrer en ligne de compte en faveur des produits étrangers. Le trajet de l'Oural à Pétersbourg dure deux étés, et les bateaux doivent perdre un hiver dans les glaces ; quelquefois même le transport est encore plus long, et l'industriel de Pétersbourg, qui ne peut attendre indéfiniment ses commandes, est forcé de s'adresser à l'Angle-

---

[1] La construction de ce chemin de fer paraît aujourd'hui décidée en principe.
[2] De 12 à 24 centimes le kilogramme.

terre pour être sûr de les recevoir dans les délais fixés. Le pont de Louga, sur le chemin de Pétersbourg à Varsovie, devait être construit avec des fers de l'Oural ; une partie de la fourniture est arrivée un an après que le pont était achevé avec des tôles anglaises.

La comparaison des prix des rails russes et des rails anglais de 1857 à 1862 met l'infériorité de l'industrie russe en évidence. La Couronne avait passé avec les usines d'Alapaïef et de Nijni-Taguilsk des marchés pour la fourniture de rails destinés à la ligne de Varsovie : le prix du marché était fixé à 1 rouble 50 kopeks le poud, rendu à Pétersbourg, environ 370 francs la tonne. La Grande Société, ayant repris ces marchés, remplaça par des rails anglais les rails russes pour la ligne de Var- sovie, et arrêta les rails russes sur la ligne de Moscou à Nijni-Novgorod. L'usine de Nijni-Taguilsk consentit à abaisser son prix à 1 rouble 24 kopeks le poud ; l'usine d'Alapaïef, après avoir descendu son prix à 1 rouble 32 kopeks, demanda la résilia- tion de son contrat pour une partie de la fourniture. Pour remplacer les rails russes supprimés par cette résiliation, on eut encore recours aux rails anglais, et on trouva à passer un nouveau marché, à raison de 1 rouble 20 kopeks le poud, rendu à Moscou. Ce prix était encore très-élevé, comparativement aux prix des rails fournis en d'au- tres points du réseau, partout à moins de 1 rouble le poud. Il était cependant de 4 kopeks par poud, ou de 10 francs par tonne, inférieur au plus bas prix que l'indus- trie russe ait pu atteindre, et cela au centre de la Russie.

Le fer de l'Oural a une élasticité et une ténacité remarquables ; il est excellent pour la construction de pièces qui doivent résister à de grands efforts ; mais il ne convient pas pour les rails. Il manque de la dureté nécessaire à la surface de roulement, et d'ailleurs la fabrication de l'Oural est peu précise, les tolérances les plus larges sont immédiatement dépassées, et l'on sait combien des rails inégalement coupés et peu rigoureusement profilés rendent la pose de la voie difficile et irrégulière.

L'exemption de droits de douane sur les fers des ponts métalliques a permis à la Grande Société de n'employer presque exclusivement que du fer étranger sur ses lignes ; les prix des marchés ont été de 980 francs et 880 francs la tonne de fer mise en place. Ces prix sont notablement inférieurs à ceux que l'on payait en Russie avant 1857. La Couronne avait payé le pont de Louga 6 roubles 50 kopeks le poud, ou 1,625 francs la tonne ; les marchés passés par la Société avec les usines du pays, pour donner un certain aliment à l'industrie nationale, et pour obtenir ainsi l'exemption des droits de douane sur les autres ponts métalliques, ont été conclus au prix de 5 roubles 50 ko- peks le poud (1,370 francs la tonne), puis de 4 roubles 60 kopeks (1,150 francs). Ce dernier prix est encore de 170 francs au-dessus du prix des ponts métalliques de la ligne de Varsovie, et comme il ne comprenait pas certains frais, notamment les frais d'échafaudages, on voit que le tarif douanier de 1 rouble par poud, ou de 250 francs par tonne, auráit à peine suffi pour faire préférer l'industrie nationale à l'industrie étrangère [1].

Les progrès des voies de communication en Europe ont frappé de décadence plusieurs foires autrefois très-fréquentées, et l'on se demande si la foire de Nijni doit subir cette même loi, et si son avenir est déjà compromis. Il est permis du moins de penser qu'elle se maintiendra longtemps encore, à la faveur d'une position toute particulière, sur les confins de pays qui diffèrent du tout au tout des nôtres. Sans doute, l'ouverture des chemins de fer a déjà considérablement simplifié l'accès de Nijni-Novgorod du côté de l'Europe, et, s'il s'agissait d'un grand centre de production, il n'en faudrait pas davantage pour ouvrir en tout temps un débouché facile aux produits et par suite pour supprimer la foire. Mais Nijni est seulement un entrepôt, à l'est duquel les communications doivent longtemps rester dans l'état de simplicité naturelle; la foire se perpétuera par conséquent, les causes qui l'ont produite jusqu'ici devant se maintenir pendant une longue période. Ce n'est pas une création arbitraire et sur laquelle on puisse influer. L'époque annuelle de la foire est fixée d'une manière à peu près nécessaire. De l'Oural et de la Perse à Nijni, les transports s'effectuent seulement par eau. Il faut donc attendre la débâcle des fleuves et la fin des grandes crues pour commencer les expéditions; la durée des transports retarde ensuite le moment de l'ouverture. La date du 1/13 août, jour où la foire s'ouvre, n'est devancée que par un petit nombre de marchands. La durée légale de la foire est d'un mois; mais elle se prolonge toujours jusqu'au milieu de septembre. En partant à cette époque, les marchands ont le temps de regagner leur pays, ou d'atteindre un nouvel entrepôt, avant le retour de la gelée et l'interruption des transports par rivière. Au mois d'octobre ou de novembre, les Sibériens et les Boukhares se retrouvent à la foire d'Irbit, à l'est de l'Oural. Là, se fait un nouvel échange qui, pour plusieurs sortes de marchandises, va se répéter encore au fond de la Sibérie sur la frontière de Chine; la distance de Moscou à Pékin est ainsi fractionnée par des étapes principales dont la première est Nijni-Novgorod. Aussi est-il bien probable que la foire de Nijni

___

[1] Supposons que le droit d'entrée des fers ait été plus élevé, et que la Grande Société ait commandé aux usines russes tous ses ponts métalliques: que serait-il résulté de cette prétendue *protection* du travail national ? — Que toute l'industrie du pays aurait eu à subir les conséquences du renchérissement des fers.

ne périra point, puisqu'elle résulte en grande partie d'une cause toute asiatique, et qu'on ne peut présumer de notables modifications à l'état social et au régime économique des contrées lointaines qui l'ont alimentée jusqu'ici.

Nous n'essayerons pas de donner une description plus complète de la foire de Nijni-Novgorod. Il nous suffira d'en avoir indiqué les principaux caractères et d'avoir signalé, dans un ouvrage dont la Russie est l'objet, l'un des points les plus curieux de l'empire. Les chemins de fer russes nous y ont conduit : Nijni-Novgorod est jusqu'à présent l'extrémité la plus orientale du réseau européen[1], et nous nous arrêtons à cette limite.

---

[1] Saratoff remplacera Nijni-Novgorod à cet égard lorsque le chemin de fer de Saratoff sera terminé (long. E. de Nijni, 42° — de Saratoff, 44°).

NOTE Ire.

CONCESSION DU 26 JANVIER 1867.

Oukase de S. M. l'Empereur au Sénat-dirigeant.

Dans Notre sollicitude pour les intérêts de Notre Patrie, dont la prospérité Nous tient tant à cœur, Nous avons depuis longtemps reconnu que la Russie, richement dotée par la nature, éprouvait, vu l'immense étendue qu'elle embrasse, un besoin tout particulier de communications faciles.

Cette conviction s'est encore fortifiée par suite des travaux auxquels Nous avons eu personnellement à concourir dès l'année 1842, alors que la volonté de Notre Auguste Père, de glorieuse mémoire, Nous appela à présider le Comité des chemins de fer, chargé de délibérer sur l'établissement de la ligne de Saint-Pétersbourg à Moscou, et sur divers projets de routes semblables.

La construction même de cette voie, portant aujourd'hui à si juste titre le Nom de l'Empereur Nicolas, a encore mis plus en évidence les avantages de ce nouveau mode de communication pour Notre pays, toute son utilité en temps de paix comme en temps de guerre. Les chemins de fer dont, il y a dix ans à peine, l'urgence était encore contestée, sont reconnus maintenant par toutes les classes de la population comme une nécessité pour l'empire, et sont devenus un besoin national, un vœu aussi instant que général.

Pénétré de cette conviction profonde, Nous avons prescrit, dès la cessation des hostilités, d'aviser aux moyens les plus propres à satisfaire à cette exigence impérieuse. Un examen attentif a démontré l'avantage qu'il y aurait, sous le double rapport des facilités et de la promptitude d'exécution, à s'adresser de préférence, à l'exemple de tous les autres pays, à l'industrie privée, tant nationale qu'étrangère, le recours à celle-ci permettant en outre de mettre à profit la grande expérience déjà acquise par la construction de plusieurs milliers de verstes de voies ferrées dans les contrées occidentales de l'Europe.

Diverses offres ont été provoquées, proposées et combinées sur ces bases, et après un mûr examen de l'affaire par le Comité des ministres et sa discussion en Notre présence, les conditions reconnues à l'unanimité comme les meilleures et sanctionnées par Nous, se sont trouvées être celles de la Compagnie de capitalistes russes et étrangers, à la tête de laquelle figure Notre banquier le baron de Stieglitz.

Aux termes de ces conditions, la Compagnie s'engage : à construire à ses risques et dépens, dans l'espace de dix années, et à entretenir ensuite, durant une période de quatre-vingt-cinq ans, un réseau déterminé d'environ 4,000 verstes de chemins de fer, sous l'unique garantie par le Gouvernement de 5 p. 100 sur les sommes affectées à la construction, et avec la clause, qu'à l'expiration des susdits termes, le réseau entier fera retour gratuit à l'État.

Évitant l'obligation de sacrifices considérables et immédiats, le Gouvernement, en adoptant ces bases, se trouvera à même d'effectuer la construction du premier réseau des chemins de fer russes par la seule force de la confiance qu'inspire la stricte exactitude qu'il a constamment apportée à faire honneur à ses engagements, même au milieu des plus pénibles époques des luttes nationales.

Ce réseau s'étendra de Saint-Pétersbourg à Varsovie et à la frontière prussienne ; de Moscou à Nijni-Novgorod ; de Moscou, par Koursk et la région du bas Dniepr, à Théodosie, et de Koursk, ou d'Orel, par Dünabourg, à Libau.

Ainsi, moyennant une voie ferrée continue, à travers vingt-six gouvernements, se trouveront reliés : trois capitales, nos principaux fleuves navigables, les centres de nos excédants agricoles et deux ports accessibles presque toute l'année sur les mers Noire et Baltique ; l'exportation sera facilitée, les transports et l'approvisionnement intérieurs seront assurés.

Abordant, avec un ferme espoir dans les bénédictions du Très-Haut, une entreprise nationale si vaste et si bienfaisante, Nous faisons un appel à la coopération zélée et consciencieuse de tous Nos fidèles sujets, et

Ordonnons de mettre à exécution :

1° L'Acte contenant les conditions fondamentales de la concession du premier réseau des chemins de fer russes ;

2° Les Statuts de la *Grande Société des chemins de fer russes*, organisée pour les constructions précitées ; Acte et Statuts qui se trouvent annexés au présent Oukase.

Le Sénat-dirigeant aura à prendre les dispositions nécessaires à cet effet.

L'original est signé de la propre main de

Sa Majesté l'Empereur
ALEXANDRE.

Saint-Pétersbourg, le 26 janvier 1857.

NOTE II.

Propositions présentées en **1861** par la Grande Société au Gouvernement russe pour l'amélioration de l'acte de concession.

PREMIÈRE PARTIE.

LIGNES ENTREPRISES.

« Le Gouvernement accorde à la Grande Société pour ces lignes :

« 1° Une garantie d'intérêt de 5 p. 100 sur un capital de 138,000,000 de roubles.

« L'application de cette garantie se fera conformément au § 6 de l'acte de concession.

« 2° Une subvention de 1,250 roubles par verste livrée à l'exploitation ; cette subvention commencera à courir du jour où les trois lignes de Saint-Pétersbourg à Varsovie, de Vilna à la frontière de Prusse et de Moscou à Nijni seront livrées à l'exploitation ; elle sera payée chaque année à la Société pendant trente ans ; elle cessera de plein droit à l'expiration de la trentième année.

« Le partage avec l'État, prescrit par le § 8 de l'acte de concession, pour le remboursement des 18 millions de roubles formant le montant à forfait des dépenses effectuées avant la constitution de la Société sur la ligne de Saint-Pétersbourg à Varsovie, ne commencera à courir que lorsque le produit net spécial de cette ligne, prise avec son embranchement sur la frontière de Prusse, excédera 8 p. 100 du capital dont l'intérêt est garanti à la Compagnie sur ladite ligne et son embranchement.

DEUXIÈME PARTIE.

LIGNE DE MOSCOU A THÉODOSIE.

« Le Gouvernement accorde à la Grande Société pour cette ligne :
« 1° Une garantie d'intérêt à raison de 5 p. 100 sur un capital fixé à 95,000 roubles-argent par verste.
« Pour l'application de la garantie d'intérêt, la ligne de Moscou à Théodosie sera divisée en quatre sections de la manière suivante :

De Moscou à Orel	363 verstes.
D'Orel à Kharkoff	374 —
De Kharkoff à Alexandrovsk	286 —
D'Alexandrovsk à Théodosie	360 —

« La garantie de l'État sera applicable à chacune de ces sections prise séparément, et elle commencera à courir, pour chaque section, du jour où elle aura été mise en exploitation ;
« 2° Une subvention totale de 2,750,000 roubles argent, qui sera payée annuellement à la Société pendant trente ans.
« Cette subvention ne commencera à courir au profit de la Grande Société que lorsque la ligne entière de Moscou à Théodosie sera livrée à l'exploitation.
« La subvention cessera de plein droit à l'expiration de la trentième année.
« Le délai d'exécution de la ligne entière sera fixé à cinq années, à partir du 1ᵉʳ août 1862.

TROISIÈME PARTIE.

LIGNE D'OREL A LIBAU.

« La Grande Société est autorisée à attendre jusqu'à la fin de 1864 pour soumettre au Gouvernement ses propositions, en ce qui concerne le choix du tracé à suivre pour la ligne d'Orel à Libau et les conditions auxquelles cette ligne pourrait être maintenue dans la concession.

CONDITIONS GÉNÉRALES.

« 1° Le montant des sommes acquises à la Grande Société pour l'application de la garantie d'intérêt qui lui est accordée, sera calculé et payé au cours du change avec Paris ou Londres ;
« 2° Par modification de l'article 7 du cahier des charges, le remboursement des sommes avancées par le Gouvernement, pour la garantie d'intérêt, aura lieu sans intérêt, et cela seulement après que le revenu net de l'exploitation aura produit 6 p. 100 du capital des actions ;
« 3° On portera de 5 p. 100 à 6 p. 100 le prélèvement prévu à l'article 42 des statuts sur le capital ;
« 4° Le nombre des membres du Conseil, fixé à 20 par les statuts, sera porté à 21, par la création d'un président qui sera nommé par l'Empereur. »
Le Gouvernement russe n'a pas consenti à discuter ces propositions et leur a préféré les dispositions des *nouveaux tatuts du 3 novembre.*

NOTE III.

NOUVEAUX STATUTS DU 3 NOVEMBRE 1861.

Oukase de S. M. l'Empereur au Sénat-dirigeant.

Par Notre oukase de 27 Janvier 1857 au Sénat-dirigeant, Nous avions sanctionné l'acte contenant les conditions fondamentales de la concession du premier réseau des chemins de fer russes et les statuts de la Grande Société des chemins de fer russes organisée pour ces constructions. Par ces conditions et statuts, la Société s'était engagée à construire, dans le délai de dix ans, quatre lignes de chemins de fer, savoir : 1° de Saint-Pétersbourg à Varsovie avec un embranchement allant par Kovno à la frontière de Prusse; 2° de Moscou à Nijni-Novgorod; 3° de Moscou par Orel et Koursk à Théodosie et 4° d'Orel ou de Koursk à Libau. A partir de l'année 1857, la Société s'est principalement occupée des travaux de construction sur les deux premières lignes; mais vu l'état précaire des marchés financiers de l'Europe, elle s'est trouvée dans l'impossibilité de réaliser, avec les priviléges qui lui étaient accordés, les capitaux nécessaires pour l'établissement des deux autres lignes et d'exécuter tous les engagements qui lui étaient imposés. En présence de ces circonstances, et accédant à la demande de la Société, Nous avons arrêté, après mûr examen de cette affaire en Notre présence, que la Société sera libérée de l'obligation de construire les lignes de Théodosie et de Libau et qu'une subvention lui sera accordée pour le parachèvement des lignes de Varsovie et de Nijni-Novgorod, ainsi que de l'embranchement vers la frontière de Prusse. Sur ces bases, ont été dressés, examinés par le Comité des Ministres et sanctionnés par Nous, en remplacement de l'acte de concession et des statuts de l'année 1857, 1° les nouveaux statuts de la Grande Société des chemins de fer russes et 2° les dispositions transitoires qui s'y rapportent. En annexant à la présente lesdits Statuts et Dispositions transitoires, Nous ordonnons de les mettre à exécution. Le Sénat-dirigeant aura à prendre les dispositions nécessaires à cet effet.

L'original est signé de la propre main de

SA MAJESTÉ L'EMPEREUR ,

ALEXANDRE.

Tsarskoë-Selo, le 3 novembre 1861.

NOTE IV.

La Société anglaise du chemin de Moscou à la mer Noire.

La ligne de Moscou à Théodosie ayant été retirée en 1861 du réseau concédé à la Grande Société, le Gouvernement russe a dû chercher une autre Compagnie qui voulût bien se charger de la construction de cette ligne si importante pour le développement de la richesse nationale. Il ne pouvait se bercer de l'espoir de trouver en Russie le capital nécessaire à cette grande entreprise, et, malgré des répugnances dont plus d'une fois la presse russe a été l'écho, c'est à une Compagnie étrangère qu'il s'est adressé pour remédier à sa propre impuissance.

Le 25 juillet 1863, le Gouvernement a enfin réussi à trouver les fondateurs d'une Société anonyme, *dont le siège sera à Londres*, et qui aura pour objet la construction d'un chemin de fer de Moscou à Sévastopol. Le Gouvernement abandonne la belle rade de Théodosie pour rejeter le chemin de fer du côté de son ancien port militaire, qu'il s'engage à déclarer port franc. Ce changement paraît peu heureux. La topographie de Sévastopol se prête aussi mal au développement d'un port de commerce qu'elle était convenable à l'installation d'un grand port de guerre.

L'acte de concession renferme quelques dispositions particulières qu'il est intéressant de mentionner. Nous les extrayons du *Journal* (français) *de Saint-Pétersbourg* du 18/30 août 1863.

« § 6. Afin d'accélérer cette voie ferrée, importante pour le commerce et l'industrie de l'empire, le Gouvernement ne se borne pas à garantir un dividende de 5 p. 100 au moins sur le capital effectivement nécessaire (d'après le § 19), mais encore, dans le but d'attirer des actionnaires et pour coopérer, après la constitution de la Société, à la prompte et certaine réalisation du capital, il autorise une prime sur le capital, ainsi qu'il est expliqué au § 21, et garantit aux actionnaires le même dividende minimum de 5 p. 100 sur le capital nominal ainsi accru par la prime.

« § 19. Le capital de la Société est préalablement fixé à la somme de 22,500,000 livres sterling (562,500,000 francs), y compris le parachèvement complet avec tous leurs accessoires, tant de la ligne principale que des travaux énoncés aux §§ 12, 13 et 17 [1], ainsi que les dépenses pour les expropriations des terrains mentionnés au § 16 [2], pour les ingénieurs, la direction des travaux et le capital de revirement dans la proportion convenue, ainsi que la prime et la commission dont il est question ci-dessous; toutefois, comme les plans et devis doivent être vérifiés avec soin sur les lieux et calculés de nouveau, le Gouvernement consent à accorder sa garantie pour toute la somme (supérieure ou inférieure à 22,500,000 livres sterling préalablement adoptée), que la Société déclarera dans le courant de douze mois à dater de sa constitution, par la présentation desdits projets et devis vérifiés et calculés de nouveau, et que le Gouvernement reconnaîtra nécessaire pour les objets susdits. — La somme totale, sujette à la garantie, sera fixée de commun accord par des délégués du gouvernement et par l'ingénieur de la Société; mais, dans le cas où ils ne parviendraient pas à s'entendre, la décision des points en litige sera remise à un arbitre choisi d'un commun accord par le président du Conseil de l'empire de Russie et par l'ambassadeur de Sa Majesté Britannique à Saint-Pétersbourg.

« § 20. La Société ne s'engage pas à dépenser, pour les travaux énoncés aux §§ 12, 13 et 17, une somme supérieure à la somme destinée à cet objet d'après l'esprit du § 19; toutefois, si le gouvernement exige un accroissement de dépense pour lesdits travaux, cette somme supplémentaire jouira de la même garantie.

« § 21. Les directeurs de la Société sont autorisés à accorder une prime, soit sous la forme d'un rabais sur le capital réuni au moyen d'actions ou d'obligations, sur chaque versement exécuté en temps utile, soit de toute autre manière qu'ils jugeront plus convenable, pourvu, toutefois, que la totalité de ces rabais ou primes n'excède point 4 shillings par livre sterling (20 p. 100).

« § 22. En sus de la garantie précitée d'un minimum de 5 p. 100 de revenu sur le fond social, le Gouvernement garantit en outre chaque semestre 1/48 sur le capital, de façon à ce que, par son placement à 5 p. 100 l'an, la totalité du capital nominal puisse être amortie dans la période d'existence de la concession (105 ans, sauf les prorogations possibles). »

La ligne sera divisée en sept sections, et le délai d'exécution fixé à six années. « L'État, dans le but d'assurer la ponctualité du payement aux actionnaires du minimum de 5 p. 100 de revenu sur le capital nominal, » s'engage à verser d'avance à la Société, pour chaque semestre la somme nécessaire au payement semestriel. La Société est tenue d'en déclarer la quotité un mois avant l'échéance. Le § 30 prévoit la possibilité d'actes nuisibles aux intérêts de l'État commis par *la Direction ou les agents* de la Société. Dans ce cas, la Direction de la Société est tenue, sur la réquisition du Gouvernement, de faire cesser les abus et, *si les désordres continuent, de congédier les coupables.* Le Conseil général, siégeant à Londres, est représenté en Russie par un Comité de trois directeurs au moins, et l'un de ces directeurs doit être sujet russe et né en Russie.

En cas de discussion entre la Société et la Direction générale des voies de communication, la Société en appelle au Dirigeant en chef par un mémoire que celui-ci sera tenu de renvoyer avec son avis au comité des ministres, « de manière à ce que ce mémoire puisse être soumis à Sa Majesté l'Empereur dans le délai de deux mois. »

Les fondateurs ont versé à la banque de Saint-Pétersbourg, comme garantie de leur bonne foi, un million de

---

[1] Recherches de houille, construction éventuelle d'un embranchement aboutissant aux houillères, et travaux de port.
[2] Tous les terrains, excepté les terrains domaniaux non cultivés.

roubles-argent[1]. Il leur est alloué, comme indemnité, une commission de 2 p. 100 sur le capital nominal, quand il sera souscrit, au fur et à mesure de sa souscription, jusqu'à 20 millions de livres sterling.

« § 49. Les concessionnaires s'engagent à constituer la Société dans le but ci-dessus énoncé, dans le courant d'une année à dater du jour où la concession leur a été accordée; mais il est entendu que si, par suite de circonstances indépendantes de leur volonté, telles qu'une guerre européenne, des commotions intérieures, des complications politiques, des crises pécuniaires, ou autres cas analogues, il devient impossible de constituer la Société dans le délai fixé, il sera loisible au Gouvernement de proroger ce délai autant qu'il le jugera convenable, et si, dans le cours de cette prorogation, par suite des mêmes causes, les concessionnaires se voient dans l'impossibilité de constituer la Société, la concession sera annulée, et le dépôt sera restitué. »

Un article supplémentaire déclare également la concession nulle et non avenue si le Gouvernement juge que la somme définitive, sujette à la garantie, dépasse par trop le chiffre provisoire de 22 millions et demi de livres sterling.

Nous n'avons cité que les points les plus saillants de ce nouvel acte de concession. Malgré les précautions prises par les fondateurs dans la rédaction de cet acte, nous doutons fort qu'il y ait beaucoup d'Anglais tentés de placer leurs capitaux dans cette affaire. Une somme de 22 millions et demi de livres sterling n'est pas facile à rassembler, et les crises de complications politiques du § 49 ne manquent pas jusqu'ici pour permettre aux nouveaux fondateurs de renoncer à leurs engagements.

Si la Société se forme, le Gouvernement russe aura réussi, par les mesures qu'il a prises en 1861, à aggraver sa situation financière, à révéler la faiblesse de son crédit, à ajourner de plusieurs années l'ouverture de sa ligne du Sud, et enfin à substituer une Société anglaise, ayant son siége à Londres, à une Société internationale ayant son siége à Saint-Pétersbourg.

Il ne se contente pas d'ailleurs d'offrir cet appât aux capitaux de l'Occident : on annonce qu'il se propose de mettre en vente le chemin de fer de Saint-Pétersbourg à Moscou. Nouvel et trop tardif aveu !

(Cette note a été insérée dans notre première édition sous la date du 28 janvier 1864. La Société ne s'est pas formée.)

NOTE V

Émancipation des paysans.

MANIFESTE DE S. M. L'EMPEREUR.

Par la grâce de Dieu, Nous, ALEXANDRE II, empereur et autocrate de toutes les Russies, roi de Pologne, grand-duc de Finlande, etc., etc., etc.

A tous Nos fidèles sujets savoir faisons :

« Appelé par la divine Providence et par la loi sacrée de l'hérédité au trône de Nos ancêtres, Nous Nous sommes promis au fond du cœur, afin de répondre à la mission qui nous est confiée, d'entourer de Notre affection et de Notre sollicitude impériales tous Nos fidèles sujets, de tout rang et de toute condition, depuis l'homme de guerre qui porte noblement les armes pour la défense de la patrie, jusqu'à l'humble artisan voué aux travaux de l'industrie; depuis le fonctionnaire qui parcourt la carrière des hauts emplois de l'État, jusqu'au laboureur dont la charrue sillonne les champs.

« En considérant les diverses classes et conditions dont se compose l'État, Nous Nous sommes convaincu que la législation de l'empire ayant sagement pourvu à l'organisation des classes supérieure et moyenne, et déterminé avec précision, leurs obligations, leurs droits et leurs priviléges, n'a pas atteint le même degré d'efficacité à l'égard des paysans attachés à la glèbe (*krépostnyé*), ainsi désignés parce que, soit par d'anciennes lois, soit par l'usage, ils ont été assujettis héréditairement à l'autorité des propriétaires, auxquels incombait en même temps l'obliga-

---

[1] En réalité c'était à la banque de Londres que le versement avait été fait par les fondateurs.

tion de pourvoir à leur bien-être. Les droits des paysans ont été jusqu'à ce jour très-peu étendus et imparfaitement définis par la loi, à laquelle ont suppléé la tradition, la coutume et le bon vouloir des propriétaires. Dans les cas les plus favorables, cet ordre de choses a établi des relations patriarcales fondées sur une sollicitude sincèrement équitable et bienfaisante de la part des propriétaires et sur une docilité affectueuse de la part des paysans. Mais à mesure que diminuait la simplicité des mœurs, que se compliquait la diversité des rapports mutuels, que s'affaiblissait le caractère paternel des relations des propriétaires avec les paysans, et qu'en outre l'autorité seigneuriale tombait quelquefois aux mains d'individus exclusivement préoccupés de leurs intérêts personnels, ces liens de bienveillance mutuelle se sont relâchés et une large voie a été ouverte à un arbitraire onéreux aux paysans, défavorable à leur bien-être, qui les a portés à l'indifférence de tout progrès dans les conditions de leur existence.

« Ces faits avaient déjà frappé Nos Prédécesseurs de glorieuse mémoire, et Ils avaient pris des mesures afin d'améliorer le sort des paysans. Mais, parmi ces mesures, les unes se sont trouvées peu décisives, en tant qu'elles restaient subordonnées à l'initiative spontanée de ceux des propriétaires qui se montraient animés d'intentions libérales ; et les autres, provoquées par des circonstances particulières, ont été restreintes à quelques localités ou prises seulement à titre d'essai. C'est ainsi que l'Empereur Alexandre Ier avait publié le Règlement pour les cultivateurs libres, et que feu l'Empereur Nicolas, Notre Père bien-aimé, a promulgué celui qui concerne les paysans *obligés par contrat*. Dans les gouvernements de l'Ouest, les Règlements dits *inventaires* avaient fixé l'allocation territoriale dévolue aux paysans, aussi bien que le taux de leurs redevances. Mais toutes ces réformes n'ont été appliquées que dans une mesure très-restreinte.

« Nous Nous sommes donc convaincu que l'œuvre d'une amélioration sérieuse dans la condition des paysans était pour Nous un legs sacré de Nos ancêtres, une mission que, dans le cours des événements, la divine Providence Nous appelait à remplir.

« Nous avons commencé cette œuvre par un témoignage de Notre confiance impériale envers la noblesse de Russie qui Nous a donné tant de preuves de son dévouement au Trône et de ses dispositions constantes à faire des sacrifices pour le bien de la patrie. C'est à la noblesse elle-même que, conformément à ses propres vœux, Nous avons réservé de formuler des propositions pour la nouvelle organisation des paysans, propositions qui entraînaient pour elle la nécessité de limiter ses droits sur les paysans et d'accepter les charges d'une réforme qui ne pouvait s'accomplir sans quelques pertes matérielles. Notre confiance n'a pas été déçue. Nous avons vu la noblesse, réunie en comités dans les gouvernements, faire, par l'organe de mandataires investis de sa confiance, le sacrifice spontané de ses droits quant à la servitude personnelle des paysans. Ces comités, après avoir recueilli les données nécessaires, ont formulé leurs propositions concernant la nouvelle organisation des paysans attachés à la glèbe, dans leurs rapports avec les propriétaires.

« Ces propositions s'étant trouvées très-diverses, comme on pouvait s'y attendre d'après la nature de la question, elles ont été confrontées, collationnées et réduites en un système régulier, puis rectifiées et complétées dans le comité supérieur institué à cet effet ; et ces nouvelles dispositions ainsi formulées, relativement aux paysans et aux gens de la domesticité (*dvorovyé*) des propriétaires, ont été examinées au conseil de l'empire.

« Après avoir invoqué l'assistance divine, Nous avons résolu de mettre cette œuvre à exécution.

« En vertu des nouvelles dispositions précitées, les paysans attachés à la glèbe seront investis, dans un terme fixé par la loi, de tous les droits des cultivateurs libres.

« Les propriétaires conservant leurs droits de propriété sur toutes les terres qui leur appartiennent réservent aux paysans, moyennant des redevances déterminées par les règlements, la pleine jouissance de leurs enclos et, en outre, pour assurer leur existence et garantir l'accomplissement de leurs obligations vis-à-vis du gouvernement, la quantité de terre arable fixée par lesdites dispositions, ainsi que d'autres appartenances rurales (*ougodié*).

« Mis en jouissance de ces allocations territoriales, les paysans sont obligés, en retour, d'acquitter, au profit des propriétaires, les redevances fixées par les mêmes dispositions. Dans cet état, qui doit être transitoire, les paysans seront désignés comme *temporairement obligés*.

« En même temps, il leur est accordé le droit de racheter leurs enclos, et, avec le consentement des propriétaires, ils pourront acquérir, en toute propriété, les terres arables et autres appartenances qui leur sont allouées à titre de jouissance permanente. Par l'acquisition en toute propriété de la quantité de terre fixée, les paysans sont affranchis de leurs obligations envers leurs propriétaires pour la terre ainsi rachetée, et ils entrent définitivement dans la condition de paysans libres-propriétaires.

Par une disposition spéciale concernant les gens de la domesticité (*dvorovyé*), il est fixé pour eux un état transitoire adapté à leurs occupations et aux exigences de leur position. A l'expiration d'un terme de deux années à dater du jour de la promulgation de ces dispositions, ils recevront leur entier affranchissement et quelques immunités temporaires.

« C'est d'après ces principes fondamentaux qu'ont été formulées les dispositions qui déterminent l'organisation future des paysans et des gens de la domesticité (*dvorovyé*), qui établissent l'ordre de l'administration générale de cette classe et spécifient dans tous leurs détails les droits donnés aux paysans et aux gens de la domesticité, ainsi que les obligations qui leur sont imposées vis-à-vis du gouvernement et des propriétaires.

Quoique ces dispositions, tant générales que locales, et les règles spéciales complémentaires pour quelques localités particulières, pour les terres des petits propriétaires, et pour les paysans qui travaillent dans les fabriques et usines des propriétaires, aient été, autant que possible, appropriées aux nécessités économiques et aux coutumes locales, cependant, pour conserver l'ordre existant là où il présente des avantages réciproques, Nous réservons aux propriétaires de convenir avec les paysans d'arrangements à l'amiable et de conclure des transactions relativement à l'étendue de l'allocation territoriale et au taux des redevances à fixer en conséquence, tout en observant les règles établies pour garantir l'inviolabilité de pareilles conventions.

« Comme la nouvelle organisation, par suite de la complexité inévitable des changements qu'elle comporte, ne peut pas être mise immédiatement à exécution ; qu'elle exige un espace de temps qui ne peut être de moins de deux ans ou environ, afin d'éviter tout malentendu et de sauvegarder l'intérêt public et privé durant cet intervalle, le régime existant actuellement dans les propriétés des seigneurs doit être maintenu jusqu'au moment où un régime nouveau aura été institué par l'achèvement des mesures préparatoires requises.

« A ces fins, Nous avons trouvé bon d'ordonner :

« 1° D'établir dans chaque gouvernement une cour spéciale pour la question des paysans ; elle aura à connaître des affaires des communes rurales établies sur les terres des seigneurs ;

« 2° De nommer dans chaque district des juges de paix pour examiner sur les lieux les malentendus et les litiges qui pourront s'élever à l'occasion de l'application du nouveau Règlement, et de former avec ces juges de paix des réunions de district ;

« 3° D'organiser dans les propriétés seigneuriales des administrations communales, et, dans ce but, de laisser les communes rurales dans leur composition actuelle, et d'ouvrir dans les grands villages des administrations d'arrondissement (*volosti*), en réunissant les petites communes sous une de ces administrations d'arrondissement ;

« 4° De formuler, vérifier et confirmer dans chaque commune rurale ou propriété une charte réglementaire (*oustawnaïa gramota*), dans laquelle seront énumérées, sur la base du statut local, la quotité de terre réservée aux paysans en jouissance permanente et l'étendue des charges qui sont exigibles d'eux au bénéfice du propriétaire, tant pour la terre que pour les autres avantages accordés par lui ;

« 5° De mettre à exécution ces chartes réglementaires au fur et à mesure de leur confirmation pour chaque propriété, et d'en introduire l'exécution définitive dans le terme de deux années à dater du jour de la publication du présent manifeste ;

« 6° Jusqu'à l'expiration de ce terme, les paysans et gens de la domesticité (*dvorovyé*) doivent demeurer dans la même obéissance à l'égard de leurs propriétaires et remplir sans conteste leurs anciennes obligations ;

« 7° Les propriétaires continueront à veiller au maintien de l'ordre dans leurs domaines, avec droit de juridiction et de police, jusqu'à l'organisation des arrondissements (*volosti*) et des tribunaux d'arrondissement ;

« Connaissant toutes les difficultés de la réforme entreprise, Nous mettons avant tout Notre confiance dans la bonté de la divine Providence qui veille sur les destinées de la Russie.

« Nous comptons aussi sur le généreux dévouement de Notre fidèle noblesse, et Nous sommes heureux de témoigner à cette corporation la gratitude qu'elle a méritée de Notre part comme de celle du pays, pour le concours désintéressé qu'elle a prêté à l'accomplissement de Nos desseins. La Russie n'oubliera pas que la noblesse, mue uniquement par son respect pour la dignité de l'homme et par son amour pour le prochain, a renoncé spontanément aux droits que lui donnait le servage actuellement aboli, et posé les fondements du nouvel avenir qui s'ouvre pour les paysans. Nous avons le ferme espoir qu'elle emploiera aussi noblement ses efforts ultérieurs pour la mise à exécution du Règlement en maintenant le bon ordre, dans un esprit de paix et de bienveillance, et que chaque propriétaire achèvera dans la limite de sa propriété le grand acte civique accompli par toute la corporation, en organisant l'existence des paysans domiciliés sur sa terre et de ses gens de la domesticité, dans des conditions mutuellement avantageuses, et en donnant ainsi à la population des campagnes l'exemple d'une exécution fidèle et consciencieuse des règlements de l'État.

« Les exemples nombreux de la généreuse sollicitude des propriétaires pour le bien-être des paysans et de la reconnaissance de ceux-ci pour la sollicitude bienfaisante de leurs seigneurs, Nous donnent l'espoir qu'une entente mutuelle réglera la plupart des complications parfois inévitables dans l'application partielle de règles générales aux diverses conditions dans lesquelles se trouvent des propriétés isolées ; que de cette manière sera facilitée la transition de l'ancien ordre de choses au nouveau, et que l'avenir affermira définitivement la confiance mutuelle, la bonne entente et l'impulsion unanime vers l'utilité publique.

« Pour mettre d'autant plus facilement à exécution les transactions de gré. à gré entre le propriétaire et les paysans, en vertu desquelles ces derniers pourront acquérir en toute propriété leurs enclos et le terrain dont ils ont la jouissance, des secours seront accordés par le gouvernement, d'après un Règlement spécial, moyennant des prêts ou bien un transfert des dettes qui grèvent les propriétés.

« Nous Nous reposons ainsi avec confiance sur le sens droit de la nation.

« Quand la première nouvelle de la grande réforme méditée par le gouvernement vint à se répandre parmi les populations de la campagne qui y étaient peu préparées, cette nouvelle a pu, dans certains cas, donner lieu à des malentendus parmi quelques individus plus préoccupés de la liberté que soucieux des devoirs qu'elle impose. Mais, en général, le bon sens du pays n'a pas failli. Il n'a méconnu ni les inspirations de la raison naturelle, qui dit que tout homme qui accepte librement les bienfaits de la société lui doit, en retour, l'accomplissement de certaines obligations positives, ni les enseignements de la loi chrétienne, qui enjoint *à tout le monde d'être soumis aux Puissances supérieures* (saint Paul aux Romains, XIII, 1) et *de rendre à chacun ce qui lui est dû*, et surtout, à qui il appartient, *le tribut, les impôts, la crainte et l'honneur. (Ibid., 7.)* Il a compris que les propriétaires ne sauraient être privés de droits légalement acquis que moyennant une indemnité suffisante et convenable, ou par suite d'une concession volontaire de leur part; qu'il serait contraire à toute équité d'accepter en jouissance des terres concédées par les propriétaires, sans accepter aussi envers eux des charges équivalentes.

« Et maintenant Nous espérons avec confiance que les serfs libérés, en présence du nouvel avenir qui s'ouvre devant eux, sauront apprécier et reconnaître les sacrifices considérables que la noblesse s'est imposés en leur faveur.

« Ils sauront comprendre que le bienfait d'une existence appuyée sur une base de propriété mieux garantie, ainsi que d'une liberté plus grande dans la gestion de leurs biens, leur impose, avec de nouveaux devoirs envers la société et envers eux-mêmes, l'obligation de justifier les intentions tutélaires de la loi par un usage judicieux et et loyal des droits qui viennent de leur être accordés. Car si les hommes ne travaillent pas eux-mêmes à assurer leur propre bien-être sous la protection des lois, la meilleure de ces lois ne saurait le leur garantir. Ce n'est que par un travail assidu, un emploi rationnel de leurs forces et de leurs ressources, une économie sévère, et surtout par une vie honnête et constamment inspirée de la crainte de Dieu, qu'on parvient au bien-être et qu'on en assure le développement.

« Les autorités chargées du soin de préparer par des mesures préliminaires la mise en œuvre de l'organisation nouvelle et de présider à son inauguration auront à veiller à ce que cette œuvre s'accomplisse avec calme et. régularité, en tenant compte des exigences des saisons, afin que la sollicitude du cultivateur ne soit pas distraite de ses travaux agricoles. Qu'il s'applique avec zèle à ses travaux, afin de pouvoir tirer d'un grenier abondant la semence qu'il doit confier à la terre qui lui sera concédée en jouissance permanente ou à celle qu'il aura su acquérir en toute propriété.

« Et maintenant, peuple pieux et fidèle, fais sur ton front le signe sacré de la croix, et joins tes prières aux Nôtres pour appeler la bénédiction du Très-Haut sur ton premier travail libre, gage assuré de ton bien-être personnel ainsi que de la prospérité publique.

« Donné à Saint-Pétersbourg, le dix-neuvième jour de février de l'an de grâce mil huit cent soixante et un et de Notre règne le septième.

« Signé : ALEXANDRE. »

Les journaux russes ont publié en même temps que le Manifeste le Communiqué suivant :

« Le 19 février dernier, S. M. l'Empereur a daigné signer le Manifeste impérial qui confère aux paysans des terres seigneuriales les droits de cultivateurs libres et sanctionne les règlements et dispositions relatifs à cette question. Ces documents déterminent l'ordre dans lequel ces paysans doivent acquérir progressivement les droits qui leur sont octroyés, et définissent leurs rapports envers les seigneurs en tant que propriétaires des terres sur lesquelles ils sont établis.

« Il a plu à S. M. Impériale d'ordonner que le Manifeste et les Règlements sanctionnés le 19 février fussent promulgués dans l'ordre accoutumé, et qu'ils fussent de plus envoyés aux propriétaires de biens seigneuriaux ainsi qu'à toutes les communes rurales établies sur leurs terres.

« Par suite de l'étendue de ces Règlements et du nombre énorme d'exemplaires nécessaires pour cette distribution, l'impression en exigera probablement plusieurs semaines, nonobstant toutes les mesures prises pour l'accélérer.

« En attendant, S. M. l'Empereur désirant que son Manifeste impérial, qui accorde aux paysans attachés à la glèbe les droits de cultivateurs libres, soit porté aussi promptement que possible à la connaissance de la nation, a daigné ordonner de le promulguer d'abord à Saint-Pétersbourg et à Moscou le dimanche 5 mars.

« Cette promulgation a eu lieu hier. Dans toutes les églises de la capitale il a été donné lecture du Manifeste au peuple, à l'issue du service divin. Cette lecture a été suivie dans toutes les églises d'actions de grâces solennelles et de prières pour la conservation de la santé et la prolongation des jours de S. M. l'Empereur Alexandre Nicolaïévitch. Des exemplaires du Manifeste ont été envoyés dans toutes les maisons. De plus, des exemplaires du Règlement spécial sur les gens de la domesticité ont été distribués à ceux-ci par la police, afin de les mettre à même de se familiariser avec tous les détails de la mesure d'après laquelle ils sont tenus de demeurer encore deux ans dans la dépendance de leurs seigneurs.

« Voulant également que le manifeste soit aussi promptement que possible connu à l'intérieur, et ayant expédié, dans les gouvernements où il existe des paysans attachés à la glèbe, plusieurs généraux de sa suite et de ses aides de camp pour assister les gouverneurs dans la mise en vigueur des nouveaux Règlements, Sa Majesté a daigné ordonner de charger ces envoyés de porter aux chefs des gouvernements des exemplaires du Manifeste, afin que ces derniers fassent les dispositions nécessaires pour sa promulgation.

« Ensuite les Règlements sur les paysans affranchis de la glèbe, sanctionnés par S. M. l'Empereur le 19 février 1861, seront expédiés par des exprès à tous les chefs des gouvernements, dans le plus bref délai possible, pour être envoyés à tous les propriétaires de biens seigneuriaux et à toutes les communes de paysans établis sur leurs terres.

En même temps, par ordre de S. M. l'Empereur, des exemplaires sont mis en vente à Saint-Pétersbourg et à Moscou. Cette vente a commencé aujourd'hui 6 mars, à neuf heures du matin, dans tous les magasins de librairie et aux commissariats de police de tous les quartiers (tchasty) de la capitale. Le prix d'un exemplaire complet est d'un rouble. Afin de permettre à un plus grand nombre de personnes de prendre connaissance des Règlements et dispositions, il est défendu, pendant les premiers jours, d'en vendre plus d'un exemplaire à chaque acheteur. Plus tard, lorsqu'il en aura été imprimé davantage, il sera loisible à chacun d'acheter à la fois le nombre d'exemplaires qu'il voudra. »

NOTE VI

Sur la tendance latérale des fleuves.

La tendance latérale due au mouvement de rotation de la terre est commune à tous les corps qui se meuvent à la surface du globe avec une vitesse un peu considérable. Pour les cours d'eau, cette tendance est équilibrée par la résistance de l'une des rives, et lorsque le fleuve a un grand volume, lorsque le terrain dans lequel il coule a une faible cohésion, la rive peut être corrodée.

Ces conditions se trouvent satisfaites pour certains fleuves de la Russie, particulièrement pour le Volga. Les crues annuelles en font une mer de plusieurs verstes de largeur, et les terrains généralement sablonneux qu'il parcourt dans la plus grande partie de son développement n'ont pas une solidité qui les mette à l'abri de la corrosion.

Nous avons déjà observé que la plupart des fleuves de la Russie ont une rive escarpée, et une rive basse. La rive escarpée, attaquée par les eaux, recule d'année en année devant le fleuve qui la repousse. Cet effet est surtout très-sensible sur les grands fleuves qui se jettent dans la mer Caspienne, l'Oural et le Volga, qui tous deux exercent sur leurs rivages, de l'est à l'ouest, une action lente comparable à celle d'un rabot qui dresserait progressivement la surface d'un madrier.

Il résulte de là que les villes bâties sur les rives du Volga sont généralement placées sur la rive droite, qui est la rive corrodée; car la rive opposée étant basse, est envahie au loin chaque année par les crues. On trouve cependant quelques villes sur la rive gauche du Volga, mais la présence de ces villes suffit pour indiquer aux alentours un accident topographique particulier qui motive l'exception à la règle générale.

Nous avions essayé, dans le § III du chapitre III de notre première édition, d'évaluer numériquement l'action corrosive d'un cours d'eau, due à la rotation de la terre. Depuis, nous avons reconnu que ce problème est beaucoup plus compliqué qu'on ne l'admet communément, et nous avons supprimé ce paragraphe, qui exigerait de trop longs développements analytiques. Pour la description des phénomènes observés en Russie, nous renvoyons à un article de *la Revue des Deux Mondes*, année 1861, *la Méditerranée caspienne*, de M. Élisée Reclus.

NOTE VII

Sur la durée du jour.

Si l'on appelle :

T, la durée du jour, exprimée en heures, à une certaine époque de l'année et en un certain lieu de la terre ;

D, la déclinaison du soleil, à cette époque de l'année, positive, si elle est boréale, négative si elle est australe ;

λ, la latitude du lieu ;

Et φ l'angle que forme après son coucher le soleil avec le plan de l'horizon du lieu, au moment où ses rayons réfractés cessent d'atteindre ce lieu ;

On aura entre ces quantités la relation :

$$\mathrm{Cos}\left(\tfrac{1}{2}\,T \times 15^\circ\right) = -\,\mathrm{tg}\,D\,\mathrm{tg}\lambda - \frac{\sin \varphi}{\cos \lambda \cos D}$$

Le premier terme du second membre correspond à la durée du jour astronomique ; le second terme, à l'augmentation due à la réfraction.

On admet, en général, que $\varphi = 18^\circ$. En appliquant la formule à cette hypothèse, et en faisant $\lambda = 60^\circ$, latitude de Pétersbourg, on trouve successivement :

	EN TENANT COMPTE DE LA RÉFRACTION.	SANS TENIR COMPTE DE LA RÉFRACTION.
Au solstice d'hiver, $D = -23^\circ28'$ . . .	$T = 9^h\,4^m$	5^h30^m
Aux équinoxes, $D = 0$	$T = 14^h57^m$	12^h00^m
Au solstice d'été $D = +23^\circ28'$	T imaginaire. (jour de 24 heures.)	18^h30^m

Mais il y a exagération à comprendre dans la durée du jour effectif la totalité du crépuscule et la totalité de l'aurore ; et il est plus juste de n'ajouter à cette durée que la moitié environ de ces deux périodes. Cela revient à diminuer l'angle φ.

On peut déterminer la *valeur pratique* de cet angle en observant que c'est vers 57° de latitude que commence d'une manière sensible le phénomène d'un jour de vingt-quatre heures à l'époque du solstice d'été. On doit donc avoir à la fois T $= 24$ heures, D $=+23°28'$, $\lambda = 57°$.

On en déduit :

$$\frac{\text{Sin } \varphi}{\text{Cos } \lambda \cos D} + \text{tg D tg}\lambda = 1.$$

Et par suite :

$$\text{Sin } \varphi = \cos \lambda \cos D - \sin D \sin \lambda = \cos (\lambda + D) = \cos (57° + 23° 28') = \cos (80° 28')$$

Donc :

$$\varphi = 9° 32'.$$

NOTE VIII

Le compteur russe (stchet).

Les négociants russes se servent, pour faire les additions, d'un appareil qui rend cette opération très-rapide, et qui permet de l'effectuer *nombre par nombre*, au lieu de la faire *colonne par colonne*.

Un cadre rectangulaire en bois, ABCD, posé à plat sur le comptoir du marchand, ou sur le bureau du teneur de livres, porte intérieurement des fils rigides de cuivre, a, b, c, d, e, f, g, h,... tendus à égale distance les

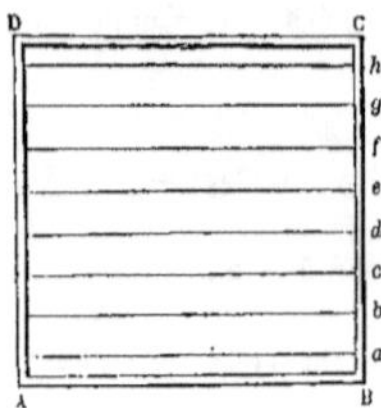

uns des autres, parallèlement au petit côté AB du cadre. Ces fils, qui sont en nombre plus ou moins grand, correspondent chacun à une unité décimale d'un certain ordre. Ainsi, le fil a correspondra, par exemple, aux centièmes, le fil b, aux dixièmes, le fil c, aux unités simples,... le fil h, aux centaines de mille.

Le dessus du cadre forme un plan légèrement incliné vers le bas, à la façon d'un pupitre à écrire. L'arête DC, la plus éloignée du calculateur, est plus élevée de l'arête AB, qui est la plus voisine de lui. Les fils participent à cette inclinaison qui rend plus facile la lecture des nombres marqués par l'instrument.

On donne de plus aux fils fixés à l'intérieur du cadre une faible courbure dans le plan vertical ; le milieu de chaque fil est ainsi un peu plus haut que ses deux extrémités ; il résulte de là que les boules enfilées sur ce fil, une fois amenées à l'une de ses extrémités, s'y trouvent en équilibre stable, et n'ont aucune tendance à retourner vers l'extrémité opposée.

Sur chacun de ces fils, sont enfilées *dix* boules [1] égales, représentant chacune une unité de l'ordre indiqué par

---

[1] Dans les compteurs usuels il y a deux fils qui ne portent que quatre boules ; nous faisons abstraction de ces deux fils pour simplifier notre exposition. — La plupart des auteurs qui ont donné en France la description du *stchet*, ne placent que neuf boules sur chaque fil. C'est en faire l'appareil destiné à enseigner la numération dans les écoles primaires, au lieu d'un appareil propre à simplifier les opérations.

le fil. Pour éviter la confusion entre ces boules, les deux boules du milieu, qui ont les numéros 5 et 6, quel que soit le sens dans lequel on les compte, sont peintes en noir ou rouge, tandis que les huit autres, réparties de chaque côté des deux boules centrales en deux groupes de 4, conservent la couleur naturelle du bois.

Cela posé, tout nombre moindre qu'un million, et n'ayant pas plus de deux décimales, peut être représenté sur le compteur; il suffit, en effet, de pousser sur chaque fil contre le côté BC un nombre de boules égal au nombre d'unités de l'ordre correspondant à ce fil, qui sont contenues dans le nombre donné, et de séparer les autres boules en les amenant contre le côté AD. Par exemple, le nombre 23098,28 aura sur le compteur la représentation suivante :

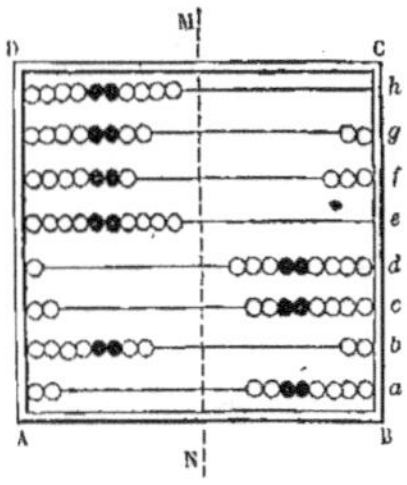

La ligne fictive MN, qui sépare les boules en deux groupes, laisse à droite toutes celles qui concourent à représenter le nombre, et à gauche, toutes les boules étrangères à cette représentation; nous appellerons ce groupe, qui, réuni à l'autre groupe, forme une somme constante, le *résidu* du nombre marqué par le compteur.

Supposons qu'on veuille ajouter à ce nombre 23098,28, un autre nombre donné, 86448,37. On y parviendra en prenant, dans le *résidu* du premier nombre, les boules nécessaires pour représenter le second, et l'addition se fera en réunissant ces boules aux boules déjà amenées au contact du côté CB. Mais pour cette seconde inscription de nombres, on ne pourra plus disposer sur chaque fil de la totalité des boules qui s'y trouvent placées, puisque quelques-unes d'entre elles sont employées à la représentation du nombre précédemment inscrit. On a, par exemple, à marquer 7 centièmes avec les boules contenues à gauche de la ligne MN; ce serait impossible avec les seules ressources du fil *a* des centièmes, puisqu'il n'y reste plus que deux boules disponibles. Mais 7 est égal à 10 — 3; au lieu d'avancer vers la droite 7 boules prises au résidu sur la ligne des centièmes, on en avancera une prise au résidu de la ligne des dixièmes, et on repoussera dans le résidu trois boules du groupe déjà inscrit sur le fil des centièmes. En résumé, le chiffre 7 des centièmes du second nombre s'inscrira en *démarquant* 3 boules du fil *a*, et en *marquant* une nouvelle boule sur la ligne *b*.

On passe alors au chiffre 3 des dixièmes. Comme la ligne *b* ne contient encore du côté marqué que 3 boules, savoir, 2 pour la représentation du premier nombre, et 1 que nous venons d'y joindre pour l'inscription des centièmes du second nombre, il en reste 7 au résidu; nous pouvons donc en prendre 3, et les réunir aux 3 déjà marquées : ce qui en fera 6 en tout sur le fil des dixièmes.

Les 8 unités simples du second nombre donné ne peuvent se prendre sur les 2 boules résidu de la ligne *c*. On devra donc opérer comme tout à l'heure. Au nombre 8 on substituera la différence 10 — 2; on démarquera 2 boules de la ligne *c*, laquelle sera réduite à 6 boules marquées, et l'on avancera une boule de la ligne *d*, qui correspond aux dizaines. Or cet emprunt est toujours possible, car le nombre inscrit précédemment n'ayant pas plus de 9 unités dans un ordre quelconque, il reste toujours au moins une boule sur chaque fil après qu'on en a terminé l'inscription. Le conteur réduit à 9 boules par ligne ne présenterait pas cet avantage.

La ligne *d* se trouve ainsi contenir 10 boules toutes marquées. Mais cette inscription n'est que provisoire : 10 boules marquées sur une ligne équivalent à une boule marquée sur la ligne immédiatement supérieure. On repoussera donc les 10 boules de la ligne *d*, en avançant en échange vers la droite une boule de la ligne *e* des centaines.

L'addition des 4 dizaines du nombre 86448,37 se fera ensuite en avançant 4 boules de la ligne *d*; les opérations se poursuivent ainsi sans aucune ambiguïté. Toutes les opérations partielles sont possibles, et possibles d'une seule manière, et l'on trouvera en définitive, pour somme des nombres 23098,28 et 86448,37, la représentation suivante :

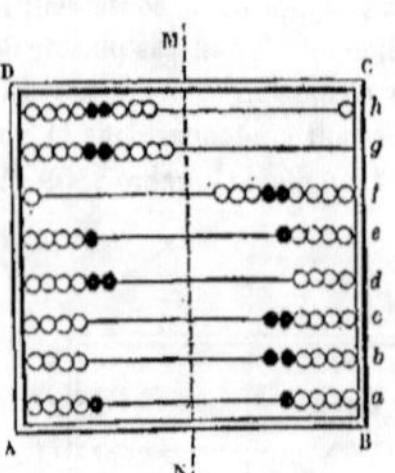

Savoir, 109546,65. En réalité, nous avons substitué au second nombre, 86448,37, le nombre égal $1\overline{2}645\overline{2},4\overline{3}$, où les chiffres surmontés d'un trait sont supposés pris négativement ; sous cette forme, nous avons pu l'écrire à la suite du premier.

La soustraction se fait sur le compteur d'après les mêmes principes. Soustraire un nombre A d'un nombre B, marqué sur le compteur, c'est ajouter le nombre A au résidu du nombre B : opération qui s'effectuera facilement, en ayant recours aux emprunts, si cela est nécessaire.

Toutes les personnes qui ont des calculs à faire, en Russie, manient cet instrument avec une extrême rapidité. L'addition se fait presque aussi vite que la lecture des nombres à ajouter, et elle se fait sans erreur. Celui qui calcule la plume à la main ne peut interrompre une addition une fois qu'elle est commencée ; une longue addition est une opération pénible, qu'il faut fractionner en opérations plus courtes pour être bien sûr d'un résultat. Avec le compteur, au contraire, le calculateur peut arrêter son opération après chaque nombre, et la reprendre ensuite où il l'a laissée. L'instrument conserve la trace de toutes les opérations partielles déjà effectuées. Il possède un autre avantage, celui de s'adapter sans difficulté à un système de numération quelconque et de permettre l'addition des nombres complexes comme celle des nombres décimaux. Il faut pour cela modifier convenablement le nombre de boules à faire porter à chaque fil. Le compteur russe, qui est, dit-on, une imitation de l'abaque des Chinois, est en un mot susceptible d'une foule de combinaisons, et n'a qu'un inconvénient, celui de rendre paresseux l'esprit des comptables, qui ne peuvent plus faire d'opérations sans le secours de cet appareil, une fois qu'ils en ont pris l'habitude[1].

NOTE IX

Les poêles.

« Les poêles échauffent l'air au moyen de la chaleur qui passe à travers les parois du foyer et des tuyaux à fumée, soit pendant le temps même où on y fait du feu, soit après que le feu y est éteint. Dans le premier cas, les parois de l'appareil doivent être construites avec des matériaux bons conducteurs de chaleur et doivent pos-

---

[1] Les *bâtons de Neper* simplifient les multiplications comme le compteur russe simplifie les additions. Cet appareil peut être rendu très-pratique, en y introduisant un mécanisme particulier, destiné à niveler les divers bâtons, et à les rapprocher de manière à faciliter les réductions nécessaires pour former les produits partiels. Mais la multiplication peut se simplifier de bien d'autres manières. Sans parler des logarithmes, on pourrait faire des multiplications très-rapides à l'aide d'une table de carrés. Étant donnés les deux facteurs a et b dont on demande le produit, on formera sans peine les nombres $\frac{1}{2}(a+b)$ et $\frac{1}{2}(a-b)$, on en cherchera les carrés dans la table, et on retranchera le plus petit du plus grand. On a en effet :

$$ab = \left(\tfrac{1}{2}(a+b)\right)^2 - \left(\tfrac{1}{2}(a-b)\right)^2.$$

Cette transformation ramène pour ainsi dire à une table à simple entrée (celle des carrés) la table à double entrée de Pythagore qu'on ne peut pousser bien loin dans les deux sens.

séder un grand pouvoir émissif. Tels sont les poêles en métal, dans lesquels la combustion s'opère lentement et par petites quantités de combustible : ils ne donnent de la chaleur que pendant la combustion. Dans le second cas, les poêles doivent se construire avec des matériaux conduisant mal la chaleur, et dont la surface ait un faible pouvoir émissif. Tels sont les poêles en briques et carreaux de faïence, connus sous le nom de *poêles russes*, *poêles hollandais* et *poêles suédois*. Ils s'échauffent par une combustion rapide et énergique; on les ferme ensuite par des portes et un couvercle; ils conservent alors en eux-mêmes une quantité de chaleur qu'ils communiquent lentement à l'air à mesure qu'ils se refroidissent, et ils peuvent en maintenir la température à un degré convenable pendant vingt-quatre heures.

« Pour les poêles de la première espèce, les meilleurs matériaux sont la fonte, et après la fonte, le fer. La surface extérieure des conduits pour la fumée doit être peinte en noir....

« Les poêles de briques et carreaux de faïence (planche XL) se composent :

« D'un four où est le combustible;

« D'un *serpentin* où les gaz produits par la combustion se refroidissent jusqu'à ce qu'il ait acquis le moindre degré de température qui puisse entretenir encore le tirage. Le serpentin se compose de branches verticales, appelées *puits*, ou bien se trace en hélice à la manière des vis;

« D'un tuyau à fumée.

« La capacité du four se calcule d'après la quantité de bois qu'on veut brûler dans une seule *chauffée*. Une trop grande capacité serait nuisible, en ce que les parois du four, quand elles sont trop loin de la flamme, s'échauffent moins, et en ce que, quand la section horizontale du four a des dimensions exagérées, la grande affluence d'air qui se produit refroidit les gaz de la combustion. Le four doit avoir de 4 à 8 centisagènes ($0^m,085$ à $0^m,171$) de longueur de plus que le bois de chauffage; la longueur de la bûche varie ordinairement de $0^{sag.},17$ à $0^{sag.},31$ ($0^m,362$ à $0^m,662$); le four doit donc avoir une longueur de $0^{sag.},20$ à $0^{sag.},40$ ($0^m,420$ à $0^m,850$). La largeur du four ne doit pas être plus grande que celle de la porte par laquelle on introduit le bois, environ $0^{sag.},125$ ($0^m,267$). Sa hauteur doit excéder celle du tas de bois du tiers de cette dernière hauteur. On admet ordinairement qu'un poêle hollandais brûle par mois un volume de bois ayant pour base une sagène carrée et pour hauteur la longueur de la bûche. La section transversale du chargement journalier est ainsi égale à peu près à $\frac{1}{30}$ de sagène carrée ou

à $0^{sag.},033$ ($0^{m.carr.},15$), de sorte que la hauteur du tas de bois à placer dans le four est d'environ $\frac{0,033}{0,124} = 0^{sag.},264$

($0^m,562$); on laisse 1 centisagène ou 2 centimètres de jeu total entre le tas et les joues du four, et, par suite, la hauteur du four doit être $0^{sag.},35$ ($0^m,747$). L'ouverture pour l'introduction du feu se ferme par une porte, et a une section carrée de $0^{sag.},125$ ($0^m,267$) de base. Entre le poêle et sa fondation, on ménage un intervalle où l'air puisse s'introduire pour empêcher la transmission de la chaleur dans la fondation. L'âtre est soutenu par les murs du poêle. Il se compose de deux rangs de briques. Sa hauteur au-dessus du niveau du plancher de la chambre atteint $0^{sag.},125$ ($0^m,267$). L'épaisseur des murs du four est de 3/4 de brique (19 centimètres 1/2); on ne met qu'une demi-brique (13 cent.) quand le poêle est entouré de carreaux de faïence. L'épaisseur de la voûte qui couvre le four ne doit pas être moindre qu'une demi-brique.

« Dans les poêles suédois, le four a la grandeur d'une cheminée, et se ferme par une porte à deux battants.

« Les parois du *serpentin* se construisent en briques, corps mauvais conducteur de chaleur, et qui, pour cette raison, absorbe lentement la chaleur des gaz produits. La longueur du serpentin doit suffire pour que les gaz aient perdu leur chaleur à l'entrée du tuyau. Le développement total du serpentin à partir de la voûte du four jusqu'au couvercle par lequel on ferme le poêle est de 6 à 7 sagènes ($12^m,80$ à $14^m,93$). Dans les poêles hollandais ordinaires, on partage cette longueur en huit tuyaux; pour les poêles plus petits, on réduit proportionnellement le nombre de tubes à six ou quatre. La section transversale du serpentin est rectangulaire, de 1 brique en tous sens (26 centimètres), ou de 1 brique de long sur 1/2 brique de large ($0^m,26$ sur $0^m,13$), ce qui donne une section de $0^{sag.carr.},0156$ ou de $0^{sag.carr.},0078$ ($0^{m.carr.},0710$ ou $0^{m.carr.},0355$). Les intervalles entre les tuyaux sont de 1/4 de brique. La couverture du poêle est de 1/2 à 3/4 de brique. La distance du dessus du poêle au plafond de la chambre doit être au moins de $0^{sag.},17$ ($0^m,36$). Les murs extérieurs du poêle ont 3/4 de brique, et seulement 1/2 brique pour les parois sur lesquelles on pose des carreaux de faïence.

« La section du tuyau à fumée peut être calculée d'après la quantité de combustible brûlé par heure. Pour chaque poud de houille brûlée en une heure, on compte $0^{sag.carr.},0069$ de section ($0^{m.carr.},19$ par 100 kilos); pour chaque sagène cubique de bois, de $0^{sag.carr.},964$ à $1^{sag.carr.},447$ ($0^{m.carr.},45$ à $0^{m.carr.},68$ par mètre cube). D'après ces données, et d'après la quantité de bois ordinaire brûlée par un poêle hollandais, le tuyau devrait avoir une section de $0^{sag.carr.},006$ à $0^{sag.carr.},009$ ($0^{m.carr.},0270$ à $0^{m.carr.},0410$). En pratique, on donne au tuyau une section carrée dont le côté a la longueur d'une brique. La meilleure section serait la section circulaire. Mais il est difficile de la faire avec des briques, et pour cette raison, on adopte généralement la forme carrée. Les perfectionnements introduits dans la fabrication des tuyaux en poterie permettent cependant d'employer aussi le tuyau circulaire. La hauteur du tuyau dépend de la hauteur du bâtiment. Pour une hauteur moindre que 2 sag. 1/4 ($4^m,80$), le tirage est trop faible, et il faut prolonger le tuyau plus haut. L'épaisseur des murs extérieurs du tuyau est d'une brique; si le même massif donne passage à divers tuyaux, on les sépare par des cloisons d'une demi-brique chacune. Au-dessous du toit le tuyau est maçonné avec de l'argile; au-dessus, avec du mortier.

« Un poêle hollandais de dimension ordinaire peut maintenir à la température convenable 17 sagènes cubiques d'air en moyenne (168 mètres cubes).

« *Les poêles ronds d'Untermak* (pl. XL) se composent d'une caisse cylindrique en fer doublé intérieurement de briques minces. Le four, entouré de briques, occupe la partie inférieure. La région au-dessus du four est partagée suivant les rayons du cylindre par des cloisons de 1/4 de brique, qui forment des *puits* pour la circulation de la fumée. Pour donner de la chaleur dès qu'on commence à allumer le poêle, on réserve sur tout le pourtour du poêle, à des hauteurs différentes, deux cavités qui communiquent avec l'air de l'appartement au moyen de petites ouvertures ménagées dans l'épaisseur des parois; l'une est entre la voûte du four et le fond des *puits*, l'autre est au-dessus des puits. Ces deux ouvertures communiquent l'une à l'autre par un tube de fer vertical placé dans l'axe du poêle. L'air de l'appartement entre par l'ouverture inférieure, s'échauffe, monte par le tuyau central jusqu'à l'ouverture supérieure, et retourne dans l'appartement.

« Les dimensions des poêles russes dépendent de l'usage auquel on les destine. Dans les cas les plus fréquents, pour une habitation particulière, on donne au foyer une surface horizontale de $0^{sag.},22$ (1 mètre carré); la hauteur de la voûte du four au-dessus de l'âtre va jusqu'à $0^{sag.},27$ ($0^m,575$). La hauteur de l'âtre au-dessus du plancher est $0^{sag.},35$ ($0^m,747$); la largeur de l'ouverture est $0^{sag.},20$ ($0^m,427$), la hauteur, $0^{sag.},17$ ($0^m,36$); la profondeur du foyer, $0^{sag.},25$ ($0^m,53$). »

(Extrait des *Tables, formules et données numériques*, etc., par M. le lieutenant-colonel (maintenant général) Lipine, du corps des voies de communication. — Tome II, p. 128 et suiv. (Texte russe.) Pétersbourg, 1853.)

Les poêles ne suffisent pas pour assurer aux habitations du nord de la Russie une température convenable; il faut encore que les murs aient une grande épaisseur, que les ouvertures soient garnies de doubles fenêtres et que les joints en soient bien bouchés. On réserve seulement quelques vasistas (*fortotchka*) dans les doubles fenêtres pour renouveler l'air des appartements. — Dans les chaumières de la petite Russie, on a adopté l'usage de portes de communication extrêmement basses; il résulte de cette disposition que l'air chaud qui tend à séjourner dans la partie haute des chambres, se mélange difficilement avec l'air froid du dehors au moment où l'on ouvre une porte. — L'essai des calorifères, dans certaines maisons de Pétersbourg, n'a pas complétement réussi; ce système, applicable aux escaliers et aux antichambres, ne convient pas aux pièces habitées.

NOTE X

Résumé de la campagne de 1812.

Napoléon franchit le Niémen à Kovno avec 200,000 hommes, le 24 juin 1812. La grande armée comprend à ce moment un effectif de 400,000 hommes en première ligne, de 200,000 en seconde ligne, en tout 648,000 hommes, en y comprenant le contingent autrichien.

Séjour de Napoléon à Vilna, du 28 juin au 16 juillet. Opérations sur les ailes de l'armée. Davout à Minsk.

18 juillet. Établissement de Napoléon à Gloubokoe. — Davout à Mohilef.

L'armée russe évacue le camp de Drissa. Barclay de Tolly remonte le cours de la Dvina vers Vitebsk; Bagration, le cours du Dniepr vers Smolensk. Combat du 23 juillet à Mohilef. — Combats d'Ostrovno, les 25 et 26 juillet.

— Combat en avant de Vitebsk, le 27 juillet. — Barclay de Tolly, résolu un moment à livrer bataille, apprenant la défaite de Bagration à Mohilef, continue à rétrograder, 27 juillet.

Napoléon arrive à Vitebsk le 28 juillet. Il y séjourne jusqu'au 11 août. La grande armée est distribuée entre la Dvina et le Dniepr. L'effectif de la première ligne est déjà réduit à 175,000 hommes (force réelle). — Jonction de Bagration et de Tolly : l'armée russe présente un effectif de 140,000 hommes.

Pointe du général Tormasoff vers Kobrin.

Napoléon essaye de tourner l'armée russe. Passage du Dniepr à Rassasna, les 13 et 14 août. Marche sur Smolensk, combat de Krasnoe, le 14 août. — 16 août, arrivée devant Smolensk. Attaque de Smolensk le 17. Les Russes évacuent Smolensk le 18, et mettent le feu à la ville. — Combat de Valoutina, livré par Ney à Barclay de Tolly, sur la route de Smolensk à Moscou.

Opérations sur les ailes. Schwarzenberg et le contingent autrichien contre Tormasoff, bataille de Gorodetchno, 12 août. — Oudinot et Saint-Cyr contre Wittgenstein, bataille de Polotsk, 18 août.

23 et 24 août. Barclay de Tolly semble prêt à livrer bataille, à Dorogobouj ; Napoléon quitte Smolensk le 24, arrive à Dorogobouj le 25. L'armée russe se retire sans combattre. Napoléon la poursuit ; arrive à Viasma le 28, en repart le 31, arrive à Gjatsk le même jour, et y séjourne jusqu'au 4 septembre. Kutusoff prend le commandement de l'armée russe et succède à Barclay de Tolly. — Napoléon joint l'armée russe à Borodino, le 5 septembre. Bataille de Borodino (ou la Moskowa), le 7 septembre 1812. Entrée de Napoléon à Mojaisk, le 9 septembre. Napoléon arrive devant Moscou, le 13. L'armée russe se retire sur la route de Rézan. Entrée des Français à Moscou 14 et 15 septembre.

Incendie de Moscou. Il commence dans la nuit du 15 au 16, et dure jusqu'au 18. Rentrée de Napoléon à Moscou après l'incendie, le 19.

Kutusoff passe de la route de Moscou à Rézan à celle de Moscou à Kalouga, et occupe le camp de Taroutino, 27 septembre. — Négociations entamées avec Kutusoff. Entrevue de M. de Lauriston avec lui, 4 octobre.

Première gelée, 13 octobre. La grande armée est réduite à 100,000 hommes environ.

Napoléon quitte Moscou le 19 octobre, par l'ancienne route de Kalouga ; puis il passe de cette route à la nouvelle, en laissant l'armée russe sur sa gauche. Il occupe Malo-Jaroslavetz. Kutusoff, averti du mouvement de l'armée ennemie, marche sur Malo-Jaroslavetz. Bataille du 24 octobre.

Conseil de guerre du 25 octobre. La retraite est décidée par la route directe de Smolensk. Commencement de la retraite, le 26. — 30 octobre, Mojaisk. — 31 octobre, Gjatsk. — Combat de Viasma pour rouvrir la route. — 5 novembre, Dorogobouj. — 10 novembre, Doukhoftchina. — Insuccès éprouvés sur les ailes de la grande armée. Le 12 novembre, arrivée à Smolensk, séjour jusqu'au 14. A la sortie de Smolensk, l'armée active est réduite à 36,000 hommes, dont 500 cavaliers montés. L'armée russe présente un effectif de 50,000 hommes.

Arrivée à Krasnoe — Kutusoff, après avoir laissé passer Napoléon et la garde, coupe le chemin au reste de l'armée. La route est rouverte par Eugène, en sacrifiant la division Broussier, 16 novembre. Le 17, bataille de Krasnoe.

Passage du Dniepr par Ney et l'arrière-garde ; arrivée de Ney à Orcha le 19. Effectif à Orcha, 24,000 hommes armés, 25,000 traînards.

Passage de la Bérézina, les 26, 27 et 28 novembre. Incendie des ponts le 29.

Le thermomètre à — 20° Réaumur.

Dernier combat de Molodetchno, 4 décembre.

5 décembre, à Smorgoni, départ précipité de Napoléon pour Paris.

Arrivée des débris de l'armée à Vilna, le 9 décembre. (Le thermomètre à — 30° Réaumur.)

Évacuation de Vilna, le 10. Perte du trésor de l'armée.

Arrivée à Kovno, 11 et 12 décembre.

Le 13, Ney et Gérard quittent Kovno avec quelques centaines d'hommes ; les derniers débris de l'armée se rassemblent à Kœnigsberg. — Maladies, fièvres, mort du général Esblé...

Tel est le résumé de cette campagne, désastreuse pour la fortune de Napoléon, mais peut-être plus funeste encore à la Russie ; il y a quelques années, les provinces qui avaient servi de théâtre à cette lutte ne s'étaient pas complétement relevées de leur ruine.

La Russie a été plusieurs fois envahie par des armées étrangères. — En 1610, à la chute du tsar Basile Chouiski, Moscou est occupé par les Polonais, qui n'en sont chassés qu'en 1612. (Minine et Pojarski, bataille du 24 août 1612.) Les Polonais rentrent pour la dernière fois en Moscovie en 1615, sous la conduite de Lissovski ;

après avoir vainement assiégé le couvent de Troïtz, ils retournent en Pologne sans rien faire. — Le siècle suivant, Pierre le Grand, d'abord battu par les Suédois, arrête à Poltava les progrès de Charles XII. — Cent ans plus tard, Napoléon renouvelle la même épreuve sur de bien plus grandes proportions. Tous ces événements ont valu à l'empire russe une réputation de puissance et d'invulnérabilité à laquelle la guerre de 1854 à 1856, conduite par les alliés avec beaucoup plus de prudence, a donné un éclatant démenti.

NOTE XI

Sur les voies de communication de la Russie.

Pour compléter ce que nous avons dit dans notre chapitre second des voies de communication de la Russie, nous réunissons dans cette note quelques nouveaux renseignements sur les communications par bateaux à vapeur, les ports de mer, et le télégraphe.

Bateaux à vapeur. — On trouve sur la Néva, pendant la belle saison, des bateaux à vapeur omnibus qui font le service de Pétersbourg et des îles. D'autres remontent la Néva jusqu'à Schlüsselbourg, à l'entrée de Ladoga. Un service établi sur le lac Ladoga met en communication Schlüsselbourg avec le monastère de Valaam, Serdobol, Kersholm et Konievietz. On peut, par cette voie, rentrer en Finlande et regagner Pétersbourg par Vibourg et le golfe. — Enfin des bateaux à vapeur remontent du Ladoga dans le Svire, et passent dans le lac Onéga.

Le Volga, de Tver à Astrakhan, et la Kama, de son embouchure dans le Volga jusqu'à Perm, sont parcourus par un grand nombre de bateaux à vapeur. Les bateaux sur le Don correspondent avec ceux du Volga, par l'intermédiaire du chemin de fer de Tsaritsin.

Sur le lac de Pskoff, service de Pskoff à Dorpat.

La navigation maritime à vapeur de Pétersbourg comprend les lignes suivantes :

Pétersbourg à Cronstadt, BATIMENTS D'UN FAIBLE TIRANT D'EAU. — *Pétersbourg à Péterhoff.*

Ligne de Finlande et de Suède : Vibourg, Uléaborg, Abo, Stockholm.

Ligne de Livonie et de Courlande : Reval, Riga, Libau.

Lignes d'Allemagne : Pétersbourg à Stettin, Pétersbourg à Lubeck.

Ligne d'Angleterre : Pétersbourg à Hull.

Lignes de France : Pétersbourg à Dunkerque, Pétersbourg au Havre.

Sur la mer Noire, on trouve trois compagnies principales de bateaux à vapeur : la compagnie russe de la mer Noire, la compagnie autrichienne du Lloyd, et la compagnie française des Messageries impériales. Les rapports entre Odessa, Sévastopol, Théodosie, Kertch, Poti... sont assurés par les bateaux de la compagnie de la mer Noire.

Sur la mer Caspienne : services réguliers entre Astrakhan, les villes du pied du Caucase, et la côte de Perse. C'est cette voie qu'on prend pour aller de Pétersbourg à Téhéran.

Le Niémen et la Vistule ont une grande importance pour le commerce russe ; en temps de guerre, le blocus des côtes n'empêche pas l'exportation par ces rivières, qui se jettent à la mer sur le territoire prussien. Le Niémen a une navigation maritime jusqu'à Kovno ; la douane russe est à Iourbourg. Un canal sur le territoire prussien fait communiquer le Niémen avec le Prégel et le port de Kœnigsberg. La Vistule, voie d'exportation pour les blés de Pologne, qui vont s'entreposer à Dantzig, a une grande navigation à la descente : la douane russe est à Nieszawa.

Ports de mer. — Les grands ports de la Russie, Pétersbourg, Riga, Odessa, sont trop connus pour qu'il soit nécessaire d'en parler ici. Nous nous contenterons d'indiquer les deux nouveaux ports auxquels devaient aboutir les lignes concédées en 1857 à la Grande Société : Libau, sur la Baltique ; Théodosie, sur la mer Noire.

Théodosie, ancienne possession génoise sur la côte S. de la Crimée, a une magnifique rade, orientée vers le midi, et par suite très-peu exposée aux coups de mer. Il n'y aurait presque pas d'ouvrages à construire pour protéger ce port naturel : des quais, des magasins et le chemin de fer assureraient la prospérité de cette ville.

Libau est le port le plus méridional de la Baltique ; ici de grands travaux seraient nécessaires pour créer un véritable établissement maritime. Voici, au surplus, un résumé du projet de port dressé en 1858 par M. Bresson, ingénieur des ponts et chaussées, qui fera connaître ce point de la côte.

La ville de Libau est située, presque tout entière, sur la rive sud d'un chenal qui fait communiquer le lac de Libau avec la mer, sous la latitude de 56° 30', à 70 verstes N. de la frontière de Prusse.

Le lac de Libau a une longueur de 16 verstes dans la direction du S. au N. ; sa largeur perpendiculairement à cette direction varie de 900 à 1500 sagènes, et sa surface est de 32 verstes carrées en eaux moyennes. La profondeur du lac est en moyenne de 2 pieds au-dessous du zéro de l'échelle des pilotes; vers l'extrémité N., elle augmente jusqu'à 9 ou 10 pieds.

Le bassin du lac comprend une superficie de 2000 verstes carrées; la principale rivière qui l'alimente est la Bartau, à la pointe S. du lac.

La surface de l'eau a des variations de hauteur qui l'amènent tantôt au-dessus, tantôt au-dessous du niveau de la mer, de sorte que l'écoulement par le chenal peut se faire successivement dans les deux sens. En général, 3 pieds est le maximum de cette différence de niveau, mais elle peut s'élever jusqu'à 4 pieds, si, par exemple, il y a coïncidence exacte entre une crue du lac et une mer tout à fait basse.

Le lac de Tosmar, au N. du lac de Libau, n'en est que le prolongement.

La ville est située presque tout entière à la pointe N. de la langue de 2 verstes de large, qui sépare le lac de la mer. Un pont en charpente les fait communiquer au N. avec la Courlande ; en suivant la langue de terre, vers le S., on se rapproche de la Prusse et de Memel. La côte que l'on suit en cet endroit est toute droite, courant du S. au N. sans aucune sinuosité. Le fond de la mer est plat, et formé de sable fin. Cependant au N. de Libau, on rencontre quelques bancs de gravier avec des granits roulés. Droit devant le port, la mer a une profondeur de 42 pieds à 7 verstes de la côte; à 7 verstes encore plus loin, la profondeur atteint 60 pieds.

La mer Baltique n'a en ce point ni marées ni courants réguliers. Les vents du N. O., de l'O. et du S. O. en élèvent le niveau ; les vents opposés l'abaissent. Sur la côte, on remarque une tendance permanente des eaux à couler du S. au N.; mais cette tendance est souvent neutralisée par l'effet des vents. Les coups de vents viennent du S. O. et du N. O. Les vents régnants sont ceux de la partie O. de l'horizon, et notamment ceux du S. O.

A 400 sagènes du rivage, le fond se relève graduellement vers la côte; à 2 verstes, les bâtiments trouvent un bon mouillage qu'on ne peut guère appeler une rade, puisqu'il n'est pas abrité par la côte, mais qui n'en est pas moins sûr, parce que l'ancrage y est excellent, et que même par les gros temps, la mer n'y acquiert pas un volume trop considérable. On indique pourtant à 14 verstes dans le N. E. du port de Libau, et à 6 verstes de distance droite de la côte, un banc dangereux, où la profondeur n'est que de 15 pieds.

Le port actuel n'est pas autre chose que le chenal, qui a 800 sagènes de longueur, et dont la direction se brise au milieu de son étendue ; ce chenal est précédé de deux jetées, dirigées vers l'O. 34° N, et présentant en plan des inflexions dans tous les sens. La largeur du port est de 50 sagènes dans le coude que subit sa direction ; elle atteint l'axe du chenal ; près des bords, elle est considérablement réduite. Par le chenal passent quelquefois des courants de 3^m de vitesse par seconde, dus à la différence de niveau du lac avec la mer ; il sert aussi de passage aux débâcles du lac.

Les quais sont construits en bois sur fondation de pierres avec des parements d'une inclinaison variable. Le couronnement est établi à 0^{mg},70 au-dessus du zéro de l'échelle ou du niveau ordinaire de l'eau. Le pont qui traverse le chenal est formé de 7 travées, offrant une ouverture totale de 45 sagènes ; la travée centrale a 5 sagènes d'ouverture, et est formée d'un tablier mobile pour le passage des bateaux.

Les jetées sont formées par des coffrages en charpente échoués sur le fond de la mer et remplis d'enrochements. Elles ont une longueur de 200 sagènes. La largeur libre entre les jetées varie de 20 à 33 sagènes. La jetée S. dépasse la jetée N. de 8 sagènes ; la première a provoqué des atterrissements plus volumineux que la seconde ; et la côte au S. des jetées s'avance de 60 sagènes plus loin qu'au N. Outre ces mouvements lents de la plage, il y a aussi à considérer les mouvements brusques qui résultent des tempêtes. On a eu des exemples de ces effets par le coup de vent des 10/22 et 11/23 septembre 1857.

Les jetées actuelles sont fort dégradées; la charpente des coffres est pourrie ; les ferrures en sont toutes disloquées ; les enrochements ont été roulés en talus plus doux par les coups de mer; le halage est impossible par les gros temps, la mer passant par-dessus l'ouvrage. En un mot, c'est une véritable ruine.

Tout le fond de la mer dans les environs de Libau a des profondeurs variables d'un point à l'autre, et pour le même point d'un moment à l'autre. Au mois d'août 1857, il y avait 15 pieds d'eau au bout des jetées, et à cet endroit s'ouvrait une passe dirigée vers l'O. N. O. Après le coup de vent des 10 et 11 septembre, il n'y avait plus que 8 à 9 pieds de profondeur, et la passe s'était déplacée en plein O.

La régime de la côte résulte en définitive de causes très-compliquées et fort variables, que l'on peut réduire à trois principales : le courant littoral, le courant du chenal et les tempêtes. Les remous produits par la rencontre des courants produisent des dépôts qui comblent les parties les plus profondes. De ces trois causes, l'une, le courant du chenal, est favorable à l'entretien du port ; les deux autres lui sont contraires.

Les avantages du port de Libau résultent de la situation de ce port ; la température y est plus douce que partout ailleurs sur la côte de Russie, et parce que la latitude est plus basse que dans les autres ports, et parce que les vents du S. O., qui sont les vents dominants, tempèrent encore le climat. Les glaces du N. de la Baltique passent devant Libau sans s'y accumuler. Enfin, le défaut de rade n'est pas d'une grande conséquence, puisque, la mer n'ayant pas de marées, le port est à toute heure accessible.

Mais ces avantages sont en partie détruits par les défauts du port actuel, le mauvais état des jetées, la faible profondeur d'eau que l'on trouve à leur extrémité, et les variations de l'espace libre qu'elles renferment, variations qui occasionnent de véritables dangers.

Le port a 800 sagènes de long, 20 à 50 sagènes de large, 14 à 15 pieds de profondeur au milieu ; il serait facile de porter la profondeur à 17 ou 18 pieds en construisant des quais ; 176 bateaux peuvent tenir amarrés dans le port, en double rangée, près des rives.

Aujourd'hui, il n'y a pas de quais, et le port n'est éclairé par aucun phare.

Le lac de Libau a jusqu'ici conservé le port par les chasses naturelles qu'il produit ; de plus, il préserve le port des atterrissements provenant des sables charriés par les rivières qui s'y jettent ; il le préserve également des débâcles de ces rivières ; enfin il garantit l'avenir du port, pourvu que l'on développe l'efficacité de cette action.

En résumé, l'établissement maritime de Libau présente actuellement :

« Une rade foraine, sans aucun abri, mais d'un accès facile et d'un bon ancrage ;

« Une passe, bien située sous le vent de la rade, et dans laquelle les bâtiments peuvent bien arriver par tous les vents qui soulèvent une grosse mer sur la côte, mais avec des fonds instables et des profondeurs insuffisantes ;

« Des jetées en ruine, bordant un chenal d'une orientation convenable, mais d'une ouverture trop étroite en rade, et étranglée à son origine ;

« Un port long, mais trop peu large, à peu près complétement dépourvu de quais accostables et d'installations pour faciliter les mouvements de matières, avec des profondeurs auxquelles il y aurait peu à ajouter pour l'amener à un état satisfaisant ;

« Une absence complète de l'éclairage de la côte et du port ;

« Enfin, par l'étendue des terrains et du lac qui se trouvent à proximité du port, une disposition favorable aux améliorations et aux développements que l'on voudrait y apporter. »

Deux combinaisons peuvent être étudiées pour améliorer cette situation ; la première consiste à rebâtir les jetées et à approfondir le chenal ; la seconde, à créer un avant-port, comme on le fait sur beaucoup de ports de la Méditerranée. La profondeur à maintenir en tout point doit être d'au moins 18 pieds, les bâtiments à voile de 600 tonneaux tirant jusqu'à 17.

Il serait impossible de rebâtir les nouvelles jetées de la première combinaison sur l'emplacement des anciennes ; ce serait rétrécir le chenal qui est déjà trop étroit, et ne rien faire pour corriger les inconvénients de la variation de largeur du chenal entre les jetées actuelles. La première combinaison consisterait à prolonger les jetées suivant un nouveau tracé jusqu'aux profondeurs de 18 ou 20 pieds, points où le fond a plus de stabilité et résiste mieux à l'agitation de la mer ; elles auraient une longueur moyenne de 380 sagènes, borderaient un chenal d'une largeur uniforme de 30 sagènes. Cette largeur est nécessaire pour la sécurité des manœuvres ; mais, plus grande, elle enlèverait aux chasses naturelles du port leur efficacité. La jetée du sud avancerait de 25 sagènes au delà de la jetée du nord, ce qui, joint à une petite déviation du musoir, faciliterait l'appareillage des navires sortant.

Le système proposé pour la construction de ces jetées est un système mixte où l'on emploierait tous les procédés spéciaux de construction à la mer : pilotis et palplanches, fascines et blocs, massifs de béton, etc.

La dépense de l'établissement de ce chenal se calcule comme il suit :

Jetée sud.	377 sagènes à 1,700 roubles.	640,900 roubles.
Jetée nord.	552 —	—	598,400 —
Musoir sud	15 —	—	62,000 —
Musoir nord.	15 —	—	62,000 —
Draguage du chenal 11,900 sagènes cubes à 5 roubles.			59,500 —

TOTAL . . . 1,422,800 roubles.

La seconde combinaison consiste à infléchir les jetées droites de la première à partir de leur musoir, de manière à former un bassin de 500 sagènes de large sur la côte, et d'une surface de 116,500 sagènes carrées, ou 48 déciatines, que l'on draguerait à la profondeur de 18 pieds partout. L'estimation de cet avant-port monte à 2,298,900 roubles; la première combinaison exige un bassin que l'on peut estimer 263,070 roubles; de sorte que celle-ci, qui permet la suppression du bassin, ne dépasse pas de 600,000 roubles l'estimation de la première. M. Bresson considère ce projet comme la solution la plus complète de la question d'amélioration du port de Libau.

Le projet de l'élargissement du port a été dressé en supposant que nulle part la largeur ne devait descendre au-dessous de 45 sagènes, largeur actuelle du port près du pont qui le traverse. Les quais seraient reconstruits en charpente d'abord, puis en maçonnerie; le système admis dans le projet rendrait facile cette transformation. L'établissement du quai du nord monterait à 502,000 roubles, et celle du quai du sud à 452,000.

La gare du chemin de fer pour les voyageurs serait établie sur la rive droite du port, à 80 sagènes de la route de Mitau, et parallèlement à cette route.

La gare des marchandises serait placée, dans la première combinaison, sur le bord du bassin joignant le chenal; dans la seconde, dans l'angle du chenal et du quai de l'avant-port.

Ces dispositions suffiraient pour faire de Libau un port important; mais on peut les développer à l'est, en profitant de l'existence du lac, le long duquel on pourrait créer une seconde gare de marchandises; en face, on établirait une forme de radoub et de visite pour les navires à réparer, puis des cales de construction de navires neufs. En se bornant à une seule forme de radoub, on porte l'estimation à 1,401,750 roubles.

On peut faire observer en faveur du projet d'avant-port, que cette région ne gèle que par les froids de 20°, tandis que le chenal actuel gèle par des froids de 10° au-dessus du pont, et de 15° au-dessous. Ceci montre aussi qu'il est essentiel de placer la gare des marchandises à l'ouest, pour qu'elle soit utile le plus longtemps possible aux relations avec le port. La gare de l'est ne servirait que lorsque les relations deviendraient très-actives, c'est-à-dire pendant l'été, lorsque les glaces ne sont plus à craindre; l'auteur du projet ne la comprend que dans les travaux sans urgence.

Pour tirer le meilleur parti du lac qui, jusqu'ici, a maintenu la profondeur dans le chenal, on pourrait construire une digue de retenue, avec barrage mobile, qui formerait une rade intérieure, permettant les développements ultérieurs du port, et qui donnerait le moyen d'emmagasiner dans le lac, comme dans un vaste bassin de retenue, un volume d'un million de sagènes cubes par pied de différence de niveau. La dépense du barrage monterait à 289,000 roubles. La rade intérieure suppléerait jusqu'à un certain point à l'absence d'une bonne rade extérieure, et économiserait la construction d'une digue en mer, qui coûterait huit millions de roubles.

RÉSUMÉ DES ÉVALUATIONS.

PREMIER GROUPE DE TRAVAUX, TRAVAUX DE PREMIÈRE URGENCE.

1° Avant-port, avec ses digues d'enceinte, leurs musoirs et le draguage de toute sa superficie 2,400,000

2° Quai nord de l'avant-port, quai nord du port jusqu'au pont et draguage à l'entrée du port 502,000

3° Phare de premier ordre de 20 sagènes de hauteur . 80,000

4° Installations diverses, telles que grues, corps morts, escaliers. 48,000

} 3,000,000 roubles.

Si l'on voulait se borner à faire des jetées neuves et un nouveau chenal avec un bassin spécial à l'Ouest, le montant des travaux de première urgence devrait être modifié comme il suit :

Jetées et chenal. 1,422,800

Quai nord du port. 398,050

Bassin spécial ouest. 435,970

Phare de premier ordre 50,000

Installations diverses. 43,180

Total. . . . 2,350,000

A *Reporter*. . . 3,000,000 roubles.

<table>
<tr><td></td><td></td><td align="right">Report. . .</td><td>3,000,000 roubles.</td></tr>
</table>

DEUXIÈME GROUPE DE TRAVAUX.

5° Quai sud-de l'avant-port et du port, jusqu'au pont. .	452,000
6° Pont fixe avec pont tournant	100,000
7° Prolongement des quais vers le lac, terre-pleins, draguages.	667,250
8° Forme de visite et de radoub (une seule d'abord). .	600,000
9° Cales de construction	134,500
10° Digue d'enceinte dans le lac et barrage mobile. . .	289,000
11° Installations diverses	57,250

2,300,000

TOTAL GÉNÉRAL. . . . . . . 5,300,000 roubles.

Les chiffres précédents ne comprennent pas les indemnités de terrain, qui, d'après la situation des principaux ouvrages, seraient peu considérables ; ni les dépenses à faire pour les entrepôts de douanes, au compte de l'État, et les gares et accessoires au compte de la société des chemins de fer. Ces chiffres s'appliquent spécialement, en un mot, aux travaux hydrauliques.

Les ouvrages en première urgence devraient être entrepris sans délai et terminés dans un délai de cinq ans au maximum, au moyen d'un crédit annuel de 600,000 roubles.

Si tous ces travaux étaient exécutés, le port de Libau aurait les longueurs de jetées et de quais, ainsi que les superficies de bassins suivantes :

Le développement total des digues d'enceinte de l'avant-port serait de 830 sagènes (1768 mètres) ;

La superficie de l'avant-port serait de 116,500 sagènes carrés (environ 53 hectares);

Le développement des quais accostables atteindrait 2665 sagènes (ou 5676 mètres);

La superficie du port proprement dit serait de 74,000 sagènes carrées (soit 34 hectares).

Si l'on voulait comparer ces chiffres aux chiffres analogues pour quelque grand port étranger, on verrait que le Havre, par exemple, en 1840 (on y a beaucoup construit depuis cette époque) avait environ 29 hectares de bassins, et 6,000 mètres de longueur de quais accostables.

Le port de Libau pourrait donc être mis au rang des établissements maritimes de premier ordre, par l'étendue des ressources qu'il offrirait à la navigation.

Télégraphe. — Jusqu'en 1842, l'administration des télégraphes aériens faisait partie du ministère de la guerre; il n'y avait alors que deux lignes télégraphiques : l'une de Pétersbourg à Kronstadt, l'autre de Pétersbourg à Varsovie. En 1842, cette administration fut réunie à celle des voies de communication. On commença en 1852 les essais de télégraphie électrique. Les premières lignes étaient formées de fils entourés de gutta-percha et enfouis dans la terre ; cet essai n'ayant pas réussi, on revint aux fils posés sur poteaux. En 1860, il ne restait plus dans la Russie d'Europe que huit chefs-lieux de gouvernement en dehors du réseau télégraphique; ce réseau comprenait 151 stations, 335 appareils, 17,098 verstes de lignes exploitées et 22,753 verstes de fils conducteurs. L'administration des télégraphes venait d'être détachée du ministère des voies de communication pour former à elle seule une sorte de ministère spécial. La plus grande entreprise de cette administration est l'établissement d'une ligne de 10,000 verstes partant de Kazan et aboutissant à Nicolaïefsk, sur les rives du fleuve Amour : elle est à l'étude depuis 1860. En 1862, elle atteignit Omsk. On la prolongea d'environ 1,000 verstes en 1863, et à la fin de 1864, il ne restait qu'environ 2,800 verstes à construire pour la faire aboutir à la mer. Un embranchement de 1,800 verstes réunira probablement dans quelques années la ville de Pékin au réseau russe. Enfin le prolongement de la ligne sibérienne vers l'Amérique est décidé en principe, et lorsqu'il sera exécuté, ce qui ne peut tarder beaucoup, les fils télégraphiques feront le tour entier du monde [1].

---

[1] Voyez *Annales télégraphiques*, 1864, p. 318.

LÉGENDES

DES PLANCHES DE L'ATLAS.

PLANCHE 1. — Carte de la Russie d'Europe.

Cette carte est dressée d'après le tracé particulier connu sous le nom de *Tracé central d'égale superficie*[1], ou de *Tracé isosphérique*[2] ou, enfin, de *Projection de Lorgna*. Le centre du tracé est à l'intersection du 55e degré de latitude N. et du 40e degré de longitude E. Les rapports des aires sont conservés dans ce système de cartes; l'altération des éléments de longueur est nulle au centre du tracé, et croît avec la distance au centre, également dans toutes les directions. A une distance sphérique de 20°, qui correspond sur le globe à plus de 2,200 kilomètres, et qui renferme presque toute la surface de notre carte de Russie, les éléments de longueur mesurés à l'échelle sur la carte subissent au plus une altération, dans un sens ou dans l'autre, égale aux quinze millièmes de leur valeur. A cette même distance, la déviation angulaire éprouvée par les directions s'élève au maximum à 52′.

Pour l'appréciation des propriétés de ce système, trop peu employé jusqu'à présent dans la construction des cartes, on peut consulter :

Le travail historique de M. d'Avezac, *Bulletin de la Société de géographie*, 1863; ce travail fait remonter jusqu'à Lambert (1774) le mérite d'avoir le premier proposé ce mode de représentation ;

Notre mémoire sur la représentation plane de la surface du globe terrestre, 41e cahier du *Journal de l'École polytechnique*, 1865;

Le jugement de l'Académie des sciences dont le précédent mémoire a été l'objet, dans la séance du 17 avril 1865;

Le *Traité des projections des cartes géographiques* de M. A. Germain, ingénieur hydrographe ;

Enfin l'*Année géographique* de M. Vivien de Saint-Martin, 1866, p. 477.

—La carte de Russie a été déjà publiée en 1864, dans la première édition de cet ouvrage. Nous l'avons complétée par l'indication des chemins de fer, construits ou projetés, et par le tracé des chaussées principales.

Les 20 planches n°s 2 à 21 contiennent les plans et profils en long des lignes de la Grande Société, savoir :

PLANCHES 2 à 14. — Ligne de Varsovie;

— 15 et 16. — Embranchement de la frontière de Prusse;

— 17 à 21. — Ligne de Moscou à Nijni-Novgorod.

Les planches 22 à 27 contiennent les *plans de gares*; la planche 22 représente une station hors classe, la gare de Saint-Pétersbourg; les planches suivantes sont des types généraux de station.

Toutes les dispositions sont indiquées pour le service à une voie.

[1] C'est le nom que nous lui avons donné dans notre Mémoire.
[2] Nom proposé par M. d'Avezac.

    LÉGENDES.

Planche 23. — **Station de première classe**, avec dépôt de vingt-quatre machines, ateliers, remises de voitures et buffet dans le bâtiment de la station.

SERVICE NORMAL DES TRAINS.

A. — Trains de voyageurs.

1° *Sens de la marche.* ▰→

Le train quitte la voie unique de circulation (*a*) à l'aiguille 1, passe par le changement 1-5 sur la voie (*b*) et par le changement 19-23 arrive devant le bâtiment de la station.

Le service achevé, le train passe par le changement 24-29 et suit la deuxième voie (*b*) jusqu'à l'aiguille 54, par laquelle il regagne la voie unique de circulation.

2°. *Sens de la marche.* ←▰

Le train suit la voie unique de circulation (*a*) qui l'amène directement devant la station.

Le service achevé, le train sort de la station par la voie (*a*), voie unique de circulation.

STATIONNEMENT DES TRAINS DE VOYAGEURS.

Lorsque deux trains de voyageurs doivent se croiser dans la station et stationner en même temps, on observera la marche suivante :

1er *Train.* ▰→

Ce train, au lieu de passer par le changement 19-23, continuera par la voie (*b*) et stationnera sur cette voie devant le bâtiment de la station.

2e *Train.* ←▰

Ce train suivra la marche ordinaire et viendra stationner sur la voie (*a*) devant le bâtiment de la station.

Il suffira de couper le deuxième train au milieu pour établir la communication entre les deux trottoirs.

Rien n'est changé d'ailleurs à la sortie des trains.

POSITION NORMALE DES AIGUILLES PRINCIPALES.

1	changement fait sur la voie *b*		32	Voie	*h*	libre.
4	Voie	*a* libre.	34		*id.*	
5	Voie	*b* libre.	35	Voie	*b*	libre.
6		*id.*	39	Changement fait sur la voie *h*.		
9		*id.*	47	Voie	*b*	libre.
14	Voie	*a* libre.	50	Voie	*h*	libre.
19	Voie	*b* libre.	51	Voie	*i*	libre.
25	Voie	*a* libre.	52		*id.*	
24		*id.*	54	Voie	*a*	libre.
26		*id.*	55	Voie	*i*	libre.
28	Voie	*c* libre.	56	Voie	*i*	libre.
29	Voie	*b* libre.	58	Voie	*a*	libre.

Les autres aiguilles à volonté.

B. — Trains de marchandises.

1° *Sens de la marche.* ▰→

Le train entre dans la station comme il est dit pour les trains de voyageurs, puis passe par le changement 26-32 sur la voie de garage (*h*), où il stationne entre les aiguilles 34 et 50 ; les manœuvres achevées, le train regagne la voie de circulation par l'aiguille n° 58.

2° *Sens de la marche.* ←▰

Le train quitte la voie unique de circulation à l'aiguille 58, passe sur la voie (*i*) par le changement 56 et 55, et stationne entre les aiguilles 41-55 ; les manœuvres achevées, le train regagne la voie de circulation par les changements 39-34 et 32-26, et abandonne la station, comme il est dit pour les trains de voyageurs.

C. — SERVICE DES LOCOMOTIVES.

TRAINS DE VOYAGEURS.

1° *Sens de la marche.* ▬→

PREMIER SYSTÈME.

La machine qui doit rentrer au dépôt passe sur la voie (*b*) par le changement 24-29, suit cette voie (qui est libre, puisque c'est celle de sortie des trains) jusqu'à l'aiguille 47, par laquelle elle regagne le dépôt.

La machine qui doit la remplacer se rend en tête du train par l'aiguille 43, la voie (*c*) et les changements 28-35 et 29-24.

DEUXIÈME SYSTÈME.

La machine regagne le dépôt par les changements 24-29, 35-28, la voie (*c*) et l'aiguille 43 ; la machine qui doit la remplacer arrive par la voie (*e*) ou est garée sur cette voie ; elle passe par les aiguilles 40 et 43 sur la voie (*c*), et vient se mettre en tête du train par les changements 28-35 et 29-24. La machine peut aussi se rendre sur la voie (*c*) par le changement 31-25 et l'aiguille 38.

2° *Sens de la marche.* ←▬

PREMIER SYSTÈME.

La machine regagne le dépôt par les changements 23-19 et 6-3, passe par les aiguilles 10 et 13, ou bien passe par les aiguilles 10-13 et 16, qui la conduisent sur la voie (*e*). La machine qui doit la remplacer vient se mettre en tête par les changements 3-6 et 19-23 ; ou bien venant de la voie (*e*), elle passe par les changements 22-18, 17-11 et 19-23.

DEUXIÈME SYSTÈME.

La machine qui quitte le train peut aussi regagner le dépôt par les changements 23-19, l'aiguille n° 9 et les changements 18-22, qui la conduisent sur la voie (*e*) ; la machine qui doit prendre le train peut se rendre en tête par les changements 3-6, 19-23.

TRAINS DE MARCHANDISES.

1°. *Sens de la marche.* ▬→

La machine quitte la tête du train par l'aiguille 58, regagne le dépôt par les aiguilles 54-47 et 43-40. La machine qui doit la remplacer, garée sur la voie (*d*) avant l'aiguille 38, ou sur la voie (*e*) avant l'aiguille 36, vient prendre sa place en suivant le même chemin en sens inverse.

2° *Sens de la marche.* ←▬

La machine quitte le train par les changements 39-34 et 32-26, qui la conduisent sur la voie (*a*). Elle suit ensuite la marche indiquée pour les machines des trains des voyageurs. La machine qui doit la remplacer, garée sur la voie (*e*) avant l'aiguille 3, vient prendre sa place en suivant, en sens inverse, le trajet parcouru par la machine qui a abandonné le train.

D. — CROISEMENT DES TRAINS.

a. — TRAINS DE VOYAGEURS ENTRE EUX.

1° { *Sens de la marche du 1er train.* ▬→
{ *Sens de la marche du 2e train.* ←▬
Le 1er train est devant la station.

Le 2ᵉ train s'arrête avant l'aiguille 24. — La sortie du 1ᵉʳ train est libre.

2° { *Sens de la marche du 1ᵉʳ train.* ◄——
{ *Sens de la marche du 2ᵉ train.* ——►

Le 1ᵉʳ train est devant la station. — Le 2ᵉ train s'arrête avant l'aiguille 19.
La sortie du 1ᵉʳ train est libre.

3° { *Le 2ᵉ train doit passer le 1ᵉʳ.*
{ *Sens de la marche des deux trains* ——► *ou* ◄——

Le 1ᵉʳ train, après avoir fait son service, va stationner sur la voie (b), entre les aiguilles 19-29.
Le 2ᵉ train fait son service et quitte la station, comme il est dit au service normal des trains.
Le 1ᵉʳ, devenu le 2ᵉ, pourra suivre à la distance réglementaire.

b. — TRAINS DE MARCHANDISES.

Une voie spéciale de garage étant affectée aux trains de marchandises dans chaque sens, leur croisement entre eux ne peut donner lieu à aucune difficulté et n'exige pas de prescriptions spéciales.

c. — TRAINS DE MARCHANDISES AVEC TRAINS DE VOYAGEURS.

1° *Sens de la marche du train de marchandises.* ◄——
Quel que soit le sens du train qui doit le dépasser, le train de marchandises se garera sur la voie (i).

2° *Sens de la marche du train de marchandises.* ——►
1° Si le train de marchandises arrive le 1ᵉʳ, il se gare sur la voie spéciale (h).
2° Si le train de marchandises arrive le dernier, on le fera passer par le changement 1-5, et les aiguilles 9 et 11 sur la voie (c), où il stationnera. Après le départ du train de voyageurs, il ira reprendre sa position normale en passant par le changement 28-35 sur la voie (b), voie de sortie des trains, et rentrera par refoulement par les aiguilles 58-56 sur la voie (h).

MANŒUVRES DES WAGONS A MARCHANDISES EXÉCUTÉES A LA MACHINE.

1° *Sens de la marche.* ——►
1ᵉʳ cas : les wagons à laisser sont en tête du train.
Le train est garé entre les aiguilles 34-50. La machine suivie des wagons à laisser passe par les changements 50-52, 51-49 et 48-46, et dépose sur la voie (l) les wagons à laisser, puis elle va prendre sur la voie (k) les wagons à prendre, et revient les placer en tête du train.
2ᵉ cas : Les wagons à laisser sont en queue du train.
Les wagons à laisser sont dételés et refoulés en deçà de l'aiguille 32 sur la voie (h). La machine dételée passe par les changements 50-52 et 51-49, et prend sur la voie (k) les wagons à prendre et les conduit en tête du train, puis revient prendre sur la voie (h) les wagons à laisser et les amène par le changement 48-46 sur la voie (l).

2° *Sens de la marche.* ◄——
1ᵉʳ cas : Les wagons à laisser sont en tête du train.
La machine suivie des wagons à laisser passe par les changements 30-37 et 42-45, et dépose ces wagons sur la voie (l), puis revient par le changement 45-42 prendre sur la voie (k) les wagons à prendre et les amène en tête du train par le changement 44-41 et par le changement 37-30.
2ᵉ cas : les wagons à laisser sont en queue du train.
Les wagons à laisser sont détachés du train et refoulés sur la voie (i) au delà de l'aiguille 51 ou 57. La machine va prendre sur la voie (k) les wagons à prendre en passant par les changements 41-44 ou 30-37, et les amène en tête du train ; puis retourne par la voie (k) et les changements 49-51 et 53-57 prendre les wagons à laisser et les amener ensuite sur la voie (l) par le changement 48-46.
Les wagons destinés aux trains mixtes sont garés sur les voies (h) et (i) entre l'origine du quai et les aiguilles 30 et 32 ; les changements 24-29, 26-32 et 34-39 permettent de les amener facilement, au moyen de la machine, sur la voie (a) ou sur la voie (b).

Planche 24. — **Station de seconde classe,** avec petit dépôt de six machines, petit atelier d'entretien journalier et buffet.

SERVICE NORMAL DES TRAINS DANS LA STATION.

A. — Trains de voyageurs.

1° *Sens de la marche.* ➤

Le train quitte la voie unique par l'aiguille n° 1, passe par le changement (2-4) sur la voie de stationnement
et s'arrête devant la station ; le service achevé, le train suit la voie gauche et regagne la voie unique par
les aiguilles n°ˢ 24 et 25.

2° *Sens de la marche.* ◄

Le train quitte la voie unique par l'aiguille n° 25, suit la voie du milieu et passe par le changement
(18-16) sur la voie de stationnement ; son service étant achevé devant la station, le train passe sur la
voie du milieu par le changement (15-12), et regagne la voie unique par l'aiguille n° 1.

B. — Trains de marchandises.

1° *Sens de la marche.* ➤

Le train quitte la voie unique par l'aiguille n° 1, passe tout entier sur la voie gauche par le changement
(2-4), et stationne entre les aiguilles n° 5 et n° 13. Les manœuvres étant achevées, le train suit la voie
gauche et regagne la voie unique par les aiguilles n°ˢ 24 et 25.

2° *Sens de la marche.* ◄

Le train quitte la voie unique par l'aiguille n° 25, suit la voie du milieu, passe sur la voie de stationnement par le changement (18-16), et stationne entre les aiguilles n° 13 et n° 5. Les manœuvres achevées,
le train reculera et regagnera la voie du milieu par le changement (15-12), et la voie unique par les aiguilles n°ˢ 2 et 1.

C. — Trains spéciaux.

Les trains spéciaux stationnent sur la voie unique, la machine se dételle pour aller s'alimenter d'eau et de combustible sur la voie gauche ou sur celle du milieu.

Nota. — Toutes les fois que la voie unique de circulation n'est pas libre, elle est couverte par des disques-
signaux.

CROISEMENTS DES TRAINS.

A. — Trains de voyageurs entre eux.

1° *Sens de la marche du 1ᵉʳ train.* ➤
    Sens de la marche du 2ᵉ train. ◄

Le 1ᵉʳ train est devant la station.

Le 2ᵉ train s'arrête avant l'aiguille n° 18.

Le 1ᵉʳ train quitte la station par les aiguilles n° 24 et n° 25. L'entrée est libre pour le deuxième train qui passe
sur la voie de stationnement par le changement 18-16.

2° *Sens de la marche du 1ᵉʳ train.* ➤
    Sens de la marche du 2ᵉ train. ➤

Le 2ᵉ train doit dépasser le premier.

Le 1ᵉʳ train est devant la station.

Le 2ᵉ train s'arrête sur la voie gauche avant l'aiguille n° 13 ; le premier train recule sur la voie du milieu par le
changement 15-12 et va se garer entre les aiguilles n° 12 et n° 18.

Le 2ᵉ train s'avance devant la station, fait son service et part.

Le 1ᵉʳ train, devenu le deuxième, le suivra à l'intervalle réglementaire.

3° *Sens de la marche du 1er train.* ←
    Sens de la marche du 2e train. →
       Le 1er train est devant la station.
       Le 2e s'arrête avant l'aiguille n° 13.
       Le 1er train quitte la station par le changement 15-12 et l'aiguille n° 1.
       Le 2e passe devant la station.
4° *Sens de la marche du 1er train.* ←
    Sens de la marche du 2e train. ←
       Le 2e train doit dépasser le premier.
       Le 1er train est devant la station.
       Le 2e s'arrête avant l'aiguille n° 18.
       Le 1er train passe sur la voie du milieu par le changement 15-12 et se gare par refoulement entre les
         aiguilles 12 et 18.
       Le 2e train fait son service et part.
       Le 1er train, devenu le deuxième, le suivra à l'intervalle réglementaire.

CROISEMENT DES TRAINS DE MARCHANDISES AVEC LES TRAINS DE VOYAGEURS OU ENTRE EUX.

B. — Trains de marchandises avec trains de voyageurs.

1° *Sens de la marche du train de marchandises.* ←
    Sens de la marche du train qui doit le croiser. →
  Le train de marchandises se gare sur la voie gauche entre les aiguilles 5 et 13 ; la sortie du deuxième train
est libre.
2° *Sens de la marche du train de marchandises.* →
    Sens de la marche du train qui doit le dépasser. →
  Le train de marchandises se gare par refoulement en deçà de l'aiguille n° 4.
  L'entrée du deuxième train est libre.
3° *Sens de la marche du train de marchandises.* ←
    Sens de la marche du train qui doit le croiser. →
Le train de marchandises se gare en deçà de l'aiguille n° 4.
L'entrée du 1er train est libre.
4° *Sens de la marche du train de marchandises.* ←
    Sens de la marche du train qui doit le dépasser. ←
Le train de marchandises est garé entre les aiguilles n° 5 et n° 13. — La sortie du deuxième train est libre.

C. — Trains de marchandises entre eux.

1° *Sens de la marche du 1er train.* ←
  Sens de la marche du 2e train. →
Le 1er train est garé entre les aiguilles n° 5 et n° 13.
Le 2e train s'arrête avant l'aiguille n° 18.
Le 1er quitte la station par la voie gauche et les aiguilles n° 24 et n° 25.
Le 2e train prend sa place par le changement (18-16).
2° *Sens de la marche du 1er train.* ←
  Sens de la marche du 2e train. →
Le 1er se gare sur la voie du milieu entre les aiguilles n° 12-24.
Le 2e train entre sur la voie gauche et se place entre les aiguilles n° 5 et n° 13. — La sortie du premier train est
  libre.

POSITION NORMALE DES AIGUILLES.

1. Voie unique de circulation libre.	15. Voie de gauche libre.
2. Voie du milieu ouverte.	16. Voie de gauche libre.
3. Voie de garage du matériel, ouverte.	18. Voie du milieu libre.
4. Voie de gauche, ouverte vers la station.	22. Voie gauche libre.
5. Voie de gauche, ouverte vers la station.	24. Voie du milieu libre.
12. Voie du milieu libre.	25. Voie unique de circulation libre.
13. Voie de gauche libre.	

Les autres aiguilles à volonté.

MANŒUVRE DES WAGONS A MARCHANDISES EXÉCUTÉES AVEC LA MACHINE.

1er *Sens de la marche.* ⊷

1er cas. — Les wagons à laisser sont en tête du train.

La machine suivie des wagons à laisser passe par les changements 13-10 et 9-8, et laisse les wagons, puis vient par les changements 8-9 prendre les wagons à placer en tête du train.

2e cas. — Les wagons à laisser sont en queue du train.

(*a*) Même manœuvre avec le train entier.

(*b*) Pour diminuer les mouvements à effectuer avec le train entier, la machine seule, par le changement 13-10, prendra les wagons à placer en tête du train ; puis attelée au train entier, elle déposera les wagons à laisser.

2e *Sens de la marche.* ⊶

1er cas. — Les wagons à laisser sont en tête du train ; la machine, suivie des wagons à laisser, passe par les changements 5-3 et 6-7 et dépose ses wagons, puis revient par le changement 7-6 prendre les wagons qu'elle place en tête du train.

2e cas. — Les wagons à laisser sont en queue du train.

Les wagons à laisser sont détachés et laissés sur la voie au delà de l'aiguille nº 13. La machine ramène ensuite le train, puis va seule par le changement 5-3 et l'aiguille 6 chercher les wagons à prendre, recule et va prendre les wagons à laisser, au delà de l'aiguille 13 par le changement 10-13, puis les repousse par le changement 6-7, et regagne sa place avec les wagons qu'elle doit placer en tête du train.

PLANCHE 25. — **Station de troisième classe**, avec remise de machines et buffet.

SERVICE NORMAL DES TRAINS DANS LA STATION.

A. — Trains de voyageurs.

1º *Sens de la marche.* ⊷

Le train quitte la voie unique par l'aiguille nº 1 , passe par le changement (2-4) sur la voie de stationnement et s'arrête devant la station ; le service achevé, le train suit la voie gauche et regagne la voie unique par les aiguilles nº 20 et 21.

2º *Sens de la marche.* ⊶

Le train quitte la voie unique par l'aiguille nº 21, suit la voie du milieu et passe par le changement (15-14) sur la voie de stationnement ; son service étant achevé devant la station, le train passe sur la voie du milieu par le changement (13-11) et regagne la voie unique par l'aiguille nº 1.

B. — Trains de marchandises.

1° Sens de la marche. →

Le train quitte la voie unique par l'aiguille nᵒ 1, passe tout entier sur la voie gauche par le changement 2-4 et stationne entre les aiguilles nᵒ 5 et nᵒ 13; les manœuvres étant achevées, le train suit la voie gauche et regagne la voie unique par les aiguilles nᵒ 20 et nᵒ 21.

2° Sens de la marche. ←

Le train quitte la voie unique par l'aiguille nᵒ 21, suit la voie du milieu et passe sur la voie de stationnement par le changement (15-14); il stationne entre les aiguilles nᵒ 13 et nᵒ 5; les manœuvres achevées, le train reculera et regagnera la voie du milieu par le changement (13-11) et la voie unique par les aiguilles nᵒ 2 et nᵒ 1.

C. — Trains spéciaux.

Les trains spéciaux stationnent sur la voie unique, la machine se dételle pour aller s'alimenter d'eau et de combustibles sur la voie gauche ou sur celle du milieu.

Toutes les fois que la voie unique de circulation n'est pas libre, elle est couverte par les disques-signaux.

CROISEMENTS DE TRAINS.

A. — Trains de voyageurs entre eux.

1° Sens de la marche du 1ᵉʳ train. →
Sens de la marche du 2ᵉ train. ←

Le 1ᵉʳ train est devant la station. — Le 2ᵉ train s'arrête avant l'aiguille nᵒ 15. — Le 1ᵉʳ train quitte la station par les aiguilles nᵒ 20 et nᵒ 21, l'entrée est libre pour le 2ᵉ train qui passe sur la voie de stationnement par le changement (15-14).

2° Sens de la marche du 1ᵉʳ train. →
Sens de la marche du 2ᵉ train. →

Le 2ᵉ train doit dépasser le premier. — Le 1ᵉʳ train est devant la station. — Le 2ᵉ train s'arrête sur la voie gauche avant l'aiguille nᵒ 13, le 1ᵉʳ train recule sur la voie du milieu par le changement 13-11 et va se garer entre les aiguilles nᵒ 11 et 15. — Le 2ᵉ train s'avance devant la station, fait son service et part. — Le 1ᵉʳ train devenu le 2ᵉ, le suivra à l'intervalle réglementaire.

3° Sens de la marche du 1ᵉʳ train. ←
Sens de la marche du 2ᵉ train. →

Le 1ᵉʳ train est devant la station. — Le 2ᵉ s'arrête avant l'aiguille nᵒ 13. — Le 1ᵉʳ train quitte la station par le changement (13-11) et l'aiguille nᵒ 1. — Le 2ᵉ train passe devant la station.

4° Sens de la marche du 1ᵉʳ train. ←
Sens de la marche du 2ᵉ train. ←

Le 2ᵉ train doit dépasser le premier. — Le 1ᵉʳ train est devant la station. — Le 2ᵉ s'arrête avant l'aiguille nᵒ 15. Le 1ᵉʳ train passe sur la voie du milieu par le changement 13-11 et se gare par refoulement entre les aiguilles 11 et 15. — Le 2ᵉ train fait son service et part. — Le 1ᵉʳ train devenu le 2ᵉ, le suivra à l'intervalle réglementaire.

B. — Trains de marchandises avec trains de voyageurs.

1° Sens de la marche du train de marchandises. →
Sens de la marche du train qui doit le croiser. ←

Le train de marchandises se gare sur la voie gauche entre les aiguilles 5 et 13, la sortie du 2ᵉ train est libre.

2° *Sens de la marche du train de marchandises.* ⇢
   Sens de la marche du train qui doit le dépasser. ⇢
   Le train de marchandises se gare par refoulement en deçà de l'aiguille n° 4. — L'entrée du 2ᵉ train est
   libre.
3° *Sens de la marche du train de marchandises.* ⇠
   Sens de la marche du train qui doit le croiser. ⇢
   Le train de marchandises se gare en deçà de l'aiguille n° 4. — L'entrée du 2ᵉ train est libre.
4° *Sens de la marche du train de marchandises.* ⇠
   Sens de la marche du train qui doit le dépasser. ⇠
   Le train de marchandises est garé entre les aiguilles n° 5 et n° 13. — La sortie du 2ᵉ train est libre.

C. — TRAINS DE MARCHANDISES ENTRE EUX.

1° *Sens de la marche du 1ᵉʳ train.* ⇢
   Sens de la marche du 2ᵉ train. ⇠
   Le 1ᵉʳ train est garé entre les aiguilles n° 5 et n° 13. — Le 2ᵉ train s'arrête avant l'aiguille n° 15. — Le
   1ᵉʳ train quitte la station par la voie gauche et l'aiguille n° 21. — Le 2ᵉ train prend sa place par le chan-
   gement (15-14).
2° *Sens de la marche du 1ᵉʳ train.* ⇠
   Sens de la marche du 2ᵉ train. ⇢
   Le 1ᵉʳ train se gare sur la voie du milieu entre les aiguilles 11 et 2. — Le 2ᵉ train entre sur la voie gauche
   et se place entre les aiguilles n° 5 et n° 13. La sortie du 1ᵉʳ train est libre.
Nota. — Les rayons des courbes des changements de voie sont tous sans exception de 150 sagènes.

POSITION NORMALE DES AIGUILLES.

1. Voie unique de circulation libre.	12. Voie de gauche libre.
2. Voie du milieu ouverte.	13. Voie de gauche libre.
3. Voie de garage du matériel ouverte.	14. Voie de gauche libre.
4. Voie de garage ouverte vers la station.	15. Voie du milieu libre.
5. Voie de garage ouverte vers la station.	16. Voie de sortie libre.
6. ⎫	17. A volonté.
7. ⎬ Voie *a b* ouverte.	18. Voie de gauche libre.
8. ⎭	19. Voie de gauche libre.
9. Changement fait vers *a b*.	20. Voie du milieu ouverte.
10. Voie *c d* ouverte.	21. Voie unique de circulation libre.
11. Voie du milieu libre.	

MANŒUVRE DES WAGONS A MARCHANDISES EXÉCUTÉES AVEC LA MACHINE.

1° *Sens de la marche.* ⇢
   1ᵉʳ cas. Les wagons à laisser sont en tête du train.
   La machine suivie des wagons à laisser, passe par les changements (12-10) et (9-8) et laisse sur *a b* les
   wagons à laisser, puis vient par le changement 8-9 prendre sur *c d* les wagons à prendre et les place en
   tête du train.
   2ᵉ cas. Les wagons à laisser sont en queue du train.
   (*a*) Même manœuvre avec le train entier.
   (*b*) Pour diminuer les mouvements à effectuer avec le train entier, la machine seule par le changement
   (12-10) prendra sur *c d* les wagons à prendre et les placera en tête du train, puis attelée au train entier,
   elle déposera sur *a b* les wagons à laisser.

2° *Sens de la marche.* ←━

    1er cas. Les wagons à laisser sont en tête du train. La machine suivie des wagons à laisser passe par les
changements 5-3 et 6-7 et dépose ces wagons sur la voie *a b*, puis revient par le changement (7-6) prendre les wagons sur *c d*, et les place en tête du train.

    2e cas. Les wagons à laisser sont en queue du train.

    Les wagons à laisser sont détachés et laissés sur la voie au delà de l'aiguille n° 12, la machine ramène ensuite le train, puis va seule, par le changement (5-3) et l'aiguille 6, chercher, sur *c d*, les wagons à prendre, les refoule et va prendre les wagons à laisser au delà de l'aiguille 12 par le changement (10-12), puis les repousse sur *a b* par le changement 6-7 et regagne sa place avec les wagons pris sur *c d*, qu'elle place en tête du train.

PLANCHE 26. — **Station de quatrième classe,** sans remise ni buffet, mais avec alimentation.

SERVICE NORMAL DES TRAINS DANS LA STATION.

A. — TRAINS DES VOYAGEURS.

1° *Sens de la marche.* ━→

    Le train quitte la voie unique à l'aiguille n° 6, et passe sur la voie de stationnement ; puis, le service fait, regagne la voie unique par le changement de voie 9-10.

2° *Sens de la marche.* ←━

    Le train quitte la voie unique de circulation à l'aiguille n° 10, et passe sur la voie de stationnement ; puis, le service fait, regagne la voie unique par le changement de voie 8-6.

B. — TRAINS DE MARCHANDISES.

1° *Sens de la marche.* ━→

    Le train pénètre sur la voie de stationnement comme il a été dit pour les trains de voyageurs, puis recule sur la voie de garage, où il stationne entre les aiguilles 2 et 4.

    Les manœuvres terminées, le train suit la voie gauche jusqu'à l'aiguille 9, et regagne la voie unique par le changement 9-10.

2° *Sens de la marche.* ←━

    Le train entre dans la station comme un train de voyageurs, et continue sur la voie gauche, où il vient se garer entre les aiguilles 2 et 4.

    Les manœuvres faites, le train recule sur la voie de stationnement, puis regagne la voie de circulation par le changement 8-6.

CROISEMENTS DE TRAINS.

A. — TRAINS DE VOYAGEURS.

1° *Marche du 1er train.* ━→

    Marche du 2^e train. ←━

    Le 1er train est devant la station.

    Le 2^e train continue sur la voie unique de circulation, et s'arrête entre les aiguilles 6 et 10.

    Le 1er train quitte la station ; le 2^e recule sur la voie de circulation (*ce qui est sans danger, puisque le train qui refoule est couvert par le train qui vient de quitter la station*), puis remplace le 1er train sur la voie de stationnement.

2° *Sens de la marche du 1er train.* ←━

    Sens de la marche du 2e train. ━→

    La manœuvre est exactement semblable à la précédente.

3° *Sens de la marche du 1ᵉʳ train.* ➠→

   Sens de la marche du 2ᵉ train. ➠→

   (Le 2ᵉ train devant dépasser le 1ᵉʳ.)

   Le 1ᵉʳ train, après avoir fait son service, se rend sur la voie de circulation et stationne entre les aiguilles 6 et 10 ; le 2ᵉ train passe devant la station, fait son service et part ; puis le 1ᵉʳ train (devenu le 2ᵉ) suit le précédent à la distance réglementaire.

4° *Sens de la marche du 1ᵉʳ train.* ←➠

   Sens de la marche du 2ᵉ train. ←➠

   (Le 2ᵉ train devant dépasser le 1ᵉʳ.)

   La manœuvre est semblable à la précédente.

B. — Trains de marchandises et trains de voyageurs.

Tout train de marchandises ayant à croiser un train de voyageurs ou à être dépassé par lui, se gare sur la voie de garage, entre les aiguilles 2 et 4.

C. — Trains de marchandises entre eux.

1° *Sens de la marche du 1ᵉʳ train.* ➠→

   Sens de la marche du 2ᵉ train. ←➠

   Le 1ᵉʳ est sur la voie de garage 2-4. — Le 2ᵉ stationne sur la voie de circulation entre les aiguilles 6 et 10. — Le 1ᵉʳ quitte la station ; le 2ᵉ recule sur la voie de circulation (*ce qui est sans danger, puisqu'il est couvert par le train qui vient de partir*), puis vient occuper la place abandonnée par le 1ᵉʳ.

2° *Sens de la marche du 1ᵉʳ train.* ←➠

   Sens de la marche du 2ᵉ train. ➠→

   La manœuvre est semblable à celle qui vient d'être indiquée.

POSITION NORMALE DES AIGUILLES.

1. Changement fait vers l'aiguille 2.
2. Changement fait vers l'aiguille 1.
3. Changement fait vers l'aiguille 4.
4. Voie de garage (voie gauche) libre.
5. A volonté.
6. Voie unique de circulation libre.
7. A volonté.
8. Changement fait vers la station.
9. Changement fait vers la station.
10. Voie unique de circulation libre.
11. Voie de garage (voie gauche) libre.

MANŒUVRE DES WAGONS A MARCHANDISES EXÉCUTÉES AVEC LA MACHINE.

1° *Sens de la marche.* ➠→

   1ᵉʳ cas : les wagons à laisser à la station sont en tête du train.

   Le train est garé entre les aiguilles 2 et 4.

   La machine suivie des wagons à laisser va prendre, par le changement 4-3, les wagons à placer en tête du train, et revient par le changement 4-3 déposer les wagons à laisser.

   2ᵉ cas : les wagons à laisser sont en queue.

   Le train refoule sur la voie de garage, par le changement 2-1, les wagons à laisser et reprend sa place.

   La machine seule passe par le changement 4-3, pousse les wagons à prendre jusqu'aux wagons à laisser ; ceux-ci sont attelés ; la machine ramène les wagons à laisser et les wagons à prendre sur la voie 1-3 ; on détache les wagons à laisser sur cette voie, et la machine, par le changement 3-4, amène en tête du train les wagons pris à la station.

2° *Sens de la marche.* ←—

    1ᵉʳ cas : les wagons à laisser sont en tête.

    Le train est garé sur la voie 2-4.

    La machine suivie des wagons à laisser passe par le changement 2-1 et prend les wagons à atteler, puis les amène en tête du train ; elle retourne déposer les wagons à laisser, après quoi elle reprend sa place en tête du train.

    2ᵉ cas : les wagons à laisser sont en queue du train.

    La machine les repousse au delà de l'aiguille 4, puis amène le train sur la voie 2-4 ; la machine seule passe par le changement 2-1, pousse les wagons à prendre par le changement 3-4 ; on accroche les wagons à laisser ; la machine ramène le tout sur 1-3 ; on décroche les wagons à laisser, puis la machine suivie des wagons pris à la station vient reprendre sa position en tête du train.

PLANCHE 27. — **Station de cinquième classe**, dépourvue d'alimentation.

SERVICE NORMAL DES TRAINS DANS LA STATION.

A. — TRAINS DES VOYAGEURS.

1° *Sens de la marche.* —→

    Le train quitte la voie unique à l'aiguille n° 2 et passe sur la voie de stationnement par le changement (2-4), puis, le service fait, regagne la voie unique par le changement de voie (5-6).

2° *Sens de la marche.* ←—

    Le train quitte la voie unique de circulation à l'aiguille n° 6, passe sur la voie de stationnement par le changement (6-5), puis, le service fait, regagne la voie unique par le changement de voie (4-2).

B. — TRAINS DE MARCHANDISES.

1° *Sens de la marche.* —→

    Le train pénètre sur la voie de stationnement, comme il a été dit pour les trains de voyageurs, puis recule sur la voie de garage où il stationne, la machine étant à la hauteur de l'aiguille n° 1.

    Les manœuvres terminées, le train suit la voie gauche, jusqu'à l'aiguille n° 5, et regagne la voie unique par le changement (5-6).

2° *Sens de la marche.* ←—

    Le train entre dans la station comme un train de voyageurs et continue sur la voie gauche, où il vient se garer, la queue du train étant à la hauteur de l'aiguille n° 1.

    Les manœuvres faites, le train recule sur la voie de stationnement, puis regagne la voie de circulation par le changement (4-2).

CROISEMENTS DE TRAINS.

A. — TRAINS DES VOYAGEURS.

1° Marche du 1ᵉʳ train. —→

    Marche du 2ᵉ train. ←—

    Le 1ᵉʳ train est devant la station. — Le 2ᵉ train continue sur la voie unique de circulation et s'arrête entre les aiguilles 2 et 6. — Le 1ᵉʳ train quitte la station, le 2ᵉ recule sur la voie de circulation, ce qui est sans danger, puisque le train qui refoule est couvert par le train qui vient de quitter la station, puis remplace le 1ᵉʳ train sur la voie de stationnement.

2° *Sens de la marche du 1ᵉʳ train.* ←—

    Sens de la marche du 2ᵉ train. —→

    La manœuvre est exactement semblable à la précédente.

3° *Sens de la marche du 1ᵉʳ train.* ⬤⟶

   Sens de la marche du 2ᵉ train. ⬤⟶

   (Le 2ᵉ train devant dépasser le 1ᵉʳ.)

   Le 1ᵉʳ train après avoir fait son service se rend sur la voie de circulation et stationne entre les aiguilles 2 et 6; le 2ᵉ train passe devant la station, fait son service et part, puis, le 1ᵉʳ train devenu le 2ᵉ, suit le précédent à la distance réglementaire.

4° *Sens de la marche du 1ᵉʳ train.* ⟵⬤

   Sens de la marche du 2ᵉ train. ⟵⬤

   (Le 2ᵉ train devant dépasser le 1ᵉʳ.)

   La manœuvre est semblable à la précédente.

B. — TRAINS DE MARCHANDISES.

Tout train de marchandises ayant à croiser un train de voyageurs ou à être dépassé par lui se gare sur la voie de garage, de telle sorte que la tête où la queue du train ne dépasse pas l'aiguille 1 (vers la station).

C. — TRAINS DE MARCHANDISES ENTRE EUX.

1° *Sens de la marche du 1ᵉʳ train.* ⬤⟶

   Sens de la marche du 2ᵉ train. ⟵⬤

   Le 1ᵉʳ est supposé sur la voie de garage. — Le 2ᵉ stationne sur la voie de circulation entre les aiguilles 2 et 6. — Le 1ᵉʳ quitte la station, le 2ᵉ recule sur la voie de circulation (ce qui est sans danger, puisqu'il est couvert par le train qui vient de partir), puis vient occuper la place abandonnée par le 1ᵉʳ.

2° *Sens de la marche du 1ᵉʳ train.* ⟵⬤

   Sens de la marche du 2ᵉ train. ⬤⟶

   La manœuvre est semblable à celle qui est indiquée ci-dessus.

   NOTA. — Lorsque la voie unique de circulation n'est pas libre, elle est couverte par les signaux d'arrêt.

POSITION NORMALE DES AIGUILLES.

1. Voie de dépôt de wagons libre.	4. Changement fait sur la voie de circulation.
2. Voie unique de circulation libre.	5. Changement fait vers la station.
3. Voie de garage libre.	6. Voie unique de circulation libre.

MANŒUVRES DES WAGONS A MARCHANDISES EXÉCUTÉES AVEC LA MACHINE.

1° *Sens de la marche.* ⬤⟶

   1ᵉʳ cas. — Les wagons à laisser à la station sont en tête du train.

   Le train est garé en deçà de l'aiguille n° 3.

   La machine, suivie des wagons à laisser, va chercher par le changement 3-1, les wagons à prendre ; les place en tête du train et revient par le changement 3-1 déposer les wagons à laisser.

   2ᵉ cas. — Les wagons à laisser sont en queue.

   On amène le train entre les aiguilles 4 et 5.

   Le train recule sur la voie de garage par le changement 3-1; les wagons à laisser se garent en deçà de l'aiguille 3.

   La machine seule passe par le changement 3-1, pousse les wagons à laisser jusqu'aux wagons à prendre, ceux-ci sont attelés, la machine ramène les wagons à laisser et les wagons à prendre en tête du train ; on détache les wagons à laisser, et la machine, par le changement 3-1, repousse les wagons à laisser à la station et reprend sa place.

2e *Sens de la marche.* ←—

1er cas. — Les wagons à laisser sont en tête.

Le train est garé entre les aiguilles 4 et 5.

La machine seule passe par le changement 4-2 et vient se placer en queue du train par le changement 6-5 ; la machine repousse le train par le changement 3-1 ; on accroche les wagons à prendre, puis la machine ramène le train entier après l'aiguille 3, pousse sur la voie de garage en deçà de l'aiguille 3 les wagons à prendre ; ces wagons sont décrochés, la machine repousse le train entier par le changement 3-1. On abandonne les wagons à laisser, après avoir accroché les wagons à prendre en tête du train ; la machine ramène le train entre les aiguilles 4-5, puis vient reprendre sa place en tête.

2e cas. — Les wagons à laisser sont en queue du train.

Le train est garé entre les aiguilles 4 et 5.

La machine seule passe par le changement 3-1, prend les wagons à prendre et les pousse sur la voie de garage avant l'aiguille n° 3, puis la machine va se mettre en queue par les changements 4-2 et 6-5 et pousse le train entier sur la voie de garage ; les wagons à laisser sont détachés et poussés par le changement 3-1, après avoir accroché les wagons à prendre en tête du train ; la machine ramène alors le train entre les aiguilles 4-5 et retourne prendre sa place en tête du train.

La planche 28 représente deux *types de ponts de service* destinés à établir, au-dessus d'un cours d'eau, la continuité de la voie pendant la construction du chemin de fer.

Les dessins du pont de service de la Vilia montrent, dans le plan, l'emplacement des culées de l'ouvrage définitif ; dans la coupe, la position de la partie métallique. L'ouvrage provisoire est défendu à l'amont contre les débâcles par des brises-glaces en charpente.

Le second pont de service sert à franchir un ruisseau de moindre importance, sur lequel on a à construire un ponceau de 2 sagènes ou 4ᵐ,26 de débouché linéaire.

Les bois employés dans ces ouvrages sont des pins en grume.

Les planches 29 à 34 contiennent les dessins de deux *types de locomotives.*

Planche 29. — Dispositions principales d'une locomotive à marchandises, à 3 roues couplées.

— 30. — Dessin du tender.

Les dimensions principales sont les suivantes :

LOCOMOTIVE.

Boite a Feu.	Longueur intérieure de la partie supérieure.	1ᵐ ,230
	— — inférieure.	1ᵐ ,290
	Largeur — renflée.	1ᵐ ,062
	— — inférieure.	0ᵐ ,978
	Hauteur totale de la boîte à feu.	1ᵐ ,650
	— du ciel au-dessus de la grille.	1ᵐ ,580
Tubes.	Nombre	162
	Diamètre extérieur.	0ᵐ ,050
	Épaisseur minima.	0ᵐ ,002
	Longueur du dehors en dehors des plaques.	4ᵐ ,230
	Distance horizontale de centre en centre.	0ᵐ ,068
	— oblique —	0ᵐ ,068
Surface de chauffe.	Surface de chauffe directe.	7ᵐ·ᵠ,60
	— — par les tubes (développement intér. des tubes).	98ᵐ·ᵠ,02
	— — totale	105ᵐ·ᵠ,62

CHAUDIÈRE.	Diamètre extérieur de la partie cylindrique. { Petite virole.	$1^m,300$
	{ Grande —	$1^m,326$
	Épaisseur des tôles; chaudière.	$0^m,013$
	— — cuivre du foyer	$0^m,013$
	— — plaques tubulaires	$0^m,025$
	— — de la boîte à feu.	$0^m,018$
	Longueur de la boîte à feu intérieurement.	$0^m,803$
	Diamètre extérieur — —	$1^m,520$
	Hauteur du foyer au-dessus des rails.	$0^m,418$
CHEMINÉE.	Diamètre intérieur.	$0^m,390$
	Épaisseur des tôles, partie cylindrique.	$0^m,004$
	— — partie conique.	$0^m,003$
	— — base évasée.	$0^m,007$
	Hauteur maxima au-dessus des rails.	$5^m,180$
ALIMENTATION.	Diamètre des plongeurs.	$0^m,095$
	Course —	$0^m,150$
	Diamètre des tuyaux.	$0^m,060$
	Épaisseur — de refoulement.	$0^m,003$
	— — d'aspiration.	$0^m,0025$
PRISE DE VAPEUR.	Largeur d'une lumière (le régulateur en a deux).	$0^m,024$
	Longueur.	$0^m,260$
	Diamètre intérieur des conduits à vapeur.	$0^m,110$
	Épaisseur des conduits.	$0^m,003$
ÉCHAPPEMENT.	Diamètre intérieur des conduits.	$0^m,140$
	Épaisseur des conduits.	$0^m,003$
CYLINDRES.	Diamètre intérieur des cylindres.	$0^m,440$
	Épaisseur —	$0^m,025$
	Course du piston.	$0^m,620$
	Épaisseur du piston.	$0^m,130$
	Écartement d'axe en axe des cylindres.	$2^m,155$
	— — —	$1^m,090$
DISTRIBUTION.	Course du tiroir maxima.	$0^m,102$
	Longueur des lumières.	$0^m,320$
	Largeur — pour l'introduction	$0^m,040$
	— — pour l'échappement.	$0^m,078$
	Maximum d'introduction (en centièmes de la course).	$0,80$
GLISSIÈRES.	Longueur totale.	$1^m,594$
	Largeur.	$0^m,110$
	Épaisseur aux extrémités.	$0^m,050$
	— au milieu.	$0^m,045$
	Longueur des coulisseaux.	$0^m,560$
BIELLES MOTRICES.	Longueur de centre en centre.	$1^m,650$
	Sections aux extrémités. { Hauteur.	93 et 78
	{ Largeur.	$0^m,048$
	Diamètre des boutons de manivelle.	$0^m,100$
	Longueur —	$0^m,100$
	Diamètre du tourillon de la petite tête.	$0^m,075$
	Largeur de la petite tête de bielle.	$0^m,080$
BIELLES D'ACCOUPLEMENTS.	Longueur de centre en centre.	$1,500\text{-}1,800$
	Sections aux extrémités. { Hauteur.	0,078 et 0,084
	{ Largeur.	0,032 et 0,038
	Diamètre des tourillons du bouton moteur.	$0^m,110$
	— — — ordinaire.	$0^m,080$
	Longueur des boutons moteurs.	$0^m,090$
	— — ordinaires.	$0^m,080$

EXCENTRIQUES.	Diamètre des poulies.	$0^m,420$
	Largeur du collier.	$0^m,056$
	Excentricité.	$0^m,075$
	Longueur des barres de centre en centre de la coulisse.	$1^m,140$
	Angle de calage.	$12°\ 20'$
LONGERONS.	Écartement intérieur des longerons	$1^m,230$
	Hauteur des longerons	$0^m,225$
	Épaisseur —	$0^m,030$
	Hauteur de la barre d'attelage au-dessus du rail à l'arrière.	$1^m,020$
	Hauteur des tampons de la traverse d'avant	$1^m,000$
	— du tablier au-dessus des rails.	$1^m,253$
	Épaisseur de la tôle du tablier.	$0^m,004$
	— — de la galerie.	$0^m,004$
ROUES.	Écartement des bandages	$1^m,435$
	Largeur des bandages.	$0^m,440$
	Épaisseur.	$0^m,055$
	Diamètre extérieur des roues couplées.	$1^m,300$
	Diamètre des moyeux des roues.	$0^m,380$
	Longueur —	$0^m,170$
	Diamètre de la portée de calage.	$0^m,200$
	Distance de la roue d'arrière au foyer.	$0^m,170$
	Écartement de la roue d'arrière à celle du milieu.	$1^m,500$
	— — du milieu à celle d'avant.	$1^m,860$
	— de centre en centre des roues extrèmes.	$3^m,360$
ESSIEUX.	Diamètre de la fusée.	$0^m,180$
	Longueur.	$0^m,210$
	Diamètre au milieu	$0^m,165$
	— de la partie de calage.	$0^m,200$
	Longueur.	$0^m,170$
RESSORTS.	Longueur de centre en centre de la suspension, le ressort aplati.	$0^m,900$
	Nombre des feuilles.	10
	Épaisseur.	$0^m,012$
	Largeur.	$0^m,090$

Le poids de chaque machine est de 26,080 kilogr. environ, et se décompose approximativement de la manière suivante :

Fonte.	$3,903^{kil}$
Fer	17,122
Acier.	472
Cuivre, bronze, laiton.	3,792
Plomb	241
Caoutchouc, bois	550
TOTAL.	26,080

TENDER.

Les dimensions et données principales sont les suivantes :

Hauteur de la caisse d'eau.	$1^m,250$
Longueur.	$4^m,450$
Largeur	$2^m,520$
Contenance en eau.	$8^{m.c.},875$
Contenance en bois, en moyenne	$9^{m.c.},000$
Épaisseur des tôles, côtés (extérieures).	$0^m,004$
— — côtés (intérieures).	$0^m,005$
— — fond.	$0^m,005$
— — dessus.	$0^m,004$

Roues	Diamètre extérieur des roues.	1^m ,200
	Nombre	6
	Écartement des roues, avant et milieu	1^m ,700
	— — milieu et arrière	1^m 800
	— — extrêmes	3^m ,500
Essieux	Diamètre de la fusée.	0^m ,130
	Longueur de la fusée.	0^m ,210
	Diamètre de l'essieu au milieu	0^m ,140
	— — à la portée de calage.	0^m ,185
Chassis	Hauteur de la barre d'attelage d'avant au-dessus des rails. . . .	1^m ,020
	— — et des tampons d'arrière	1^m ,000
	— du tablier au-dessus des rails.	1^m ,250
	— — au-dessus de la table à eau	1^m ,150
	Épaisseur de la tôle du tablier du mécanicien	0^m ,005
	— des coffres et caisses à outils.	0^m,0025 et 0^m,003

Le poids de chaque tender est de 12,974 kilogr. environ, et se décompose approximativement de la manière suivante :

Fonte.	1,400 ^{kil}
Fer.	11,003
Acier.	520
Cuivre et bronze	149
Caoutchouc et bois	202
Total. . . .	12,974 ^{kil}

Les planches 31, 32, 33, 34, donnent les dessins du type des machines à voyageurs à 2 essieux couplés.

Ce type a déjà été publié dans les *Annales des ponts et chaussées*, par M. E. Cézanne, année 1864.

FIN.